▶ 中国录音师协会教育委员会
▶ 中国传媒大学信息工程学院　编著
▶ 北京恩维特声像技术中心

第3版

初级音响师速成实用教程

人民邮电出版社
北京

图书在版编目（CIP）数据

初级音响师速成实用教程 / 中国录音师协会教育委
员会，中国传媒大学信息工程学院，北京恩维特声像技术
中心编著. -- 3版. -- 北京：人民邮电出版社，2013.2
　　ISBN 978-7-115-29869-0

　　Ⅰ. ①初… Ⅱ. ①中… ②中… ③北… Ⅲ. ①音频设
备－技术培训－教材 Ⅳ. ①TN912.2

中国版本图书馆CIP数据核字(2012)第270732号

内 容 提 要

　　本书全面、系统地讲解了初级音响师必须具备的声学和电路基础知识，主要内容包括传声器、录放设备、调音台、周边设备、功率放大器、扬声器和耳机、歌舞厅音响设备的基本原理、使用方法、技巧和经验，重点介绍了音响系统的组成、使用与连接方法。

　　本书是学习音响调音技术的入门读物，既适合从事音响调音工作的从业人员以及准备从事该行业工作的人员阅读，也可作为音响师培训班和大、中专院校相关专业的教材使用。

初级音响师速成实用教程（第 3 版）

◆ 编　　著　中国录音师协会教育委员会
　　　　　　　中国传媒大学信息工程学院
　　　　　　　北京恩维特声像技术中心
　　责任编辑　张　鹏

◆ 人民邮电出版社出版发行　　北京市丰台区成寿寺路 11 号
　　邮编　100164　电子邮件　315@ptpress.com.cn
　　网址　http://www.ptpress.com.cn
　　北京天宇星印刷厂印刷

◆ 开本：787×1092　1/16
　　印张：13.25　　　　　　　　2013 年 2 月第 3 版
　　字数：315 千字　　　　　　2025 年 1 月北京第 37 次印刷

ISBN 978-7-115-29869-0

定价：46.00 元

读者服务热线：(010)81055493　印装质量热线：(010)81055316
反盗版热线：(010)81055315

编　委　会

主　任：王明臣

副主任：金洪海　李遥

编　委：王树森　韩宪柱　王　雷　胡　彤　王　强

前言

随着我国文化娱乐产业的飞速发展和声频技术水平的日益提高，专业音响师（调音师）的社会需求量越来越大。据统计，全国现有电台、电视台的数量已超过 5 000 家，再加上影视制作间和歌舞厅、影剧院、厅堂扩音、电化教学等，与音响技术相关的从业人员已有近百万人之多。作为一个新兴的职业，音响师越来越受到人们的青睐。

要成为一名合格的音响师，必须掌握相关的理论知识，并具有一定的技能技巧，诸如电工学和电子学基础知识、电声学和建筑声学基础知识、乐理学知识和设备装配以及应用操作能力都十分重要。从 2003 年开始，音响师要求持职业资格证书上岗。即便是具有大专或本科学历的人员，也只有在考取职业资格证书后才具有上岗资格。另外，由于声频技术发展很快，从模拟技术进入数字技术已是大势所趋，设备和技术的更新已在很多单位逐步实现，知识更新和人员素质的提高已迫在眉睫。因此，尽快培养出高水平的音响专业人才，满足社会的需求，已成为当前职业技能培训的一个重要方面。

本套教程正是为了顺应现代声频技术、音响技术的发展潮流，满足广大声频工作者，特别是大量音响技术人员的实际需求而编写的，具有较高的实用价值。由于目前市场上适合音响师实际工作需要的书籍很少，系统介绍音响调音技术的书籍尚无法满足读者的需要，因此，本套教程的出版能在一定程度上弥补这种不足。

中国录音师协会教育委员会（http://www.cavre.com）是二级协会，担负着全国录音师、音响师的教育培训任务；中国传媒大学是全国综合性重点大学，其信息工程学院的培养重点是声像技术方面的高级专业人才；北京恩维特声像技术中心是由人力资源和社会保障部正式委托的职业培训机构。由上述 3 个单位在中国传媒大学联合成立的音响师、录音师、灯光师培训中心已有 13 年的历史，已举办培训班 60 多期，培训学员近万人之多，在培训规模和培训质量方面在我国位居前列，是目前我国重要的声像职业技能培训基地。本套教材正是培训中心多年教学实践经验的总结，在培训中收到了良好效果。

本套教程为第 3 版，分 3 册出版，包括《初级音响师速成实用教程（第 3 版）》、《中级音响师速成实用教程（第 3 版）》和《高级音响师速成实用教程（第 3 版）》。其中，《初级音响师速成实用教程（第 3 版）》主要针对初学者，介绍音响设备的基本原理、基本操作方法，主要讲解音响师必备的电学、声学基础知识，如声音的基本属性、电工基础知识等，重点讲解了操作性很强的音响系统的连接、主要设备的操作与使用方法，是初级音响师的入门读物；《中级音响师速成实用教程（第 3 版）》主要讲解音响系统基础理论、系统的调整方法与使用技巧，特别是对主要设备（如调音台）与周边设备的调整方法以及各种场合的调音技巧作了比较详细的介绍；《高级音响师速成实用教程（第 3 版）》以讲解数字声频技术为主，介绍了数字声频技术的发展和应用，数字声频设备的基本原理、使用和操作方法，以及正确判断音响设备故障、正确处理故障和维修的方法。本次再版除改正了原书中的一些疏漏外，重点对《高级音响师速成实用教程（第 2 版）》的内容作了较大改动，以适应目前蓬勃发展的数字化进程。

　　书中的疏漏和不当之处，敬请广大读者批评指正。

中国录音师协会教育委员会

中国传媒大学信息工程学院

北京恩维特声像技术中心

2012 年 9 月 9 日

于北京

目　　录

Contents

11 第 11 章　灯光基础 190

A B 附录 A　声频技术常用英语词汇 196

1.1 声音的基本性质

1.1.1 声音的产生与传播

声音是客观物体振动，通过介质传播，作用于人耳产生的主观感觉。语言、歌唱、音乐和音响效果以及自然界的各种声音，都是由物体振动产生的。例如我们讲话时，如果将手放在喉部，就会感到喉部在振动。人的发声器官（声带），乐器的弦、击打面、薄膜等，当它们振动时，都会使周围的空气质点随着振动而产生疏密变化，形成疏密波，即声波。

物体振动产生的声音，必须通过空气或其他介质传播，才能让我们听到。没有空气或其他介质，我们就听不到声音。月球上没有空气，所以月球是"无声的世界"。

那么，空气又是怎样传播声音的呢？我们以敲鼓为例来说明。我们敲鼓的时候，鼓膜产生振动，使鼓膜平面发生凸凹变化。如图 1-1（a）所示，当鼓膜凸起时，鼓膜上面 A 处的空气受到鼓膜的压挤而密度变大，形成密部。这部分密度大的空气又会压挤邻近 B 处的空气，使 B 处的空气有变成密部的趋势。但鼓膜很快又凹下去，如图 1-1（b）所示，它的表面形成一个空隙，A 处空气密度变小，形成疏部。这时，B 处的空气正在受到压挤变成密部，并且有使 C 处空气变成密部的趋势。当鼓膜再一次凸起时，如图 1-1（c）所示，A 处空气又受到鼓膜压挤重新变成密部，B 处空气在压挤 C 处空气的过程中，自己密度变小成为疏部，C 处空气变成了密部。这样，鼓膜来回地振动，使密部和疏部很快由一个

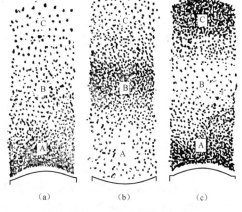

图 1-1 声音的传播

气层传到另一个气层，振动的空气向四面八方传开就形成了声波。实际上，空气质点只是在原地附近振动，并没有随着声音传播到远处去，这就像我们向平静的水面扔石子时，会在水面激起一圈圈向外扩展的水波一样，水面上漂浮的落叶只是在原地上下振动而不随着水波向远处移动。不过，水波和声波是不同性质的两种波。水波传播时，水质点的振动方向是上下的，和水波传播的方向互相垂直，这种波称为横波（严格地讲，水波不完全是横波）；声波传播时，空气质点的振

动方向和声波传播的方向在一条直线上，这种波称为纵波。

声波传播到人耳后，人耳是怎样听到声音的呢？

我们知道，人耳是由外耳、中耳和内耳组成的，如图 1-2 所示。外耳和中耳之间有一层薄膜，叫做耳膜（鼓膜）。平常我们看到的耳朵就是外耳，它起着收集声波的作用。声波由外耳进来，使鼓膜产生相应的振动。这一振动再由中耳里的一组听小骨（包括锤骨、砧骨、镫骨）传到内耳，刺激听觉神经并传给大脑，我们就听到了声音。

介质传播声音的速度大小和介质的种类以及环境的温度有关。常温下，声音在空气中传播的速度约为 340m/s；在钢铁中，声音传播的速度约为 4 000m/s，比在空气中快 10 多倍。

为了便于说明声音的特性，我们先看一下一个记录声音的简单装置。如图 1-3 所示，在一种称为音叉的发音物体的一个臂上粘上一个细金属针，然后用小槌敲击音叉，并使细金属针紧靠一块熏有炭黑的玻璃片。如果这时匀速地移动玻璃片，金属针就会在玻璃片上划出音叉的振动痕迹，也就是音叉的振动波形。

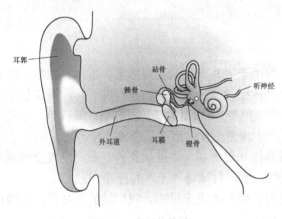

图 1-2　人耳的构造

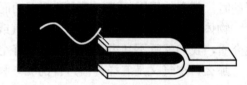

图 1-3　音叉的振动波形

人们根据听到的声音的不同，归纳出了声音的 3 个特性，就是音调、响度和音色，而且找出了它们和发声物体振动特性之间的关系。

1.1.2　音调

物体的振动有快有慢，例如细而短的琴弦振动比较快，粗而长的琴弦振动比较慢。在 1 秒（s）内物体振动的次数，称为频率，单位为赫（兹），以 Hz 表示。例如某种物体的振动次数为 100 次每秒时，它的频率就是 100Hz。

声音的音调高低与物体振动频率的高低有关。频率高的声音，称为高音；频率低的声音，称为低音，如图 1-4 所示。在重放声音时，若高音和低音分量适当，听起来就会感到声音清晰而柔和，十分自然。如管弦乐中失去了低音，就会感到声音尖锐刺耳；失去了高音，则感到声音浑浊不清，有烦躁的感觉。因此，扩音机的频率范围越宽越好。人耳所能听到的声音频率范围在 20～20 000Hz 之间，这一范围的频率叫做声频或音频。

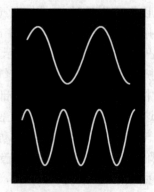

图 1-4　两个不同频率的波形

声频设备所能通过的频率范围，叫做频带。通常扩音机都设有音调控制器，用来控制信号的频率，改变重放声音的音调。

1.1.3 响度

声音的大小就是响度，它决定于物体振动的幅度（即振幅）。如图 1-5 所示，振幅大，声音就响；振幅小，声音就轻。在扩音机上装有音量控制器，可以改变声音的响度大小。将音量控制器开大，扬声器发出来的声音就大，但声音也不能调得过大，因为过大了就会增大失真，同时，扬声器也容易损坏。因此，必须根据听声人的感觉和扩音机输出过载指示器的闪烁情况来调节音量的大小。

1.1.4 音色

用各种不同的乐器演奏同一个乐音，虽然音调与响度都一样，但听起来它们各自的音色却不同，这是由于物体振动所形成的声波波形不相同造成的。这种独特的波形决定了某种乐器（或某人的声音）的特色，叫做音色或音品。自然界中的声音一般都是复合声波，而不是单一正弦波的声音。图 1-6 所示的复合声波，是由它的基波、二次谐波和三次谐波（几次谐波就是它的频率为基波频率的几倍）等所构成的。各种物体所发出的每个声音都有它特定的谐波，所以声音的合成波形也不同。即使两个声音的基波与谐波的频率完全一样，也会由于两者的基波与谐波之间的振幅比值不同，使合成后的声波波形有所不同，声音也不同。这样就形成了各种声音的独特音色，产生了自然界各种各样声音的区别。

图 1-5 两个振幅不同的波形

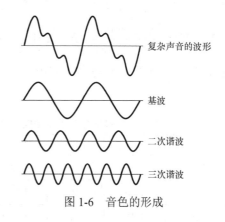

图 1-6 音色的形成

1.2 声音的参数与计量

1.2.1 声压、声压级、声功率和电平

声波引起空气质点的振动，使大气压产生迅速的起伏，这种起伏称为声压。所谓声压就是有声波存在时，在单位面积上大气压的变化部分。声压（p）以 Pa，即帕（斯卡）为单位（$1Pa=1N/m^2$，即牛顿/米^2）。有时也用μbar，即微巴作单位，$1Pa=10μbar$。我们听到的最弱的声音声压为 $2×10^{-5}Pa$，即 0.000 02Pa，最强的声音的声压为 20Pa。

声功率（W）是指声源在单位时间内向外辐射出的总声能，它表示声源发声能力的大小，以 W（瓦）、mW（毫瓦）或 μW（微瓦）为单位（1W=1 000mW=1 000 000μW）。

声强（I）是指在单位面积上通过多少瓦的声能，单位是 W/m^2（瓦/米^2）。

声强和声功率通常不易直接测量，往往要根据测出的声压通过换算来求得。声强和声压都是表示声音大小的量，但两者是有区别的，声强是能量关系，而声压是压强关系。为了计算上的方便，同时也符合人耳听觉分辨能力的灵敏度要求，人们将最弱的声音（$2×10^{-5}$Pa）到最强的声音（20Pa），按对数方式分成等级，以此作为衡量声音大小的常用量，这就是声压级，其单位称为 dB（分贝）。声压 p 的声压级为

$$L_p = 20\lg \frac{p}{p_0}(\text{dB})$$

式中，$p_0=2×10^{-5}$Pa，为基准声压。声信号和电信号的相对强弱，例如声压和电压、声功率和电功率的放大（增益）或减小（衰减）的量都可用 dB 为单位来表示。分贝的概念在录音技术上是很重要的。在调音技术中，在调音台和传声器的匹配、传声器的选择应用、声源的处理等方面都常用到它。

在计算给定电压、电流或电功率等电学量和声压、声强、声功率等声学量的分贝值时，通常都要指定该量的一个数值作为基准值，再将给定量数值与基准值相比，比值取常用对数后乘以 10（电功率、声功率、声强时），或乘以 20（声压、电压、电流时），即得到相应的分贝值，它们分别称为电压电平（B_u）、电流电平（B_i）、功率电平（B_P）和声压级（L_p）、声强级（L_I）、声功率级（L_P），计算公式如下：

$$B_P = 10\lg\left(\frac{给定电功率}{基准电功率}\right), \quad L_P = 10\lg\left(\frac{给定声功率}{基准声功率}\right), \quad L_I = 10\lg\left(\frac{给定声强}{基准声强}\right),$$

$$B_u = 20\lg\left(\frac{给定电压}{基准电压}\right), \quad B_i = 20\lg\left(\frac{给定电流}{基准电流}\right), \quad L_p = 20\lg\left(\frac{给定声压}{基准声压}\right)$$

电压电平通常简称为电平。电功率比或电压比（电流比）与分贝值的换算关系可由表 1-1 查得。

表 1-1　　　　　　　　　　　　分贝值与功率比和电压（或电流）比的关系

分贝值	功率比	电压比	分贝值	功率比	电压比	分贝值	功率比	电压比
1	1.26	1.12	9	7.94	2.82	17	50.12	7.08
2	1.58	1.26	10	10.00	3.16	18	63.10	7.94
3	2.00	1.41	11	12.59	3.55	19	79.43	8.91
4	2.52	1.59	12	15.85	3.98	20	10^2	10
5	3.16	1.78	13	19.95	4.47	40	10^4	10^2
6	3.98	2.00	14	25.12	5.01	60	10^6	10^3
7	5.01	2.24	15	31.63	5.62	80	10^8	10^4
8	6.31	2.51	16	39.81	6.31	100	10^{10}	10^5

两个电学量或两个声学量的分贝值的计算方法如表 1-2 所示。

表 1-2	功率比、电压比、电流比与分贝值的关系	
	增大或减小	
以功率计算（或以声功率或声强计算）	$\dfrac{P_1}{P_2}$（倍）	$10\lg\dfrac{P_1}{P_2}$(dB)
以电压计算（或以声压计算）	$\dfrac{U_1}{U_2}$（倍）	$20\lg\dfrac{U_1}{U_2}$(dB)
以电流计算	$\dfrac{I_1}{I_2}$（倍）	$20\lg\dfrac{I_1}{I_2}$(dB)

现举例如下。

例 1：电压放大为 100 倍（即电压比为 100：1），改用分贝表示，就等于 $20\lg 100 = 20\times 2 = 40$dB。

例 2：功率放大为 1 000 倍（即功率比为 1 000：1），改用分贝表示，就等于 $10\lg 1\,000 = 10\times 3 = 30$dB。

如果需要表示的量小于与其相比的量时（即比值小于 1 时），则分贝值为负。

例 3：电压比为 1：10（即衰减到原来的 1/10），改用分贝表示，就等于 $20\lg\dfrac{1}{10} = 20\times(-1) = -20$dB。

国际上统一规定了下列基准值：基准声压=2×10^{-5}Pa，基准声强=10^{-12}W/m^2，基准电功率=1mW，基准电压=0.775V，基准声功率=10^{-12}W，基准电流=1.29mA。

1.2.2　声频信号的动态范围

虽然空气振动所产生的声音强度的最大值与最小值的差值（分贝值），即动态范围是很大的，但由于受人耳的生理特性所限制，可听声的动态范围并不大。可听声波波长范围为 17mm～17m，波长 17m（即频率为 20Hz）的声音是人耳能听见的最低频声。可听声的声压范围为 2×10^{-5}～20Pa，对 1kHz 声音通常以听觉下限 2×10^{-5}Pa 为 0dB，这时听觉上限可达 120dB，即听觉上限为下限的 10^6 倍。然而，这些生理上对声压感受的上下限，并不是广播和电视专业中所选择的上下限。因 120dB 已达痛阈，故上限选在 110dB 以下；又由于噪声的原因，下限也不能选在 0dB，它与录音的环境噪声有关，录音室的噪声一般规定不超过 30dB。同时，最小声音信号应高于噪声电平 10dB，这就是说，在广播或电视专业中，声音信号的动态范围为 $110 - (30 + 10) = 70$dB，或者说声音信号的变化范围大约为 3 000 倍。显然，它比人耳 10^6 倍的正常听觉范围要小得多，而实际声源的动态范围，如语言为 40～50dB，音乐约 90dB，音响效果约 100dB 或更大一些，特别是后两者的动态范围都和听觉范围相接近。这就出现了可用声频信号的动态范围与实际声源的动态范围的巨大差别，这种差别使声音的"层次"级数减少，降低了重放声音的质量。以往声频信号的动态范围只使用到 70dB，比实际声源的动态范围 110dB 低得多，这样就限制了还原声音的质量。随着声频技术的发展，目前激光唱机等数字设备的动态范围已超过 90dB。

1.2.3　不同声源的频率范围

频率范围和频率响应特性是录、放音系统的重要技术指标之一，它直接关系到录音和放音的质量。从高保真录、放技术发展情况来看，频率范围不断地向高低两端扩展，目前有 10oct（倍频程）之多，这样就能够完全满足录、放各种不同声源频率范围的需要。

人的听觉是人们对声音的一种主观反应或主观感觉。我们要学会通过听觉来判断和评价录、放音设备频率响应特性的优劣；要学会根据不同声源频率范围来选用最适合的传声器，以获取理想的录音和扩声效果。除此之外，我们还要掌握好调音台所提供的各种技术补偿手段，如高、中、低音调调节器，高、低通滤波器，多频率补偿器等。

为此，我们必须对一般声源频率范围有一个基本的了解。语言的频率范围比较窄，男声频率较低，平均基本频率约为 150Hz；女声频率较高，平均基本频率约为 230Hz。对于歌唱家，男低音的基本频率可低到 60Hz 左右，女高音的基本频率可高达 1 000Hz 左右。音乐的频率范围比语言要宽得多，为 40～16 000Hz。各种乐器由于构造不同，演奏方法不同，它们之间的频率范围差别也很大。乐器的泛音（谐波）成分和结构比语言要复杂得多，所以音乐的音色才能呈现得丰富多彩。

下面是管弦乐队的几种常用乐器和男、女声歌声的基本频率范围：

$$
木管乐器\begin{cases}短\quad笛 & 523～4\,068Hz \\ 长\quad笛 & 261～2\,304Hz \\ 双簧管 & 261～1\,536Hz \\ 单簧管 & 164～1\,536Hz \\ 巴\quad松 & 61～480Hz\end{cases}
\qquad
弦乐器\begin{cases}小提琴 & 196～3\,000Hz \\ 中提琴 & 130～1100Hz \\ 大提琴 & 65～700Hz \\ 低音提琴 & 41～240Hz\end{cases}
$$

$$
铜管乐器\begin{cases}小号 & 164～960Hz \\ 圆号 & 82～850Hz \\ 拉管 & 73～460Hz \\ 低音大号 & 55～350Hz\end{cases}
\qquad
声\quad乐\begin{cases}女高音 & 246～1174Hz \\ 女低音 & 174～698Hz \\ 男高音 & 130～523Hz \\ 男低音 & 87～440Hz\end{cases}
$$

1.3　听觉的主观特征

录音和扩声的最终目的，是给人们的听觉以原来声音再现的感受。这种感觉特性是由人们听觉的主观特征所决定的，也是我们必须经常研究的一个问题。

声压和响度在不同频率上的相互关系是不同的。也就是说，相同声压但频率不同的声音，在听觉上的响度是不同的。另外，人的听觉对两种不同频率的"差额"的感受也特别灵敏。科学家已经用实验的方法比较了人耳对各种频率声音实际感受到的响度，得到了一个用"方"（phon）表示的声音响度级与频率关系的曲线，称为等响曲线，如图 1-7 所示。

该曲线是用 1 000Hz 的纯音作为参考频率，并选定参考频率的声压级，调节其他频率的声压级，直到它们被认为响度相等为止。这样，就可制作成图表，并以横坐标表示频率，纵坐标表示声压级（dB），表中间的曲线代表相等的响度级（phon）。从响度级来看，这个图表有以下的性质。

① 两个声音的响度级（phon）相同，但声压级不一定相同，它们与频率有关，例如 80Hz、70dB 的声音是 50phon，而 1 000Hz、60dB 的声音却是 60phon。二者相比，前者大 10dB，而响度级却小 10phon。相反，50Hz 及 500Hz 的两个声音，如响度级都等于 20phon，而声压级则不相等，前者是 64dB，后者是 25dB。

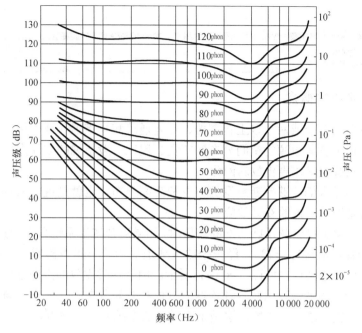

图 1-7 等响曲线

② 两个声音的响度级(phon)及声压级(dB)只在 1 000Hz 时才相等,例如在 800~1 000Hz 这个范围内,方值的变化和分贝值的变化是完全相等的。因此,在这个范围内,可以用分贝值代表方。

③ 对响度级大于 80 phon 的强大声音,响度级只决定于声压级(dB)而与频率无关。在此情况下,可近似地认为方值与分贝值相等。

从图 1-7 中可以看出,当几个不同频率的声音声压级都是 50dB 时,人耳对 50Hz 的声音是听不到的,响度级近于 0phon;100Hz 的声音,响度级为 20phon;300Hz 的声音为 40phon;1 000Hz 的声音为 50 phon(声压级等于 50dB,二者相同)。对 1 000Hz 的声音来说,声压级每变化 10dB,响度级也改变了 10phon(在 700~1 500Hz 时,大体上都如此)。但在低频时,如声压级小于 90dB,方值比分贝值变化得快,这些声音的等响度曲线较密,因而,当声压级变化 3~4dB 时,响度级即变化 10phon。当频率为 50Hz、声压级为 68dB 时,响度级为 30phon(相当于耳语的响度)。当声压级增加 10dB 变为 78dB 时,则响度级相应地立即增加,从 30phon 变为 60 phon(相当于普通说话的响度)。

听觉的这些固有特点,对录音工作者来说是极为重要的。因为只要相对地稍许加强低音,音量就会大大加强;反之,相对地稍许减弱低音,音量就会大大减弱。

响度级和声压级之间的数值差越大,人们对声音强弱变化的感觉就越弱,频率也越低。因此,低频区域音量的大小又与频率有关。但是响度级大于 80phon 时,声音的响度级只决定于它的声压级,而与频率无关,因而这时可以近似地认为,方值与分贝值相等。

响度是听声者对声音产生的一种主观作用,也就是听声者对声音强弱的主观感受,主要是声压对耳膜产生的一种作用,当然,还有其他的因素。

所以,我们所听到的声音的响度,不仅与它的音调或频率有关,而且还与它的振幅或声压级有关。

1.4 立体声简介

1.4.1 立体声的概念

立体声系统是由两个或两个以上传声器、传输通路和扬声器（或耳机）组成的系统，经过适当安排，能使听者有声源的空间分布的感觉。现在一般所说的立体声，实际上是对立体声广播、立体声录音和立体声重放的简称。

人有双耳，因而人们能够判断声源的方位和空间分布，也就是说，人耳具有感受立体声场的能力。这就是通常所说的双耳效应。

当我们收听一组大型管弦乐队演奏的转播时，如果声音转播系统只由一只传声器拾音（或由几只传声器拾音后混合在一起），经一个放大通道后由一只扬声器或由一组扬声器重放出来，就是所谓的单声道系统，如图 1-8（a）所示。由于这时重放的声源近似一个点声源，因而不能反映出实际声场中管弦乐队各种乐器的方位和空间分布，与人们在演奏现场听声的效果有很大不同，也就是缺乏立体感。这是单声道重放系统的最大缺点。

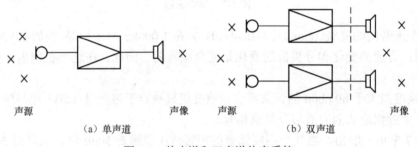

声源　　　　　　　　声像　　声源　　　　　　　　　　声像

(a) 单声道　　　　　　　　　　　(b) 双声道

图 1-8　单声道和双声道传声系统

为了获得有立体感的收听效果，人们最初曾试验将许多传声器排成一个平面垂直地布置在演奏现场舞台前面，将各个传声器分别连接到各自的放大器，然后将各放大器的输出分别与另一听声房间中排列成一个平面的同样数目的扬声器一一对应地连接起来。这样，在听声房间中听声时，可以获得与在演奏现场听声时非常近似的效果，能够分辨出各种乐器的方位和空间分布，也就是具有立体感。但随后发现，布置在演奏现场上方与下方的传声器实际作用不大，只要保留一排与乐器高度相当的传声器和一排与人耳高度相当的扬声器效果就已很好。当然，组成一排的传声器数目与相应的扬声器的数目越多，也就是声道数越多，效果就越好。但是声道数过多是不实际的。后来试验只用 3 个声道，效果就已足够好。这就是 20 世纪 50 年代宽银幕立体声电影所采取的方法。随后，进一步试验发现，用两个声道（双声道）也可以获得很好的效果，也就是近 30 年来立体声唱片、立体声磁带录音和立体声广播所采取的方式。

双声道立体声传声系统如图 1-8（b）所示。它和单声道系统相比，无论是在音质的改善还是在临场感的加强，以及如实地重现实际声场中各个声源的方位和空间分布方面都有极大的飞跃。但双声道立体声传声系统只是在听声人的前方重现出声源的方位和空间分布，还不是从四面八方建立起立体声场，所以目前已经从双声道立体声向四声道声像立体声和三维环绕声发展。在本书中，我们只着重介绍双声道立体声系统，有关环绕声的内容将在中级教程中介绍。

下面我们先看一下人耳怎样对声源定位，然后再来看应当用什么方法来拾音和重放，可以使人们用双耳听声后获得立体感，从而达到高保真立体声重放的目的。

1.4.2 人耳对声源的定位

由于人们有双耳，所以除了对声音有响度、音调和音色 3 种主观感觉外，还有对声源的定位能力，即空间印象感觉，也可称为对声源的方位感或声学透视特性。

人耳之所以能辨别声源的方向，主要是由于下面两个物理因素：一是声音到达两耳的时间差，二是声音到达两耳的声级差。

除此之外，人们的视觉以及经验等心理因素也有助于对声源分布状态的辨别，但这方面在立体声拾音过程中是无法利用的。

如果声源在听声者右前方较远处发声，则到达听声者两耳的声音，由于距离不同，以及人头的掩蔽作用，就会产生时间差、相位差和声级差。下面分别加以说明。

1. 声音到达两耳的时间差及相位差

如图 1-9 所示，假设人头为球形，在通过人的两耳与地面平行的平面内，声波的传播方向与头的正前方的夹角为 θ。设球体的半径为 a，则声波到达听声人左耳（L 点）要比到达右耳（R 点）多走一段距离 $LA+AB$。由此可计算出声波到达两耳的时间差 Δt 为

$$\Delta t = \frac{2a}{c} \sin \theta \qquad (1\text{-}1)$$

式中，c 为声音在空气中的传播速度。在 1 标准大气压、15℃时，$c = 340 \text{m/s}$。

由式（1-1）可知，Δt 与 θ 的正弦成正比。通常，两耳之间的距离是因人而异的，一般取 $2a = 21 \text{cm}$，则当 $\theta = 90°$ 时，$\Delta t = 6.2 \times 10^{-4} \text{s} = 0.62 \text{ms}$，为最大值。根据式（1-1）可以绘出 Δt 和 θ 之间的关系曲线，如图 1-10 所示。

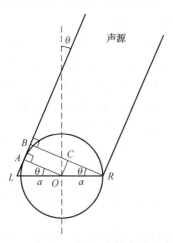

图 1-9 将人头看作球体时，两耳听声的时间差

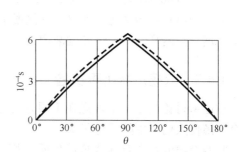

图 1-10 声源方向与时间差的关系

由式（1-1），我们可以得到纯正弦声波在左右两耳产生的相位差 $\Delta \varphi$ 为

$$\Delta\varphi = \omega\Delta t = \frac{2a\omega}{c}\sin\theta \qquad\qquad (1\text{-}2)$$

式中，ω 为纯正弦声波的角频率。

由式（1-2）可知，当 ω 比较小，即为波长较长的低频声时（例如，常温空气中，20Hz 的声波波长为 17m，200Hz 的声波波长为 1.7m），由时间差产生的相位差有一定数值，人耳可以根据它来判断出声音的方位；当 ω 比较大，即为波长较短的高频声时（例如，常温空气中，10kHz 的声波波长为 3.4cm，20kHz 的声波波长为 1.7cm），由时间差产生的相位差甚至会超过 360°，这时人耳已无法判断相位是超前还是滞后，不能根据它判断声音的方位。所以，相位差只对低频声音有用。

通过对式（1-1）和式（1-2）的分析，我们可以得到如下结论。

① 声音到达两耳的时间差Δt 与声源的方位角有关，可以根据它来确定各声源的方位。

② 声音到达两耳的相位差$\Delta\varphi$ 不仅与声源方位角有关，而且与声源的频率有关，可以根据它来确定低频声的方位。

2．声音到达两耳的声级差

如图 1-11 所示，由于人头对声波的衍射作用，即使声波传来的方向相同，由于频率不同也会对两耳造成不同的声级差。对高频声（$f>3kHz$），声波波长小于或等于头部尺寸，声波被人头遮蔽而不能衍射到左耳，所以到达左耳的声音很小，形成阴影区。声源偏离中轴线越多，或者频率越高，两耳间的声级差越大。

通过分析不同频率时两耳间的声级差可得出下列结论。

① 对于从正前方附近（θ为 0°～40°）或正后方附近（θ为 160°～180°）传到听声者处的声音，两耳间的声级差随声源方位角θ的变化较大，即声源变化一个角度时，声源在两耳间产生的声级差变化较大，也就是曲线斜率变化较大，所以人耳对正前方（或正后方）附近声源方位变化的反应比较灵敏，或者说定位能力较强。

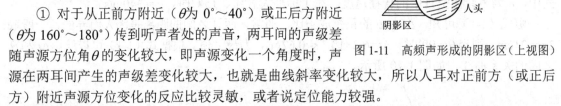

图 1-11　高频声形成的阴影区（上视图）

② 根据实验，当声源频率 $f=300Hz$ 的声源由正前方移动到后方时，右耳的声级变化小于 2dB，左耳的声级变化小于 4dB，由声源方位变化产生的两耳的声级差最大约为 4dB；当声源频率$f=6\,400Hz$ 时，这一差值可达 25dB。所以，对 300Hz 以下的低频声，声源在两耳间所产生的声级差随声源方位角θ的变化很小，即双耳对低频声的定位能力较差。但随着声源频率的增高，两耳间的声级差逐渐增大，对声音定位的能力也逐渐增强。

1.4.3　双扬声器听声实验

前面所讨论的是一个声源在不同方位时使人们产生的听觉印象，下面讨论有一定关系的两个声源使人们产生的听觉印象。

将两个声源左右对称地布置在听声者面前，并发出相同频率信号，如图 1-12 所示，扬声器 Y_L 和 Y_R 为两个声源，并设两扬声器的距离等于听声者与两扬声器连线中心的距离。图中θ 为扬声器对听声者的半张角，约等于 27°。

当馈给两扬声器相同频率的信号,并且两扬声器发出的声级相等时,如果两扬声器所发声音在听声者处没有时间差,听声者将只感觉到在两扬声器中间有一声像,即虚声源存在,而并不会感觉到是两个扬声器在发声。

1. 两扬声器只有声级差而无时间差时

对两扬声器只有声级差而无时间差的情况进行研究后,可以归纳出下面的结论:如果使其中一个扬声器增大发声的声级,则声像将由中间向较大声级的扬声器方向偏移,偏移量与两扬声器的声级差ΔI的关系如图1-13所示。当声级差超过15dB时,声像就会固定在声级较大的扬声器一边。

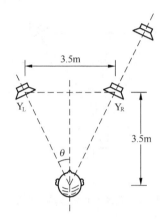

图1-12 双扬声器实验示意图

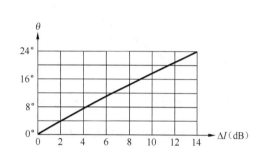

图1-13 两扬声器声级差与声像方位角的关系

2. 两扬声器只有时间差而无声级差时

对两扬声器只有时间差而无声级差时的情况进行研究后,可以归纳出下列两点结论。

① 设法使在听声者处两扬声器传来的声音有时间差,但到达听声者处的声级仍相等。可以将图1-12中的扬声器 Y_R 向后移到虚线所示位置,使 Y_R 传来的声音滞后于 Y_L 传来的声音,并且调整扬声器 Y_R 所发声音的声级,使到达听声者处声级与扬声器 Y_L 传来的声级相等。这时听声者会感到声像位置向未延时的扬声器 Y_L 方向偏移,并且偏移量与两扬声器到达听声者处的时间差有关。当时间差小于3ms时,声像位于正前方与未延时扬声器之间;当时间差大于3ms而小于30ms时,声像就会固定在未延时的扬声器一边,而感觉不到延时扬声器的发声;当时间差大于30ms而小于50ms时,听声者会感到延时扬声器的存在,但仍会感到声音来自未延时扬声器;当时间差大于50ms时,听声者会感到延时扬声器所发出的另一清晰的声音,即产生回声的效果。

② 当时间差大于3ms而小于50ms时,声像在未延时扬声器一边,延时声的作用只是加强了未延时声音的强度,使听声者感到声音更加丰满。

3. 两扬声器既有声级差又有时间差时

如果两扬声器发出的声音在听声者处既有声级差又有时间差时,那么,它们的综合作用就将使声像偏移增大或减小。适当选取时间差和声级差,可以使两者的作用完全抵消,使听声者感到声像的位置仍在两扬声器连线的中间。图1-14所示为声级差与时间差产生相同效果时两者之间的关系。可以看出：当ΔI小于15dB时，Δt小于3ms时，它们之间基本上成线性关系，即1ms时间差相当于5dB声级差。

4. 双声道立体声的正弦定理

由上面的讨论可知，通过控制左、右扬声器所发声音的强度，就可使听声者在听觉上产生方向感。图1-15所示的左、右扬声器Y_L和Y_R的特性完全相同，听声者位于两扬声器的中分线上，θ为扬声器的半张角，θ_I为声像方位角。

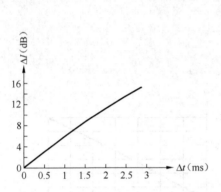

图1-14　声级差与时间差产生相同效果时两者之间的关系　　图1-15　立体声正弦定理说明图

对Y_L、Y_R所发声音的强度I_L、I_R与θ和θ_I之间的关系进行研究后，得出近似公式

$$\sin\theta_I \approx K\frac{I_L-I_R}{I_L+I_R}\sin\theta \tag{1-3}$$

式中，$f\leqslant700\text{Hz}$时，$K=1$；$f>700\text{Hz}$时，$K=1.4$。

式（1-3）称为双声道立体声正弦定理。

1.4.4　双声道立体声的拾音

在立体声广播或立体声录音时对立体声节目信号的拾音方式，在双声道立体声系统中可分为仿真头方式、AB方式以及声级差方式（又可分为XY方式和MS方式）3种。

1. 仿真头方式

仿真头是用塑料或木材仿照人头形状做成的假头，直径约18cm。在仿真头的两耳内部也做成耳道，并在左右耳道末端分别装有一只无指向性电容传声器，将它们的输出分别作为左右声道信号。由于仿真头中左右传声器所拾得的信号与人耳左右鼓膜所得的声音信号是很近似的，所以也存在声级差、时间差和相位差等。当将它的左右声道信号分别经放大器放大后，送到立体声耳机的左右单元中使人听声时，就相当于听声人处在仿真头所在的位置听声。

仿真头方式立体声系统的临场感和真实感是很好的。但是用耳机听立体声时，会呈现头中效应，也就是听声人会感到声像出现在头中两耳的连线上或在头顶上。

仿真头方式立体声在 20 世纪 70 年代高保真立体声耳机出现以后才得到了发展。现在有些国家的立体声广播就采用这种方式。立体声录音磁带和立体声唱片也有采用这种方式的。

2．AB 方式

这种拾音方式是将两只彼此相距为 1.5～2m（也可减小到几十厘米，视声源排列宽度而定）、特性完全相同的心形指向性传声器置于声源前方，分别拾音后作为左右声道信号输出。

使用这种拾音方式，当声源不在两传声器平分线上时，声源到达两传声器的路程是不同的。因此，每只传声器拾得的信号既有声级差又有时间差（即相位差），而相位差是随声源的频率改变的。所以，如果将左右信号合起来作单声道重放时，就必然会产生相位干涉现象，使的频率左右信号相位相反而抵消，有的频率左右信号相位相同而加强，使输出信号强度随频率产生变化。例如，声源距两传声器的距离差为 34cm，则声源到达两传声器的时间差为 1ms。对 1 000Hz 声音，因波长刚好是 34cm，所以到达两传声器的声波相位相同，两者相加时，声音增强；对 500Hz 声音，因波长为 68cm，而 34cm 刚好是半个波长，所以到达两个传声器的声波相位相反，两者相加时，声音抵消。从频谱上看，会形成与"梳状滤波器"相似的现象，如图 1-16 所示，使声音听起来不悦耳。

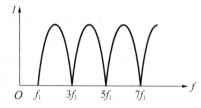

图 1-16　梳状滤波器现象

3．声级差方式

声级差拾音方式是将两个传声器一上一下靠紧地组成一对，而两者的主轴形成一定角度，各方向声源传到两个传声器的直达声几乎没有距离差，因而只有声级差而没有时间差。所以，当将用这种拾音方式拾得的信号合成为单声道重放时，就不会产生相位干涉现象。根据使用的传声器类型和所朝向的方向不同，可以将声级差方式分为 XY 和 MS 两种方式。

（1）XY 方式

XY 方式立体声拾音法所用的两个传声器必须是相同类型并且特性一致的传声器，例如两个心形或两个"8"字形传声器。两传声器主轴夹角可以是 90°，也可以增大到 120°，视拾音范围而定，两主轴分别与正前方形成相等夹角。拾音时，指向性主轴朝向左边的传声器输出的信号送入左声道，指向性主轴朝向右边的传声器输出的信号则送入右声道。

（2）MS 方式

MS 拾音方式也是用一上一下相靠很近的两个传声器，它的一个传声器（M）的指向性主轴对着拾音范围的中线，而与之正交的传声器（S）的指向性主轴则对着两边。因此，M 传声器拾取的是中间的总的声音信号，即左右的和信号，而 S 传声器则拾取旁边方向的声音信号，即左右的差信号，如图 1-17 所示。

通常 M 多采用心形、"8"字形或无指向性的传声器，而 S 则使用"8"字形指向性的传声器。

由于 M、S 两传声器的信号必须进行和差转换才能成为左、右声道的信号，因此在 MS 立体声中，必须使用变换电路，如图

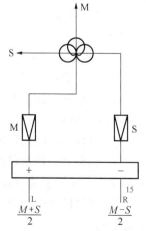

图 1-17　MS 立体声拾音方式

1-17所示。

4. 多声道录音的拾音

目前，歌曲、舞蹈音乐等的立体声录音大多采用多声道录音法。这种方法是在一个混响时间很短的大型录音室中进行的。通常将大型录音室用隔音板隔成若干个小房间，并将乐队按照乐器的类型分为若干组，例如分为小提琴组、打击乐器组等，每个组分别在一个小房间中演奏，由各自的传声器拾音后经调音台控制并放大，然后送往多声道录音机，分别记录在宽磁带的不同磁迹上。通常的多声道录音机使用5.08cm宽的磁带，录音机上的多声道录音磁头可以在磁带上记录16个或24个磁迹。

录音时，演员要头戴耳机，通过耳机使演员不仅能听到自己演奏的声音，同时还能听到其他乐器组演奏的声音，也就是整体的声音，以便使演奏能步调一致，融合成一体。

多声道录音机也可以单独用来记录一条磁迹或重放一条磁迹的录音。所以对一首乐曲，既可以一次录制完成，也可以先录制乐曲的节奏声，然后再分别让各种乐器组的演员头戴耳机按照节奏声来演奏，即经多次录音，然后再通过后期加工，得到完整的节目。

在后期加工时，可以对各声道的声音分别进行必要的延时，也可以加入适当的人工混响，或者对某些频率进行补偿。在最后合成两声道立体声时，将每一声道乐器的信号通过调音台上的声像电位器，按不同比例分配到左右声道中，这样就可以将各种乐器人为地定位在某一方位，使整个乐曲经两声道重放时获得层次分明、立体感强的立体声。当然也可以通过旋动声像电位器使某一乐器组的声音忽左忽右地移动。

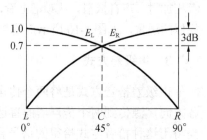

图1-18　声像电位器的特性曲线

声像电位器是由两个电位器组合而成的，两者严格地同轴转动。如图1-18所示，当一个电位器的阻值按正弦函数增加时，另一个的阻值则按余弦函数减小，两者的阻值决定了分配给左右声道的电压U_L和U_R。

$$U_L = U_0 \cos\theta$$
$$U_R = U_0 \sin\theta$$

式中，U_0为输入电压，θ为声像电位器转动的角度。由于每个声道的输出功率与电压平方成正比，所以，$\sin^2\theta + \cos^2\theta = 1$，就是说，无论$\theta$为何值，左右声道输出的功率之和为一定值。

这种将许多单声道录音人为地合成两声道立体声的方法有许多优点。

① 各乐器组可以互不干扰，使录下的声音层次分明。

② 不用所有演员都同时演奏，使录音安排可以比较灵活。例如歌唱演员可以在他方便的时候先录下歌声，以后再配伴奏。

③ 可以将每组乐器的录音处理得更细致，使效果更加理想。

④ 如果某一乐器组演奏中有失误的地方，或乐谱中对某一乐器需要有小的修改时，可以只重录这一乐器组的声音。

⑤ 可以做到由一个歌唱演员唱几重唱，也可以由一个演员演奏几种乐器。这在舞台上是不可能的。

对于古典音乐，由于其要求融合感强，所以不用多声道录音方式。

1.4.5 双声道立体声的听音

重放立体声时的最佳听音位置是在以左右扬声器连线为底边的等边三角形的顶点 A 处，如图 1-19 所示。当左右扬声器发出的声音声级相同时，在顶点 A 处听音，声像可以定位在两只扬声器的中央。当左右扬声器声级不同时，声像将向声级高的扬声器方向移动。另外，如果左右扬声器传来的声波有相位差时，即使声级相同，声像也会移动。

如果偏离最佳听音位置听音，则声像都将向偏离的方向移动，立体声效果就会减弱。

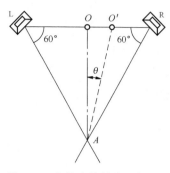

图 1-19 立体声的最佳听音位置

第 2 章
电路基础知识及
常用电工工具

2.1 电阻器

通常可将声频设备上常用的电阻器分为固定电阻器和电位器两类。

2.1.1 固定电阻器

1. 碳膜电阻器

碳膜电阻器，即 RT（BC）型电阻器。它是通过在瓷管上敷一层碳膜，经刻槽后，再在碳膜上涂上一层起保护作用的绝缘漆制成的。电阻器的两端有用金属夹子固定的引出线。引出线一方面供支持电阻器用，另一方面也供散热之用，修理时不可把它剪得过短。碳膜电阻器的碳膜很薄，容易散热，所以出现噪声或烧毁的情况比较少。目前声频设备大都采用这种电阻器。

碳膜电阻器的阻值大小是由碳膜的厚度、长度（碳膜的槽纹越长阻值就越大）和成分决定的。碳膜电阻器的阻值，可为数十欧乃至数百万欧。电阻的误差一般分为 3 个等级：Ⅰ 级的误差为±5%，这类电阻可作倒相电路和负反馈电路的分压电阻之用；Ⅱ 级的误差为±10%，这类电阻可作屏极负载电阻和阴极电阻之用；Ⅲ 级的误差为±20%，这类电阻可作栅极电阻和去耦滤波电阻之用。

为了简化电阻的种类，根据误差等级的不同，定出了一些标准数值，如表 2-1 所示。

表 2-1　　　　　　　　　　　　碳膜电阻的标准数值

误差	碳膜电阻的标准数值																						
±5%	10	11	12	13	15	16	18	20	22	24	27	30	33	36	39	43	47	51	56	62	68	75	82	91
±10%	10		12		15		18		22		27		33		39		47		56		68		82	
±20%	10				15				22				33				47				68			

表 2-1 中的数值，可以为百、千、万、十万和百万欧。例如，数值 27 可以为 2.7kΩ（即 2.7 千欧），也可为 2.7MΩ（即 2.7 兆欧）。

从表 2-1 中可以看出，误差小时，相邻标准数值之间的差数较小；误差大时，则较大。其理由可举例说明如下。

例如 27（1+5%）Ω为 28.35Ω，30（1−5%）Ω为 28.5Ω，两个数值刚好接上，其中 28Ω

可用 27Ω代替，而 29Ω可用 30Ω代替，因此可省去 28Ω及 29Ω两个数值。

又如 22（1+20%）Ω为 26.4Ω，33（1−20%）Ω也为 26.4Ω，两个数值刚好接上，其中 23Ω、24Ω、25Ω、26Ω可用 22Ω代替，而 27Ω、28Ω、29Ω、30Ω、31Ω、32Ω可用 33Ω代替，因此可省去 10 个数值的电阻。

电阻器的体积大小和可通过的电流大小与两端可承受的电压有关，它们的关系可用功率来表示。体积大的电阻可承受功率大，两端可承受电压高；体积小的电阻可承受功率小，两端可承受电压低。碳膜电阻器的标准尺寸、额定功率和极限工作电压（即最大电压降）如表 2-2 所示。

表 2-2　　　　　　　　　碳膜电阻的标准尺寸、额定功率和极限工作电压

额定功率（W）	阻 值 范 围	极限工作电压（V）	标 准 尺 寸	
			直径（mm）	长度（mm）
0.25	51Ω～1MΩ	250	5.2	17.5
0.5	51Ω～10MΩ	350	5.2	27.5
1.0	51Ω～10MΩ	500	7.2	31.0
2.0	51Ω～10MΩ	750	9.5	31.0

电阻器的额定功率必须大于电阻实际消耗的功率，才能避免碳膜因过分发热而烧毁。例如电阻 $R=100k\Omega$，通过电流 $I=0.002A$，消耗功率 P 为

$$P=I^2R=(0.002A)^2\times100\,000\Omega=0.4W$$

按上面计算，采用 0.5W 电阻就可以了，但是为安全（减少发热程度）起见，一般采用 1W 电阻。

其次，电阻的极限工作电压必须大于最大的电压降，才能避免碳膜层跳火花（跳火花能产生噪声）以致烧毁。

所选用的电阻的额定功率可能是安全的，但它的极限电压却不一定安全。因此，就要选择功率较大的电阻。例如，五极管的帘栅电流 $I=0.000\,5A$，帘栅降压电阻 $R=1\,000\,000\Omega$，这时功率 P 为

$$P=I^2R=(0.000\,5A)^2\times1\,000\,000\Omega=0.25W$$

同时，它的电压降 U 为

$$U=IR=0.000\,5A\times1\,000\,000\Omega=500V$$

如果按照电阻的额定功率，选取 0.5W 电阻就行，但按极限工作电压 500V 查表 2-2，必须采用 1W 或 2W 电阻才能保证安全。

碳膜电阻器的阻值和误差是直接印在电阻体上的，例如 220kⅠ，表示 220 000（1±5%）Ω。

焊接碳膜电阻时，时间不要过长，以免铜夹和碳膜接头处氧化，从而增大电阻。平常检查线路时，不要用螺丝刀扳动碳膜电阻，以免擦伤保护层而使电阻变值。

2．碳质电阻器

碳质电阻器又叫合成电阻器，是用碳粉、绝缘材料和黏合剂混合压制而成的。这种电阻器的优点是阻值高、成本低；缺点是阻值不够准确，在高温时容易变值和产生噪声。

碳质电阻器的阻值一般用 4 位色标来表示，各种颜色和所代表的数字规定见表 2-3。其中第 1 位和第 2 位为有效数字；第 3 位为倍乘数，以欧为单位；第 4 位为阻值的误差。

有电压 220V 的输入 350Ω 与 ⋯⋯ 200Ω 的地

表 2-3		碳质电阻器的色标与含义		
颜　色	第 1 位色标	第 2 位色标	第 3 位色标	第 4 位色标
	有效数字	有效数字	倍　乘　数	误　差
黑	—	0	1	—
棕	1	1	10	—
红	2	2	100	—
橙	3	3	1 000	—
黄	4	4	10 000	—
绿	5	5	100 000	—
蓝	6	6	1 000 000	—
紫	7	7	10 000 000	—
灰	8	8	100 000 000	—
白	9	9	1 000 000 000	—
金	—	—	0.1	±5%
银	—	—	0.01	±10%
无色（即电阻本色）	—	—	—	±20%

例如某电阻的第 1 位色标为红色，第 2 位色标为绿色，第 3 位色标为黄色，第 4 位色标为无色（即电阻的本色）。从表 2-3 中查出，这个电阻器的阻值为 250 000Ω，可简写为 250kΩ，或写作 0.25MΩ。它的误差为±20%，即 250 000Ω，可以上升为 300 000Ω，或下降为 200 000Ω。碳质电阻器的使用方法与碳膜电阻器相同。

3．线绕电阻器

线绕电阻器的制造方法是在瓷管上绕一层镍铜合金或镍铬合金的阻力线，线的两端用金属夹子固定，作为接线端；中间的一个金属夹子，可以向电阻两端滑动，借以调节它与两端之间的阻值。线绕电阻器的表面上涂有一层瓷漆，以保护阻力线。线绕电阻器的阻值及承受功率均标示在电阻器上。线绕电阻器的优点是阻值准确和可承受功率大，缺点是体积大、成本高。

2.1.2　电位器

电位器的制造方法是在条形的绝缘纸或直接在其内壳凸起的环形平面上涂一层高阻值的石墨粉，两端涂一层金属物质，使它容易和焊接铜片接触，中间的焊接铜片连接活动臂，用以改变中间与一端或与另一端之间的阻值。

按照机械构造的不同，电位器可分为直接摩擦式和间接摩擦式两种。直接摩擦式的电位器，其活动触点直接与石墨粉摩擦，活动触点常用磷铜丝或石墨做成。

间接摩擦式电位器的触点是一条弹性铜带或弹性铜环，被小木块压在石墨粉上，小木块和活动臂连结。当活动臂转动时，小木块的位置改变，从而也就改变了铜环与石墨粉接触的位置。这种电位器触点与石墨粉不直接摩擦。

间接摩擦式电位器与直接摩擦式电位器相比，有下列一些优点：高阻值的石墨粉不直接受摩擦，机械性能较好，杂音小，木块与铜环间可以加润滑油，使转动灵活。

电位器一般作音量和音调控制器之用。用作音量控制器时的一般接法为：1 为高压端，2 为中间端，3 为低压端（即地线端）。如顺时针方向旋转，则 2、3 之间的阻值增大，当信号电流流过 1、3 时，2、3 之间就能获得大的信号电压，扬声器的声音也就增大；如反时针方向旋转，2、3 之间的阻值减小，那么声音也就减小。电位器的阻值标明在外壳上，额定功率为 0.2～0.5W，误差一般为±20%。

电位器外壳的金属部分起保护和屏蔽作用，它与活动臂间应有良好的绝缘。使用时，金属外壳与扩音机机壳间应用导线连通，以保证有良好的屏蔽作用。有些电位器外壳上附有单刀单掷开关，可作电源开关用。但开关和电位器的电阻之间应有良好的绝缘，旋到极限位置时就不要再用力旋扭活动臂，否则使用时杂音极大。电位器的主要故障是内部接触不良，如接头的 1—2 或 2—3 间开路，这时电位器已损坏；另一种故障是内部石墨因经常摩擦后变值而发生噪声。遇到以上情况，应调换新的电位器。

各种电阻器的外形如图 2-1 所示，其符号如图 2-2 所示。

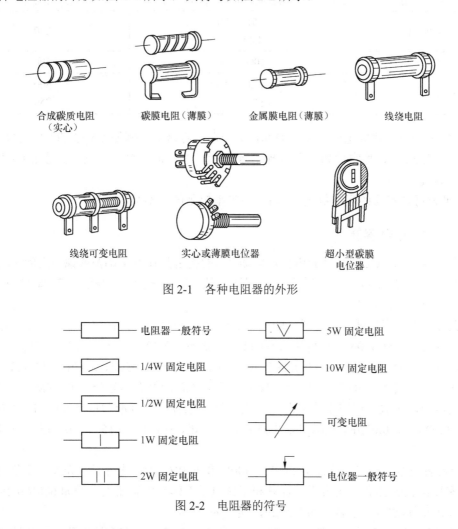

图 2-1　各种电阻器的外形

图 2-2　电阻器的符号

2.2　电容器

一般声频设备上常用的电容器有云母电容器、纸介电容器和电解电容器 3 种。

2.2.1 云母电容器

云母电容器，即 CY 型压塑云母电容器，它的构造是在两层金属片之间用云母片作介质，并密封在塑料壳内，它的绝缘性能很高，但成本也高。

CY 型云母电容器的误差分为 4 级：0 级为±2%，Ⅰ 级为±5%，Ⅱ 级±10%，Ⅲ 级为±20%。它的电容量一般为 10～50 000pF。CY 型云母电容器由于构造尺寸不同而分为 11 种，常用的只有 3 种，如表 2-4 所示。

表 2-4　　　　　　　　　　　　常用 CY 型云母电容器

类　　别	电容量的范围（pF）	工作电压（V）
CY - 1	51～220 240～750	250
CY - 2	100～2 400	500
CY - 5	470～6 800 7 500～10 000	500 250

CY 型云母电容器的电容量和误差都直接印在电容器上。例如 CY-5-500A-5100-Ⅲ，表示工作电压为 500V，稳定性为 A 类（比 B 类稍差一些，但一般扩音机上已够用），电容量为 5 100pF，误差为±20%。

CY 型云母电容器的标准数值基本上与 RT 型电阻的标准数值相同。

2.2.2 纸介电容器

纸介电容器，即 CZM 型密封纸介电容器，它的构造是在两层铝箔或锡箔之间用特制的绝缘纸为介质，电容器卷好后，放在石蜡中浸透，然后密封在金属、陶瓷、玻璃（或硬纸）壳中，再将引线引出壳外。

用瓷管作为外壳的纸介电容器，即 CZM-C 型纸介电容器，在放大电路中作交连之用。电容量的标准数值有 470pF、680pF、1 000pF、1 500pF、2 200pF、3 300pF、4 700pF、6 800pF 以及 0.01μF、0.015μF、0.02μF、0.025μF、0.03μF、0.04μF、0.05μF、0.07μF 和 0.1μF 等数种。

用圆筒形金属作为外壳，一端或两端用绝缘子密封的纸介电容器，即 CZM-J1、CZM-J2 型纸介电容器，在放大电路中作旁路或交连之用。电容量的标准数值有 0.01μF、0.015μF、0.02μF、0.025μF、0.03μF、0.04μF、0.05μF、0.07μF、0.1μF、0.15μF、0.2μF 和 0.25μF 等数种。

以上两种电容器的工作电压分 200V、400V 和 600V 3 种；电容量的误差分 Ⅰ 级±5%、Ⅱ 级±10% 和Ⅲ级±20% 3 种。电容量、误差和工作电压都印在电容器上，例如 600V 0.25μF-Ⅱ，表示工作电压为 600V，电容量为 0.25μF，误差为±10%。

立式矩形金属外壳的电容器，即 CZM-L 型纸介电容器，在整流电路中作滤波之用。电容量的标准数值有 0.25μF、0.5μF、1.0μF、2μF、4μF、6μF、8μF 和 10μF 等数种。电容量的误差和前两种一样，也分为 Ⅰ、Ⅱ、Ⅲ级。工作电压分为 200V、400V、600V、1 000V 和 1 500 V 5 种。

此外，我国还生产一些以纸管为外壳的纸介电容器，其一端印有彩色的圆圈，表示此端接外卷的锡箔，旁路时应将其接地，可起静电屏蔽作用。

使用纸介电容器时，应注意电容器的直流工作电压与电路中交流电压的关系。电路中的交流电压以有效值计算，而通过电容器的交流电压则应以峰值计算。

例如将 300V（有效值）的交流电压加于电容器上，这时电容器两端的峰值电压 U_m 为

$$U_m=300V \times 1.414 \approx 424V$$

峰值电压超过 400V，故必须选用工作电压为 600V 的电容器，才能保证安全。

纸介电容器应保持干燥，它的绝缘电阻应在 500MΩ 以上。

2.2.3 电解电容器

电解电容器又叫电糊电容器，即 CD 型电容器。它是由在两条铝片之间放一条浸有电解液的纸条所组成的。当加极化（直流）电压时，在正极的铝片上产生一层薄的氧化铝膜，成为介质。电容器的另一极为电解液，它通过导电的铝片接到电源的负极。

电解电容器只能用于直流脉动电路中。当电压正接时（即电容器的正端与电源的正极相接而负端与负极相接），氧化铝层就起介质作用。如电压反接，氧化铝就会起导电体作用，使内部漏电电流增大，以致因消耗功率增大而将介质烧穿。

电解电容器的电容量是不稳定的，这是因为氧化铝的厚度是随着工作电压和温度改变的。温度升高，电容量增大；温度下降，电容量减小，误差范围为-20%～+50%。

CD 型电容器的工作电压在 60V 以下的，叫做低压电容器。电容量的标准数值有 10μF、20μF、30μF、100μF、200μF、500μF、1 000μF 和 2 000μF 8 种，工作电压有 8V、12V、20V、30V 和 60V 5 种。

CD 型电容器的工作电压在 60V 以上的，叫做高压电容器。电容量的标准数值有 5μF、12μF、20μF、30μF 和 60μF 5 种，工作电压有 150V、300V、450V 和 500V 4 种。

电解电容器的电容量、工作电压、出厂日期均印在电容器上。

电解电容器的优点是体积小、容量大、成本低，缺点之一是漏电电流大。450V 高压电容器漏电电流不应超过 2mA，如漏电电流增大，介质的绝缘电阻低于 50kΩ 时，电容器的介质就会击穿，如用在电源滤波电路中，整流管就有被损坏的危险。鉴别电解电容器好坏的方法是：如电容器充电时有很大的火花，而放电时没有火花，就表示电容器的漏电很大，不能再使用。电解电容的另一个缺点是有使用年限限制。60V 以上的电解电容器平均使用两年，60V以下的电解电容器平均使用 5～6 年。过了年限，内部溶液就会逐渐蒸发而导致容电作用消失。但也有些电容器不到年限，却因装置不妥，被功率管或线绕电阻器的热量烤干，这也会使容电作用消失。如电容器充电后放电只有微弱的火花，那就是电容量减弱的表现。

2.2.4 聚苯乙烯电容器

近年来，聚苯乙烯电容器（即 CB 型电容器）的使用逐渐增加，在扩音机修理中也时常会用到，在这里作简要的介绍。聚苯乙烯电容器的构造是在两层金属片之间用聚苯乙烯膜为介质，所以电气绝缘性能高，稳定性好。其缺点是耐热性低，只能耐受 60～70℃ 的温度，但成本较云母电容器低。这种小电容器外形与瓷管小型纸介电容器 CZJX 相仿，不过从外形上来看像半透明体，极片引出线的方法也有些不同。

各种电容器的外形如图 2-3 所示，符号如图 2-4 所示。

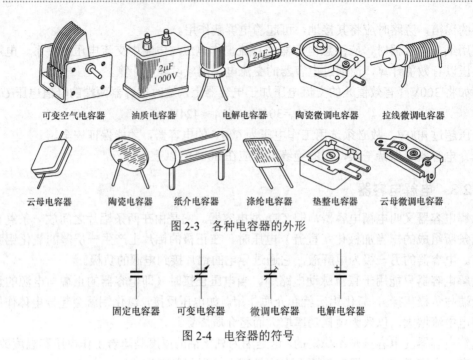

图 2-3　各种电容器的外形

固定电容器　可变电容器　　微调电容器　电解电容器

图 2-4　电容器的符号

2.3　电感器和变压器

将导线按一定规律缠绕在一起，可提供电感量的元件称为电感器。电感器有空心的、带铁芯的和带磁芯的 3 种。电感器的符号如图 2-5 所示。

扩音机上的变压器有电源变压器和输出变压器两种。变压器的外形和符号如图 2-6 所示。

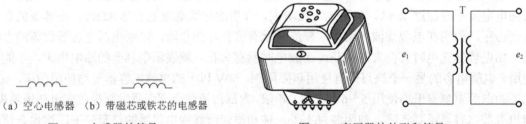

（a）空心电感器　（b）带磁芯或铁芯的电感器

图 2-5　电感器的符号　　　　　　　　　　　图 2-6　变压器的外形和符号

2.3.1　电源变压器

电子管扩音机上使用的电源变压器的构造是在硅钢片所叠成的铁芯上绕有 4 组绕组。一次绕组的引出线有两条，供接 220V 电源之用，用欧姆表测量，有比较低的电阻（即比高压绕组低）。高压绕组引出线有 3 条，其中有一条为中心引出线头。这个绕组半臂的电压为 250～600V，是供给整流管屏极用的。低压绕组有两组，圈数很少。一组为 5V，是用来灼热整流管灯丝的；另一组为 6.3V，是用来灼热放大管灯丝的。一般扩音机上的电源变压器比普通的电源变压器多两组绕组：一组为 10V 的低压绕组，是供给硅整流器用的；另一组为静电屏蔽绕组，是隔离静电感用的，它只有一条引线与地线接通。它的高压绕组分为两半臂，每臂绕组的电压为 400V。一般的扩音机电源变压器和市面上出售的电源变压器，它们的一次绕组均为两组 110V 的绕组所组成，串联用 220V 电压，并联用 110V 电压。

电源变压器因为有几个绕组，线头较多，使用时应先将线头分组。用欧姆表低阻挡测量各线头时，以相通的为一组，各组中阻值最大的为高压绕组。3 个线头中一个线头为中心线头，两端的电阻最大，中心线头与两端间的电阻值约为最大电阻的一半。电阻次大的为一次绕组，电阻最小的为低压绕组。在一次侧的 110V 绕组两端接上 110V 的交流电源，用交流电压表测量各低压绕组的电压，电压为 5V 的是供给整流管灯丝的电源，电压为 6.3V 的是供给各放大管灯丝的电源绕组。

2.3.2 输出变压器

输出变压器的构造与电源变压器相似，共有两组绕组：一为一次绕组，有 3 个引出线头，两端接推挽管的屏极，中间接电源的正极；二次绕组与扬声器音圈相连接。一般扩音机的输出变压器一次绕组共有 4 个引出线头，其中一个是接过载指示器的电源线头；二次绕组有 4 个引出线头，除接扬声器音圈外，一个是作接监听耳机用的，另一个作负反馈用。

输出变压器绕组的分组方法和电源变压器的分组方法一样。用欧姆表测量，阻值大的为一次侧，一次侧 3 个线头中，中心线头与两端线头间的电阻值约相等，阻值小的为二次侧。

输出变压器绕组发生局部短路后，对扩音机的音质影响很大。短路一般都发生在一次绕组内，检查方法是将二次绕组接通 5V 的电源，用交流电压表测量一次绕组两臂的电压是否完全一样，如两臂的电压不一致，则电压低的一臂绕组有局部短路。

2.3.3 扼流圈

扼流圈（又名阻流圈）的外形与变压器相似。它是在硅钢片所叠成的铁芯上绕一组线圈，有两条引出线，用欧姆表可以量出电阻来。扼流圈用在滤波电路中作滤波用，它对直流电流的阻抗极小，让直流电流流过去，而对交流电流的阻抗大，阻止交流电流流过去。扼流圈与变压器不同的地方，就是扼流圈只有一个线圈，而且铁芯的磁路中留有空气隙。

扼流圈在工作中有时会发生局部短路的故障，影响滤波效果，使扩音机产生交流声。此时可用欧姆表测量其直流电阻，如较原来的电阻有所减小，则是内部线圈有局部短路。

另外，电源变压器、输出变压器、扼流圈的各线圈与铁芯之间都应当有良好的绝缘，用普通欧姆表检查时，不应该有漏电的现象。

2.4 半导体二极管和三极管

半导体线路中最关键的器件是半导体二极管和三极管。要了解和掌握半导体线路技术，就应该对半导体器件的基本特性有所了解。

2.4.1 半导体器件型号命名方法

半导体器件繁多，为了便于识别，每种半导体器件都要用一定的符号来命名，让人们一看到它们的名字，就能知道这些器件的一般性能和用途。我国规定无线电电子设备所用半导体器件的型号命名标准由 5 个部分组成：

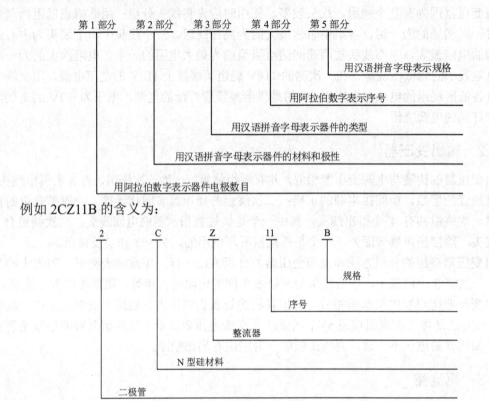

第1部分　第2部分　第3部分　第4部分　第5部分

用汉语拼音字母表示规格

用阿拉伯数字表示序号

用汉语拼音字母表示器件的类型

用汉语拼音字母表示器件的材料和极性

用阿拉伯数字表示器件电极数目

例如 2CZ11B 的含义为：

2　C　Z　11　B

规格

序号

整流器

N 型硅材料

二极管

我们只要看到 2CZ11B 这个名字，就能知道这是一只 N 型硅材料整流二极管。

又如 3AX81 的含义为：

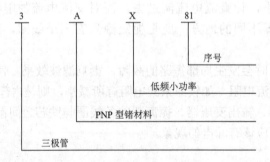

3　A　X　81

序号

低频小功率

PNP 型锗材料

三极管

2.4.2　半导体二极管

半导体二极管（简称二极管）有两个电极，一个是正极，另一个是负极。在电路中，二极管符号如图 2-7 所示。半导体二极管实际上就是由一个 PN 结，加上接触电极、引出线和管壳构成的。从结构上区分，二极管有点接触型二极管和面接触型二极管两类；从制造材料上区分，有锗二极管和硅二极管。由于它们都由一个 PN 结构成，因此基本特性是一样的。在半导体二极管的两个电极中，从 P 区引出的接线是正极，从 N 区引出的接线是负极。锗管和硅管因结构不同，它们的应用范围也不同。二极管具有单向导电性，是指只有在其两端加上正向电压时才有电流通过，而加上反向电压时则没有电流通过。二极管用途很广，在电路中主要用于整流和检波。

① 点接触型二极管是由管芯引线和玻璃管组成的。由于它接触点小，因此不允许通过大电流，一般用于高频信号检波、脉冲电路或微小电流的整流电路中。

② 面接触型二极管是由管芯引线和金属管壳组成的。它的特点是接触面积大，能通过大电流。由于结电容大，因此其只能在低频率下工作，主要用于大功率整流电路中。

图2-7 二极管符号

2.4.3 半导体三极管

半导体三极管由两个 PN 结构成。在构成三极管的半导体材料中，如果两边是 P 型半导体，中间是 N 型半导体，则称为 PNP 型三极管；两边是 N 型半导体，中间是 P 型半导体，则称为 NPN 型三极管。中间的一块半导体称为基区，引出的电极称为基极，用符号 b 表示，它起着控制电荷流动的作用。两边的半导体中一个称为发射区，引出的电极叫发射极，用符号 e 表示，它用来发射电荷形成电流；另一个叫集电区，引出的电极称为集电极，用符号 c 表示，它用来吸收发射极发射的电荷。

PNP 型和 NPN 型三极管的结构和符号如图2-8所示，它们的工作原理基本上是相同的，只不过在接入电路时要特别注意电源的极性。PNP 型三极管发射极接电源正极，集电极接电源负极；NPN 型三极管则正好相反，发射极接电源负极，集电极接电源正极。

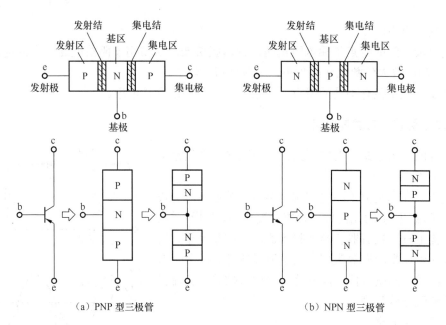

（a）PNP 型三极管　　　　　　（b）NPN 型三极管

图2-8 两种类型的三极管

2.4.4 半导体二极管和三极管的应用

1. 三极管放大电路

三极管在电路中的应用非常广泛，最常见的是在放大器电路中起放大作用。

我们知道，任何放大器都具有一个输入回路和一个输出回路，而输入回路和输出回路必有一个共同端点。这个共同端点可以是发射极，可以是基极，也可以是集电极。根据共同端点的不同，三极管放大电路也就有 3 种不同的接法，如图 2-9 所示。

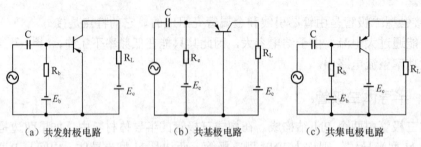

（a）共发射极电路　　　　　（b）共基极电路　　　　　（c）共集电极电路

图 2-9　3 种三极管放大电路

（1）共发射极电路

共发射极电路的输入电流与输出电流相位相差 180°，这种电路是半导体电路中使用最多的一种电路。它的电流放大倍数大，功率放大倍数也较大。

（2）共基极电路

共基极电路的输入电流与输出电流的相位是相同的。这种电路因发射极正向运用，集电极反向运用，所以输出阻抗很高。虽然它的电流放大倍数小于 1，但可以获得较大的功率放大倍数。

（3）共集电极电路

共集电极电路的特点是输入阻抗高，输出阻抗低，通常用于阻抗匹配。它的电压放大倍数小于 1，功率放大倍数比前两种小，一般用得比较少。

上述 3 种电路各有不同的特点，可根据实际需要来选择使用。

2．二极管整流与滤波电路

二极管的应用也是非常广泛的，在声频设备中最常见的是用于整流。

将交流电变为直流电的过程称为整流，进行整流的设备称为整流器，使用的元器件包括整流变压器、二极管等。从电路结构上分，整流器有半波整流器、全波整流器、桥式整流器和倍压整流器等类型；从整流元器件来区分，有晶体管整流器、硒整流器、晶闸管（也称可控硅）整流器和电子管整流器等类型。

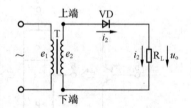

（1）单相半波整流

单相半波整流电路如图 2-10 所示，图中的 T 是变压器，它将交流电压变为负载所需要的电压值，VD 是晶体二极管，电阻 R_L 是负载。当变压器二次绕组的电压上端为正、下端为负时，二极管 VD 加正向电压导通，电流通过 VD 经 R_L 回到下端，构成回路；当变压器二次绕组电压

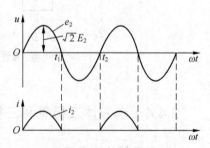

图 2-10　单相半波整流电路图和整流的波形图

下端为正、上端为负时，二极管 VD 加反向电压不导通，负载 R_L 无电流通过。由此可以看出，在变压器 T 二次绕组上的电压虽然按正弦规律变化，忽正忽负，但在负载 R_L 上却得到了单方向的半波电压。由于加在负载 R_L 上的电压只有电源电压的半个波形，所以称为半波整流，如图 2-10 所示。通过负载的电流，是具有直流成分的单方向的脉动电流，这样就将交流电转换成了直流电。通过负载 R_L 电流的大小，是由 R_L 的阻值来决定的。单相半波整流的主要特点是电路简单，缺点是电压波动比较大。

（2）单相全波整流

单相全波整流电路如图 2-11 所示，它实际上是两个半波整流电路合在一起组成的电路。变压器是带有中心抽头的绕组，整流管 VD_1 和 VD_2 的正极分别接在变压器二次绕组的Ⅰ、Ⅱ两端，两管负极接在一起，负载 R_L 串接在两管负极和变压器二次中心抽头之间。

当交流电处在变压器二次Ⅰ端为正、Ⅱ端为负时，VD_1 加正向电压导通，电流经过 VD_1、R_L 到变压器中心抽头构成回路，这时 VD_2 加反向电压不导通；当交流电处在变压器二次Ⅰ端为负、Ⅱ端为正时，VD_2 加正向电压导通，电流经 VD_2、R_L 到变压器中心抽头构成回路，这时 VD_1 加反向电压不导通。

交流电每个周期正、负两半周的电流和电压经过两个二极管交替导通，在电流通过 R_L 时，就成了单一方向的连续性脉动电流。由于加在负载 R_L 上的电压是电源电压的全部波形，所以称为全波整流，如图 2-11 所示。

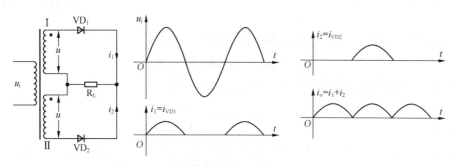

图 2-11　全波整流电路图及整流后的波形图

单相全波整流的优点很多。由于交流电的两个半波都利用起来了，因而效率比单相半波整流高一倍，整流电流比半波整流大一倍，电压和电流的脉动程度比半波整流小。

（3）滤波电路

整流电路可以把交流电流转换成脉动电流，但还不是很平稳的直流电流，它还不能直接用在仪表、自动控制和放大电路中，必须经过滤波，把脉动电流变成比较平稳的直流电，才能供放大器等使用。滤波器包括电容滤波器、电感滤波器、复式滤波器、阻容滤波器及晶体管滤波器等。这里只介绍具有代表性的阻容滤波器。

电路如图 2-12 所示，它由电阻 R 和电容 C 组成。由于整流器和负载 R_L 之间加了电阻 R，整流电流首先通过电阻 R，然后分为两路，一部分通过负载 R_L，另一部分通过电容器 C，使 C 充电。当整流电流增大时，电阻 R 上的电压降也增大，使负载 R_L 上的电压不至于升得很多；当整流电流

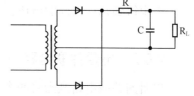

图 2-12　阻容滤波器电路图

减小时，通过 R 上的电流减小，在 R 上的电压降也小，这时电容器 C 放电，放电的电流补充到负载 R_L 上去，结果使负载两端的电压基本上保持平稳。

这种滤波器的滤波效果比较好，但只能用在电流小的电路中，一般用在电压放大器的供电电路中。在使用时，电阻 R 的额定功率一定要大于电路供给功率的两倍，以免电阻在工作中烧坏。

2.5 简单电路的计算

在实际应用中，常常要根据电路的工作要求，把电阻连接起来使用，这就会涉及一些简单电路的计算问题。为此，这里我们仅就电阻连接的方式和计算方法介绍如下。

2.5.1 电阻串联电路

电阻的串联电路是指在电路中把多个电阻依次排列，一个接着一个地连成一串而构成的电路，其中间没有分岔支路，电流只有一条通路，通过每个电阻的电流相等。我们把这种连接方式称为电阻的串联，如图 2-13 所示。

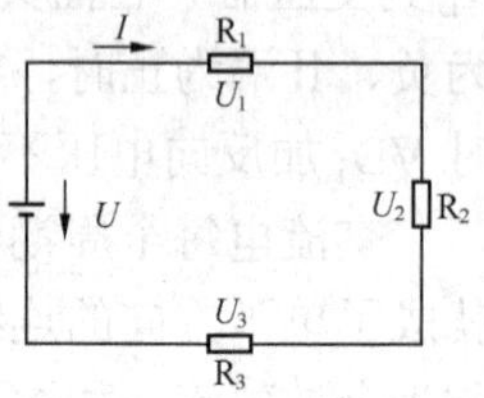

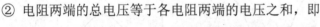

由图 2-13 可见，电阻串联电路具有下列性质。

① 流过电阻 R_1、R_2、R_3 的电流均相同，即

$$I=I_1=I_2=I_3$$

图 2-13 电阻的串联电路

② 电阻两端的总电压等于各电阻两端的电压之和，即

$$U=U_1+U_2+U_3=IR_1+IR_2+IR_3$$

③ 串联电路总的电阻值等于各个串联电阻之和，即

$$R=R_1+R_2+R_3=\frac{U}{I}$$

有时为了方便分析电路，常用一个电阻的阻值来代替几个串联电阻的总阻值，这个电阻称为总电阻。

④ 在电阻串联电路中，各电阻上分配的电压值与各电阻值成正比，即

$$U_1=\frac{R_1}{R}U, \ \ U_2=\frac{R_2}{R}U, \ \ U_3=\frac{R_3}{R}U$$

显然，电阻值越大，分得的电压越大；电阻值越小，分得的电压越小。这就是串联电阻的分压原理，R_1/R、R_2/R、R_3/R 称为分压比。

在实际应用中，利用电阻的串联可以获得较大阻值的电阻；利用电阻串联的分压，可从一个电源得到几种不同的电压。

2.5.2 电阻并联电路

电阻的并联电路是指将两个以上的电阻的两端合并在一起，连接在两个节点之间，使每一个电阻承受相同的电压。我们把这种连接方式称为电阻的并联，如图 2-14 所示。

由图 2-14 可见，电阻并联电路具有下列性质。

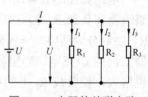

图 2-14 电阻的并联电路

① 电阻两端的电压都相等，且等于电路两端的电压，即

$$U=U_1=U_2=U_3$$

② 电路中的总电流等于各电阻中的电流之和，即

$$I = I_1 + I_2 + I_3 = \frac{U}{R_1} + \frac{U}{R_2} + \frac{U}{R_3}$$

③ 并联电路的总电阻的倒数等于各并联电阻的倒数之和，即

$$\frac{1}{R} = \frac{1}{R_1} + \frac{1}{R_2} + \frac{1}{R_3}$$

④ 如果有两个电阻并联，那么其总电阻为

$$R = \frac{R_1 R_2}{R_1 + R_2}$$

电阻并联电路的总电阻值要比其中任何一个电阻的阻值都小。

⑤ 在电阻并联电路中，各电阻流过的电流值与电阻值成反比，即

$$I_1 = \frac{U}{R_1} = \frac{R}{R_1} I, \quad I_2 = \frac{R}{R_2} I, \quad I_3 = \frac{R}{R_3} I$$

显而易见，流过每一个电阻上电流的大小和电阻值成反比。电阻值越小，分流的电流越大；电阻值越大，分流的电流越小。这就是并联电阻的分流原理，R/R_1、R/R_2、R/R_3 称为分流比。

在实际应用中，利用电阻并联可以获得较小的电阻值，利用电阻并联的分流作用可以从电源中得到几种不同的电流。

2.5.3　电阻混联电路

在一个电路中，既有电阻并联，又有电阻串联，我们将这种混合连接的方式称为电阻的混联，如图 2-15（a）所示。其分析方法如下。

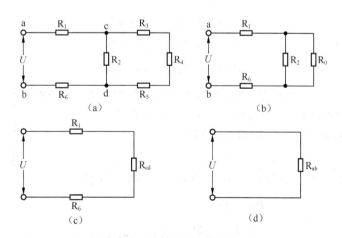

图 2-15　电阻的混联电路

首先简化电路，把电阻的混联分解为部分串联和并联电路，再去求解串联和并联电阻的

等效电阻值，最后通过归总的串联和并联的计算方法，以求得最终的电阻值。其简化过程如图2-15（b）、（c）、（d）所示。

从图2-15（a）中可以看出，连接在c、d节点上的电阻R_3、R_4、R_5是串联的，那么可以先求出这几个电阻的电阻值。根据串联公式得出等效电阻

$$R_0 = R_3 + R_4 + R_5$$

等效电路如图2-15（b）所示。

从图2-15（b）中看出，R_2、R_0是并联在c、d两节点之间，按照并联公式得出等效电阻

$$R_{cd} = \frac{R_0 R_2}{R_0 + R_2}$$

等效电路如图2-15（c）所示。

再从图2-15（c）中看出，R_1、R_{cd}、R_6是串联电路，根据串联电路计算公式可得

$$R_{ab} = R_1 + R_{cd} + R_6$$

等效电路如图2-15（d）所示。

2.5.4 计算举例

为了进一步说明基本电路的计算方法，下面我们举3个例子，用以说明电阻串联、电阻并联和电阻混联电路的计算方法。

例1：在图2-16中，已知R_1=5Ω，R_2=3Ω，U=16V，求电路中的总电阻R、总电流I、各电阻两端的电压U_1和U_2以及消耗的功率P_1、P_2各为多少？

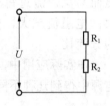

图2-16　电阻串联电路

解：总电阻 $\qquad R=R_1+R_2=5Ω+3Ω=8Ω$

总电流 $\qquad I = \dfrac{U}{R} = \dfrac{16V}{8Ω} = 2A$

R_1上的电压 $\qquad U_1=IR_1=2A\times5Ω=10V$

R_2上的电压 $\qquad U_2=IR_2=2A\times3Ω=6V$

R_1上消耗的功率 $\qquad P_1=I^2R_1=(2A)^2\times5Ω=20W$

R_2上消耗的功率 $\qquad P_2=I^2R_2=(2A)^2\times3Ω=12W$

例2：在图2-17中，已知R_1=200Ω，R_2=300Ω，R_3=600Ω，U=30V，求总电阻R、总电流I及各支路电流I_1、I_2、I_3各为多少？

解：在电阻并联电路中总电阻的倒数为：

$$\frac{1}{R} = \frac{1}{R_1} + \frac{1}{R_2} + \frac{1}{R_3} = \frac{1}{200Ω} + \frac{1}{300Ω} + \frac{1}{600Ω} = \frac{6}{600Ω} = \frac{1}{100Ω}$$

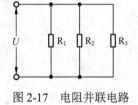

图2-17　电阻并联电路

所以总电阻 $\qquad R=100Ω$

总电流 $\qquad I = \dfrac{U}{R} = \dfrac{30V}{100Ω} = 0.3A = 300mA$

R₁ 支路的电流

$$I_1 = \frac{U}{R_1} = \frac{30\text{V}}{200\Omega} = 0.15\text{A} = 150\text{mA}$$

R₂ 支路的电流

$$I_2 = \frac{U}{R_2} = \frac{30\text{V}}{300\Omega} = 0.1\text{A} = 100\text{mA}$$

R₃ 支路的电流

$$I_3 = \frac{U}{R_3} = \frac{30\text{V}}{600\Omega} = 0.05\text{A} = 50\text{mA}$$

或

$$I_3 = I - I_1 - I_2 = 300\text{mA} - 150\text{mA} - 100\text{mA} = 50\text{mA}$$

例3：在图 2-18 中，已知 $R_1 = R_4 = 4\Omega$，$R_2 = 6\Omega$，$R_3 = 3.6\Omega$，$R_5 = 0.6\Omega$，$R_6 = 1\Omega$，$E = 4\text{V}$，求各支路电流 I_1、I_2、I_3、I_4 各是多少？

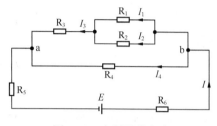

图 2-18　电阻混联电路

解：已知各电阻和电源电动势值，求各支路电流，一般可分为以下 3 个步骤进行计算。

第一步：求总等效电阻。R₁、R₂ 相并联的等效电阻为

$$R_{1.2} = \frac{R_1 R_2}{R_1 + R_2} = \frac{4\Omega \times 6\Omega}{4\Omega + 6\Omega} = 2.4\Omega$$

此电阻与 R₃ 相串联后的等效电阻为

$$R_{1.2.3} = R_3 + R_{1.2} = 3.6\Omega + 2.4\Omega = 6\Omega$$

$R_{1.2.3}$ 又与 R₄ 相并联，其等效电阻为

$$R_{ab} = \frac{R_{1.2.3} R_4}{R_{1.2.3} + R_4} = \frac{6\Omega \times 4\Omega}{6\Omega + 4\Omega} = 2.4\Omega$$

故整个电路的等效电阻为

$$R = R_5 + R_6 + R_{ab} = 0.6\Omega + 1\Omega + 2.4\Omega = 4\Omega$$

第二步：求总电流。由于总电流也就是通过 R_{ab}、R₅ 及 R₆ 的电流，所以总电流为

$$I = \frac{E}{R} = \frac{4\text{V}}{4\Omega} = 1\text{A}$$

第三步：求各支路电流。求各支路电流，可以采用两种方法。

其一是根据电流分配法求出 I_4 和 I_3，即

$$I_3 = I \frac{R_4}{R_{1.2.3} + R_4} = 1\text{A} \times \frac{4\Omega}{6\Omega + 4\Omega} = 0.4\text{A}$$

$$I_4 = I \frac{R_{1.2.3}}{R_{1.2.3} + R_4} = 1\text{A} \times \frac{6\Omega}{6\Omega + 4\Omega} = 0.6\text{A}$$

故有

$$I_1 = I_3 \frac{R_2}{R_2 + R_1} = 0.4\text{A} \times \frac{6\Omega}{6\Omega + 4\Omega} = 0.24\Omega$$

$$I_2 = I_3 - I_1 = 0.4\text{A} - 0.24\text{A} = 0.16\text{A}$$

其二是先求出各段电压，再求出各支路电流，亦即先求出 a、b 两点间的电压

$$U_{ab} = IR_{ab} = 1A \times 2.4\Omega = 2.4V$$

$$I_4 = \frac{U_{ab}}{R_4} = \frac{2.4V}{4\Omega} = 0.6A$$

则有

$$I_3 = \frac{U_{ab}}{R_{1.2.3}} = \frac{2.4V}{6\Omega} = 0.4A$$

又因为

$$U_{R1} = U_{R2} = U_{ab} - U_{R3} = 2.4V - I_3R_3 = 2.4V - 0.4A \times 3.6\Omega = 0.96V$$

$$I_1 = \frac{U_{R1}}{R_1} = \frac{0.96V}{4\Omega} = 0.24A$$

所以

$$I_2 = \frac{U_{R2}}{R_2} = \frac{0.96V}{6\Omega} = 0.16A$$

2.6 常用电工工具

2.6.1 一般工具

1．螺丝刀

螺丝刀是拆卸机箱和一些元器件的必需工具。螺丝刀有一字形和十字形两大类，它们都有不同尺寸的多种规格。为了防止在操作时螺丝刀误碰一些元器件造成短路，可在螺丝刀杆上套上一段塑料套管或包上一层透明胶带。使用螺丝刀时要根据螺钉的大小选用相应的螺丝刀，以免损坏螺钉的沟槽。对于收音部分中周磁芯的调节，则应备有使用非金属材料杆、在端部嵌入金属片的螺丝刀，以去除人体的感应。

2．尖嘴钳

对于一些小螺钉、螺母及元器件，可用尖嘴钳来夹持，并可用尖嘴钳来对元器件的引线进行整形。

3．平口钳

对于一些体积较大的元器件可用平口钳进行夹持。对于螺母也可用平口钳来旋动。

4．镊子

对于印制电路板上的元器件，在布线较密的情况下，可用镊子来进行夹持。

5．偏口钳

偏口钳可用来夹断导线，也可用来剥去绝缘导线的外皮。另外，也可使用专用剥线钳来替代偏口钳，也可用剪刀代替。

6. 带有鱼头夹的导线

在维修设备时，有时需对某些部位进行暂时连接，两头带有鱼头夹的导线是非常必要的。

7. 酒精

对于印制电路板表面的清漆、凡立水等保护层可用酒精进行清除。

8. 清漆

对于经过修复的印制电路板表面可涂布清漆形成保护层。

9. 放大镜

在维修设备时，对于很细的元器件引线，肉眼有时会看不清，利用放大镜观察就会方便得多。

10. 软毛刷

对于设备中的灰尘，除可用吹风机、吸尘器吹吸外，也可用软毛刷刷掉。

11. 内六角螺丝刀

各种不同规格的内六角螺丝刀，主要用于修理一些从国外进口的声频设备。这些设备往往都需要六角螺丝刀进行拆卸。

12. 清洁剂

调音台上的衰减器（推子）由于长时间使用，必然会进入一些灰尘，特别是在室外扩声时。这样，在推拉衰减器时就会因增加了阻力而动作不够畅快，甚至出现噪声，这时必须要用清洁剂来清洗。另外，还有一些尺寸较小的电位器的修理也必须要用清洁剂。

2.6.2　万用表

万用表也叫三用表，主要是用来测量电压、电流和电阻。万用表的品种很多，可以分为指针式万用表和数字式万用表。现以国产 MF-47 型万用表为例，介绍它的结构和使用方法。

1. 面板说明

MF-47 型万用表是一种磁电整流式多量程指针万用表，可对直流电压或直流电流、交流电压以及直流电阻等进行测量，它有 26 个基本量程和测量电平、电容、电感、晶体管直流参数等 7 个附加量程。万用表的标度盘颜色和指示盘颜色对应，有红、绿、黑 3 种颜色，按交流红色、晶体管绿色、其余黑色制成。标度盘共有 6 条刻度线：第 1 条专测电阻，第 2 条测交流电压、直流电压，第 3 条测晶体管放大倍数，第 4 条测电容，第 5 条测电感，第 6 条测声频电平。其面板图如图 2-19 所示，量程范围如表 2-5 所示。

图 2-19　MF-47 型万用表面板图

表 2-5　　　　　　　　　　　　　　　MF-47 型万用表的量程范围

名称	直流电流	直流电压	交流电压	直流电阻	声频电平	晶体管直流放大倍数	电　感	电　容
量程	0～0.05mA	0～0.25V	0～10V	$R\times1$				
	0～0.5mA	0～1V	0～50V	$R\times10$				
	0～5mA	0～2.5V	0～250V	$R\times100$				
	0～50mA	0～10V	0～500V	$R\times1k\Omega$				
	0～500mA	0～50V	0～1 000V	$R\times10k\Omega$	-10～22dB	0～300	20～1 000H	0.001～0.3μF
	0～5A	0～250V	0～2 500V	—				
	—	0～500V	—	—				
	—	0～1 000V	—	—				
	—	0～2 500V	—	—				

　　万用表刻度盘的正下方有一个调整电位器，是用于调整机械零位的，即调零器。在使用前，如指针不在零位时，可用一字螺丝刀旋转调零器，使指针的指示为零。

　　万用表的右下方有一个零欧调整电位器。在测量电阻时，先选择量程，然后把红、黑表笔短路，看指针上指示的电阻是否为零欧，若不是可通过零欧调整电位器，把指针调到零位。

　　万用表刻度盘的左下方有 6 个孔，其左边从上到下有 c、b、e 3 个孔，右边从上到下有 e、b、c 3 个孔，它们主要用于晶体三极管的测量。左边 c、b、e 用于 NPN 型三极管的测量，右边 e、b、c 用于 PNP 型三极管的测量。左下方的两个孔有 "+" 和 "COM" 标记，是用来插入表笔的，红色表笔插入 "+" 孔，黑色表笔插入 "COM" 孔。右下方有 2 500V 和 5A 两个孔，其中 "2 500V"孔用于测量 1 000～2 500V 的交、直流电压,测量时将红色表笔插入"2 500V"

孔，黑色表笔插入"COM"孔；"5A"孔用于测量 500mA～5A 的直流电流，测量时将红色表笔插入"5A"孔，黑色表笔插入"COM"孔。万用表中间的大旋钮是量程选择旋转开关（简称量程开关），供测量时选择适当的量程。

2. 使用方法

在使用万用表前，首先要将指针调整到机械零位上，然后再进行测量。

（1）测量直流电流

测量 0.05～500mA 电流时，转动量程开关到所需电流挡，将测试表笔按红正、黑负串联在电路中；在测量 500mA～5A 电流时，红色表笔要插在红色"5A"孔内，然后串联在电路中。

（2）测量交、直流电压

测量交流 0～1 000V 或直流 0～1 000V 电压时，将量程开关调至所需测量的电压挡上，然后将测试表笔跨接于被测电路的两端，在测直流电压时应注意极性，红色表笔接正极，黑色表笔接负极。当测量 1 000～2 500V 交、直流电压时，应将红色表笔插入"2 500V"孔内，然后将表笔跨接于被测电路的两端。测量直流电压时应注意极性。

（3）测量直流电阻

转动量程开关至所需测量的电阻挡，将表笔两端短接，调整零欧调整电位器，使指针位于欧姆"0"位上，然后分开表笔进行测量。测量电路中的电阻时应先断开电源，如电路中有大容量电容时应先进行放电。

（4）测量声频电平

测量声频电平时，把量程开关旋到交流电压挡上，以 10V 为基准，方法与测量交流电压方法相同，电平的范围为–10～+22dB。在电平超过+22dB 时可用 50V 以上各量程测量，其值可按表 2-6 所列值进行修正。如被测电路中带有直流电压成分，可在"+"插孔与表笔之间串接一个 0.1μF 的隔直流电容器。

表 2-6　　　　　　　　　　　　　声频电平测量范围

量　　程	按电平刻度增加值	电平的测量范围
10V	—	–10～+22dB
50V	14dB	+4～+36dB
250V	28dB	+18～+50dB
500V	34dB	+24～+56dB

（5）测量电容

转动量程开关至交流 10V 挡位置，将被测电容与任一测试表笔串接，而后跨接于 10V 交流电路中进行测量，测量的范围为 0.001～0.3μF。

（6）测量电感

电感的测量与电容的测量方法相同，测量的范围为 20～1 000H。

（7）晶体三极管直流参数的测量

① 测量直流放大倍数 h_{FE}：先转动量程开关至晶体管调节 ADJ 挡位置，将红、黑表笔短路，调节零欧调整电位器，使指针对准 $300h_{FE}$ 刻度线，然后转动到 h_{FE} 位置，将要测量的晶

体三极管引脚分别插入测试孔内，指针偏转所示的数值即为晶体三极管的直流放大倍数。NPN型晶体三极管应插入 NPN 型管孔内，PNP 型晶体三极管应插入 PNP 型管孔内。它的量程范围为 0～300。

② 反向截止电流 I_{ceo}、I_{cbo} 的测量：I_{ceo} 为晶体三极管集电极与发射极间的反向截止电流（基极开路），I_{cbo} 为晶体三极管集电极与基极间的反向截止电流（发射极开路）。转动量程开关至 $R×1k$ 挡，将红、黑表笔短路，调节零欧调整电位器，使指针对准 "0" 欧刻度，此时，满刻度电流值约为 90mA。分开测试表笔，然后将欲测的晶体三极管按 NPN 型或 PNP 型插入管孔内，此时，指示的数值约为晶体三极管的反向截止电流值，指针指示的刻度乘以 1.2 即为实际值。

当 I_{ceo} 大于 90μA 时，可换用 $R×100$ 挡进行测量，此时，满刻度电流值约为 900μA。

③ 晶体三极管引脚极性的判别：晶体三极管引脚极性的判别，可用 $R×1k$ 挡进行。

先判定基极 b：基极 b 到集电极 c 或到发射极 e 分别是 PN 结，它的反向电阻很大而正向电阻很小。测试时可任意取晶体三极管一脚假定为基极，将红表笔接 "基极"，黑表笔分别去接触另两个引脚，如此时测得都是低阻值，测红表笔所接触的引脚为基极 b，并且是 PNP 型管。如用上述方法测得均为高阻值，则为 NPN 型管。如测量时两个引脚的阻值差异很大，可换另一个引脚为假定基极进行测量，直到满足上述条件为止。接着判定集电极 c。对 PNP 型晶体三极管，当集电极接负电压、发射极接正电压时，电流放大倍数比较大，而 NPN 型管则相反。测试时假定红表笔接集电极 c，黑表笔接发射极 e，记下其阻值，然后将红、黑表笔交换测试，将测得的阻值与第一次测试的阻值相比较，阻值小时，红表笔接的是集电极 c，黑表笔接的是发射极 e，而且可以判定是 PNP 型管，对 NPN 型管则正好相反。

④ 晶体二极管极性的判别：测试时选 $R×1k$ 挡，晶体二极管两端接红、黑两表笔，然后对换表笔，记下两次测得的数值，此时测得阻值小的黑表笔端为正极。当用万用表测电阻数值时，红表笔为电池负极。如果两次测得的数值均为零或无穷大，说明晶体二极管已损坏。

（8）扬声器的测量

用万用表 $R×1k$ 挡，两表笔分别碰触扬声器音圈两端，如有 "喀喀" 声，读取数值与扬声器原标阻抗值相近，证明扬声器是好的。如有 "喀喀" 声，但读取数值与扬声器原标阻抗值不符合（如标的是 8Ω，实际读数是 2Ω），可能是部分音圈被烧毁；若没有 "喀喀" 声，万用表上的读数为零，证明音圈已烧毁（短路）；若读取数值和原标数值相近，但无 "喀喀" 声时，则是音圈卡死了；若电阻为无穷大时，说明音圈已断路，也有可能是引线断了。

（9）检查电容器是否漏电

用万用表 $R×1k$ 挡，红表笔接电容器的负极，黑表笔接电容器的正极，当表的指针指示有电阻值时，说明该电容器已漏电，当表的指针指示为无穷大时，证明电容器正常。对于容量较大的电容器，如 1μF 以上的电解电容器，在刚接上表笔时，指针会摆动，然后回到无穷大，表示电容器正常；如果不摆动，说明电容器的电解液已干；如果指针不返回，说明电容器已漏电。

（10）检查线材是否优质

用万用表 $R×100$ 挡，先调零值再测量 100m 整圈线的电阻。如果电阻值在 8Ω 以下，证明是优质线材，当然更好的线材每 100m 的电阻值只有 2Ω；8Ω 以上的是劣质线材，有些差的线材的电阻值在 20Ω 左右。

（11）检查连线是否完好

在音响设备的连线中，传声器线是很容易损坏的。有些传声器由于经常移动，常会造成连线拉伤、拉断及接触不良等故障。检查连线时，选用 R×1k 挡，测量连线中两个卡侬插头的对应脚，看是否为通路。如果读数在零左右证明线是好的，如果读数为无穷大证明是断线了。对卡侬插头的 2 和 1 或 2 和 3 脚进行测量，好的应该为无穷大，电阻值为零时证明线的某处短路了。

3．注意事项

① 由于电流表本身电阻很小，万用表在电流挡位置时，切不可将表笔接到电源的两端，否则，不但会引起电源短路，而且还会烧坏万用表。

② 测电流或电压时，应先根据电压、电流值选择较大的量程范围。在不知道被测电压或电流的数值时，宁可先放在大量程上，然后再逐一选择合适的量程进行测量。注意千万不能用电流挡位去测量电压。

③ 测直流电流或电压时，应注意电源极性，不能接错，否则，会使指针反打而损坏。

④ 测电流或电压时，不要在中途转动量程开关。

⑤ 测电路中的电阻时，应将被测电路的电源断开，切不可在加电情况下测量电阻。

⑥ 当用电阻挡调节零欧调整电位器不能回零时，多数情况是表内电池的电量不足，应当及时更换新电池。

2.7 消磁器

为了能快速对整盘或整盒录音、录像磁带或一个部件进行消磁，可使用消磁器。消磁器是将电源变压器去掉横条部分后制成的，通常称为 E 字形消磁器，其结构如图 2-20 所示。

E 字形消磁器的工作原理是：当通上 220V 交流电时，在 E 字形上口产生磁场的极性是以 50Hz 的频率反复交替变化的，若靠近有规律排列的磁性材料，马上就会打乱它的有序排列，从而达到消磁的目的。

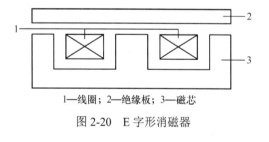

1—线圈；2—绝缘板；3—磁芯

图 2-20 E 字形消磁器

2.7.1 使用方法

1．磁带的消磁

将需要消磁的磁带远离消磁器，接通消磁器电源，将磁带缓慢移近消磁器，在消磁器上旋转几圈后，缓慢离开消磁器，在离开足够远时，断掉消磁器电源。

2．磁头和电视机的消磁

对磁头和电视机消磁时可以在远离磁头或电视机的地方打开电源，然后手拿消磁器慢慢靠近磁头或电视机，旋转几圈后，缓慢离开磁头或电视机，再关掉消磁器电源即可。

2.7.2 注意事项

① 对不需要消磁的磁带、磁盘或其他磁性节目源，应当放在远离消磁器的地方，以免丢失记录内容。

② 打开消磁器前应把身上的信用卡、存折、VIP卡等带磁条的卡放在远处，以免磁条受损，影响正常使用。

③ 使用消磁器时，手表也要放在远处，防止零件受磁化而走时不准。

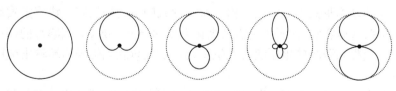

第3章
传声器

3.1 传声器的原理及性能

传声器俗称话筒、麦克风，是电声设备中的第一个环节，作用极为重要。传声器是把声能转变为机械能，然后再把机械能变为电能的换能器。目前，人们利用各种换能原理制成了各式各样的传声器，录音中常用的有电容、动圈、铝带传声器等。

传声器可分为高阻抗和低阻抗两种。高阻抗传声器的阻抗在千欧以上，输出连接线较短，有 2～3m 长，抗干扰能力差；低阻抗传声器的阻抗为几十欧到几百欧，传声器输出连接线可长达几十米，抗干扰能力强。

3.1.1 传声器的指向特性

所谓传声器的指向特性，是指传声器对来自不同方向的声音具有不同的灵敏度。现代录音和拾音技术需要各种特定指向特性的传声器，有时也需要指向特性可以灵活转换的多用途传声器。

传声器的指向性主要可分为 3 种：无指向性、双指向性和单指向性。无指向性（也称全指向性）传声器对于所有方向传来的声音灵敏度大致相同，但对于来自传声器后面的声音灵敏度略有降低。

单指向性传声器又称为心形传声器。它的灵敏度在正前方很高，两侧的灵敏度略有降低，对后面来的声音灵敏度则为零，在现场扩声及录音中得到广泛应用。利用它的指向特性，可减小多传声器拾音时的相互串音和相位干涉，同时还可提高传声增益，有效地避免由声反馈所产生的啸叫。

双指向性（俗称 8 字形指向性）传声器对正面入射声波和背面入射声波所呈现的灵敏度基本相同，对两侧入射声波的灵敏度则较低。

另外，还有界于上述 3 种指向性之间的超心形指向性和超指向性传声器。

传声器的指向性图形如图 3-1 所示。

（a）无指向性 （b）单指向性 （c）超心形指向性 （d）超指向性 （e）双指向性

图 3-1 传声器的指向性图形

按声场驱动力形成的方式来分，可将传声器分为压强式和压差式传声器两大类。

压强式和压差式传声器分别具有无方向指向特性（全向性）和 8 字形指向特性（双向性），这两种特性是传声器指向特性的两种最基本形式，也是两种最极端的指向性，其他各种指向性都是由这两种指向性派生出来的。

3.1.2 动圈传声器

动圈传声器有一个粘贴在振膜上并悬于环形磁隙缝之间的线圈，如图 3-2 所示。声波振动振膜，使线圈在磁场中运动，从而感应出电压。这个线圈通常称音圈，其阻抗很低，一般为 30～50Ω。传声器体内还装有一个变压器，以使音圈与放大器输入电路的阻抗相匹配，同时也起到使信号电压升高的作用。

动圈传声器通常是全向性的。某些动圈传声器壳外的另一个声波入口形成了特殊声学相移网络，因而大致上具有心形指向特性。优质专业用动圈式心形传声器的前面和后面的灵敏度差别约为 15dB，而普通的有 6～8dB。

动圈传声器灵敏度高、频带宽、结构坚固，广泛应用于专业和业余录音。

动圈传声器的主要技术特性如下。

① 频率特性：传声器在受声波作用时，对各个频率不同的信号所产生的灵敏度是不同的，这种灵敏度随频率变化的特性，称为传声器的频率特性。

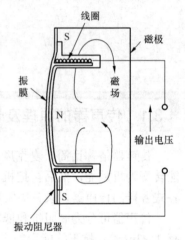

图 3-2　动圈传声器的结构

② 灵敏度：传声器的输出电压同作用于该传声器上的声压之比，以伏每帕（V/Pa）或毫伏每帕（mV/Pa）为单位。

③ 指向特性：传声器的灵敏度随声波入射方向而不同的特性。

④ 阻抗特性：当传声器作为信号源输出信号时，传声器的输出阻抗（即传声器的源阻抗）有高阻和低阻之分。低阻抗传声器抗干扰能力强，高频衰减小，且不明显，同时，允许使用较长的线缆。

⑤ 信噪比：即传声器信号电压与本身产生的噪声电压之比。信噪比越大，传声器的灵敏度越高，性能越好；反之则结果相反。

⑥ 最大声压级：传声器在一定声压级作用下，其谐波失真限制在一规定值（如 1%或 3%），此声压级即为该传声器的最大声压级。

3.1.3 电容传声器

电容传声器的基本形式为压强式，由一块膜片式的可动极板和一块固定式后极板构成。这个装置称为极头（电容盒），极头所需的极化电压为 50～100V。因膜片的振动导致电容的容量发生变化，使极头两端的电压随着发生变化，于是负载电阻器两端输出电压也就跟着发生变化。

由于极头对声频的阻抗很高，为 10～15MΩ，因此在传声器体内装有前置放大器，这样就可得到很低的输出阻抗。它的原理图如图 3-3 所示。

电容传声器中极头所需的极化电压可以从传声器电池中得到，也可以从外部电源如幻像供电得到。电源除了供给极化电压外，也为前置放大器提供必要的电压。

电容传声器基本上是全向性的，但经过某些改进后也可成为双向的甚至心形的。电容传声器的灵敏度特别高，并具有很宽的频率响应特性，因此最适宜于录音室内高质量的录音。

3.1.4　铝带传声器

铝带传声器是一种压差式传声器。铝箔制成的薄带夹在磁铁系统中，直接受声波的冲击而振动，感应出很微弱的电流。铝带感应的电流与铝带振动速度成正比。铝带传声器的原理图如图 3-4 所示。铝带的阻抗很低，只有零点几欧，因此在传声器内通常都装有一只阻抗匹配变压器。

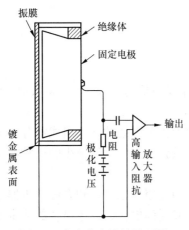

图 3-3　电容传声器的原理图

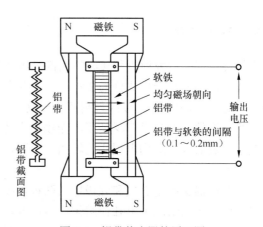

图 3-4　铝带传声器的原理图

从理论上讲，铝带传声器的指向特性为 8 字形，但实际上始终可以听到从侧面来的少量声音。铝带传声器也有制成单指向性的，应用于广播与电视演播室。

一般来说，铝带传声器的瞬态响应优于动圈传声器，但在气流强劲的地方，必须对铝带严加保护，否则强气流会将铝带吹弯，脱离原位而不能复原，所以铝带传声器基本上是一种在室内使用的传声器。

3.1.5　其他传声器

1. 驻极体电容与压力区域传声器

驻极体电容传声器在它的振膜和后极板材料上存在着永久性电荷，可省去一般电容传声器所必需的极化电源，因而体积小、重量轻、造价低。最先进的驻极体电容传声器的指标和性能不但已经可以满足专业录音的要求，甚至还可以制成测量用传声器。

压力区域传声器（Pressure Zone Microphone，PZM）简称为压区传声器，它是将一个小型电容传声器的振膜朝下安装在一块反射板上，使振膜处于"压力区域"内的传声器。"压力区域"是指反射板附近直达声和经反射板反射的反射声相位几乎相同的区域。

压力区域传声器的振膜与反射板平行放置，两者相距极近，直达声和经反射板反射的反射声几乎同时到达振膜，使两者相位抵消的频率超过人耳可听频段之外，从而得到平直的响应。压力区域传声器的侧视图如图 3-5 所示。

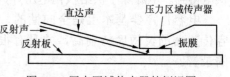

图 3-5　压力区域传声器的侧视图

2．立体声传声器

录制立体声节目时，还会用到立体声传声器。它是组装在同一壳体内的两只配好对的传声器。这两只传声器可以是相同指向特性（如 XY 制式，心形或 8 字形、超心形），也可以是不同指向特性（如 MS 制式，一只心形和一只横向放置的 8 字形）。立体声重合传声器通常分上、下两部分，上者对下者可作 90°或 180°大范围的转动，因此二者的主轴夹角以及整个立体声传声器的仰角可以很方便地调整，调整情况可以从传声器中部的刻度上显示出来。

3．无线传声器

无线传声器是由发射机和接收机两部分组成的。

无线传声器的组合形式分为 3 种：一部接收机、3 个发射机为一套，两部接收机、6 个发射机为一套，3 部接收机、9 个发射机为一套。

无线传声器现在早已广泛使用。无线传声器最早作为扩声系统的一个组成部分用于剧院舞台演出，随后逐步成为电视实况转播、电影、电视等录音工作中不可缺少的一种特殊辅助设备。

无线传声器头有电容式和驻极体式两种，既可以单独使用，也可以和有线传声器结合使用。在某种特定的情况下单独使用无线传声器，不但能够提高电视、录像声音的艺术效果和技术质量，而且还能排除传声器或其影子对画面、图像的干扰。

当使用有线传声器时，若传声器与演员距离较远，声音能量会有较大的衰减，出现声音听不清或听不见的现象。无线传声器和有线传声器扩声系统组合使用，不但能避免上述问题，而且还能加强艺术效果。

无线传声器具有频带宽、音色好、失真小、动态大等特性，还具有体积小、重量轻、便于演员在身上佩戴的优点，完全可以在同期录音中推广应用。此外，还可将无线传声器和有线传声器结合起来使用。实践证明，传声器挂在胸前，在它与嘴部相距 50cm 时，拾音效果较为理想，频率特性较为平坦。然而在实际使用时，传声器却很难放在理想的位置，由于演员服装的厚度及材料等不同，对发射机工作频率响应有较大的影响。一般来说，服装越薄越好，服装越厚高频损失越大，严重时会感到演员的声音发闷或不清晰。为了进行补偿，要对中高频作较大的提升。使用传声器时，最好根据演员的体形及服装设计制造一种专用带，用它来佩戴传声器，并把电池、天线等固定起来，否则会出现传声器与衣服的摩擦噪声。演员进行表演时，在一般情况下声音是能够保持平衡的。传声器电源电池能连续工作 5h，超过 5h，会因电压过低影响其工作性能，致使发射场强不足，而增加接收机的噪声。因此，要求传声器电源电压不应低于 7.5V。温度与湿度对传声器的影响也很大，工作时应尽力避免汗湿和过热，每次工作完后，应用干燥剂吸去传声器的潮气。

如果在剧场使用无线传声器扩声，接收机与有线传声器扩声系统最好都安放在剧场中心点或楼上第 1 排，这样便于技术人员根据演员的表演对声音进行及时调整（音量和音质），而且还能照顾到整个剧场的艺术效果。同时，要注意发射天线与接收天线之间的关系，金属反射物越少越好，这有利于无线电波直接传播，接收电磁波强了，噪声也就相对减小了，接收死点也可以得到进一步的改善。

在演播室及剧场工作时，特别要注意防止干扰，晶闸管调光器、电风扇、变压器、日光灯以及电台或电视现场实况转播对发射机和接收机都会有干扰。

使用无线传声器的几种连接方法如图 3-6 及图 3-7 所示。

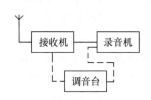

图 3-6　单独使用无线传声器
进行录音的连接方法

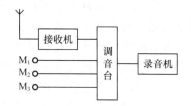

图 3-7　混合使用无线传声器与有线
传声器进行录音的连接方法

无线传声器的用途比较广泛，除用于电影、电视录音外，还可以用于现场教学、展览会讲解、军事演习指挥、工矿企业、运动场、建筑工地等多种场合。它的缺点是所录声音无远近感和环境感，同时声音的透明度较差，空间干扰噪声和衣服的摩擦声比较大。

3.2　传声器的选择与使用

传声器是录音工艺中的重要部件。在录音过程中如何正确选择各种传声器，如何安排好传声器的位置、高低、远近及角度是非常重要的。传声器使用得当与否，会直接影响到录音艺术效果的好坏。所以，在各种不同的录音过程中，要根据不同声源的声级、动态范围、频率范围、声场的音响条件等来选择传声器和安排传声器的布局。解决好这两个问题，就能提高电视、广播、唱片录音以及剧场扩声的音质。

目前，随着电声技术的不断发展和工艺水平的不断提高，各类传声器的性能及技术指标越来越高，国内生产的传声器和国外进口的传声器品种与型号也越来越多。为了获得良好的声音艺术效果，要求音响技术人员熟悉和掌握传声器的各种性能——包括灵敏度、频率范围、动态范围、失真度、本底噪声电平、指向性以及所能承受的声压级。另外，有些高级传声器本身还装有低频衰减器和灵敏度衰减器，其指向性可变，输出阻抗也可变。

所谓传声器的灵敏度，简单地说，就是把声能转换成电能的能力，以单位声压所产生的电压大小来表示，其单位为 mV/Pa 或 mV/μbar（1mV/μbar=10mV/Pa）。各类传声器的灵敏度差别很大，电容传声器本身装有预放大器，灵敏度比较高，约 20mV/Pa；动圈传声器灵敏度较低，有 1.5～4mV/Pa。

指向性是指传声器接收来自前、后、上、下、左、右各方向声音的能力。使用单指向性传声器的目的是为了突出或强调某些声源的声音，避免或减少某些不必要的声源的声音。另外还可以对某些声学因素适当地加以控制，如反射声、混响声和环境噪声等。

指向性响应的均匀性和频率响应也是传声器的重要技术指标。所谓均匀性，即从低频到高频的各个频率的指向性响应是否一致。频率响应是指传声器输出电平随频率变化的相对关系。

传声器的指向性是根据录音的实际需要来选定的，所选传声器的指向性不同，录得的声音效果也各异。

选用传声器时，要特别注意它的输出电平是否与调音台（或录音机）要求的输入端电平相匹配。在声级相同的条件下，传声器的输出电平决定其灵敏度的大小。如果调音台输入端的电平调整或选择得不适当，会引起声音过载失真，影响音质。同时还会出现两个现象：一是调音台音量衰减器（推子）无法开大，不易调整控制；另一个是衰减器要开得很大，噪声水平也相对增大了。为了适应各种输入电平的需要，新式调音台几乎都增设有 0～70dB 的电平调整单元。另外，还要注意传声器的输出阻抗是否与调音台输入阻抗相匹配，如不匹配，就应设法改变传声器的输出阻抗或调音台的输入阻抗。由于传声器输出阻抗不同，其输出电平也就不同。

录音用的传声器如同摄影用的镜头。摄影用镜头是根据取景的范围、景深、距离、透视关系以及虚实关系等来安排的，目的是为了取得良好的摄影艺术效果。而录音用的传声器，同样要根据声场的具体情况，考虑是单声源还是多声源、演奏乐器的种类与合唱队员的多少、声源距离的远近、清晰度的高低、音色的好坏、直达声与混响声的比例关系以及单声道还是多声道、立体声等。使用多少传声器，如何设置传声器，都要经过周密的考虑。

① U47 型电容传声器具有两种方向特性，频带宽、特性平坦，录出的声音自然、柔和，清晰度也很好，电影制片厂多用其录语言。U47 型传声器内装有一个低噪声电子管 VF14。

② U67 型电容传声器具有 3 种指向特性，频带范围很宽，录音时距离声源很近也不会产生不自然的尖声成分。

在传声器和电子管的控制栅极之前，低频衰减器将 30Hz 以下的低频成分大大衰减掉，而对 40Hz 以上的频率毫无影响，还能防止由于风和地板的振动引起传声器膜片过度振动造成电子管过载，这比一般在输出端上接上"风声滤波器"效果还好。如不需要衰减低频，传声器的频率响应可以线性化。方法是断开桥接在传声器内的一段短线，另外传声器内还装有一个低噪声电子管 EF86。

拾取语言信号时，可把传声器上的开关移到 100Hz 的位置，这对语言录音和电视录像广播都有较好的效果。传声器上还装有一个 10dB 的衰减器，即使是实际生活中最响的声音，传声器前置放大器也不会产生过载失真。

③ U87 型和 KM86 型等传声器，用+48V 直流幻像供电。它与用电子管的电容传声器相比，具有体积小、噪声低的优点。U87 型有 3 种指向特性，传声器头部的双重振膜是用涂有蒸发金的聚酯薄膜做成的，这种振膜的最大特点是耐热和耐用，传声器本身就会自动排除掉频率低于 30Hz 的噪声。

KM86 型有 3 种指向特性，它的优点是 3 种指向性可供选择，与声源相距比较远的时候，能保持低频的真实传输和放大。用这种传声器，录音乐音响效果更好。

④ 美国 RCA44B 和英国小铝带传声器频率特性好，音质也相当好，一般录音经常使用，但不能离声源太近，如太近容易产生低频的"嗡嗡"声。它唯一的缺点是输出音量较小，不适合外景录音用，因风声对铝带有很大的影响。这种传声器在使用时要特别小心，不能碰撞，更不能用手敲弹和用口吹气等方法来试音。

⑤ AKG-D200E 型和 D224 型传声器，这种传声器失真小，动态范围宽，清晰度高，低频响应好。

⑥ 815、816 和 415、416 等超指向性传声器，其拾音的方向角比其他传声器小，所以抑制干扰的能力最强。超指向性传声器的工作原理，有抛物面聚焦、声学透镜聚焦和声波干涉等。抛物面聚焦是把传声器安置在抛物面的焦点上，只有前方的声波经抛物面反射聚焦声压增加，而其他方向的声波却被抑制。但当声波波长与抛物面直径可比时，这种反射聚焦的能力就消失了，所以低频指向性不好。它和声学透镜聚焦传声器都因体积大、性能不够优越，逐渐被干涉方法所淘汰。利用声波的干涉原理设计的超指向性传声器，外形像一根棍棒，又称枪式传声器。超指向性传声器可用于远距离拾音，例如在森林里录鸟叫声。大乐队录音时，可用这种传声器突出某种乐器，其拾音效果很好。特别是在拍摄纪录片进行现场录音和环境噪声较大的情况下收录音响效果时，使用这种传声器录出的声音质量更好。

⑦ 动圈传声器，其坚固耐用，灵敏度虽然较低，但适合录动态范围较大的声音，如火车声、舰艇声、飞机声、爆炸声、炮声等。

目前，既不存在完美无缺的传声器，也不存在通用的传声器。各类传声器都有它的优点和缺点，也就是说，各种传声器都各自有不同的性能和特定的质量。录音时，要依据所要求的效果及声源对象决定选择使用何种传声器。

3.3　传声器在使用中应注意的问题

① 必须使用专用屏蔽电缆馈送传声器信号。由于传声器的内阻抗一般有几百欧，而输出信号又很微弱，因此，必须使用专用屏蔽电缆（俗称传声器线）作信号传输线，并使屏蔽层的一端与传声器的外壳良好相接，另一端与电声设备的外壳良好相接，才能减小周围电磁场的干扰。例如，灵敏度为 10mV/μbar 的电容传声器，拾音点的声音响度级为 25phon 时（这大约是标准播音室的室内噪声级值），若不计传声器本身产生的噪声，传声器输出的信号电压只有 36μV（A 计权）；那些灵敏度约为 1mV/μbar 的电动（动圈或带式）传声器，25phon 响度级的声音只能引起 0.36μV（A 计权）的信号输出。这样弱的声音信号，若在传输中不采取屏蔽措施，势必会受到周围电磁场的严重干扰。

同样，电容传声器从专用电源盒到传声器头之间的电源馈线也应采取屏蔽线（多芯）形式。

为减小传输中遭受干扰的程度，不但要尽量采用屏蔽措施，还应尽量缩短传输线长度并避开干扰源。

② 使用平衡线路传输信号，可以有效地减小外来干扰。除个别扬声器馈线以外，其他声

音信号线都采用平衡线路形式。对于传声器来说，传输线不但要采用上述专用屏蔽电缆，而且要接成平衡线路（使用双芯传声器线，其中两个芯线平衡地传送信号，外面的屏蔽层与传声器外壳和电声设备外壳相连）。

所谓"平衡线路"，指的是传输线的两根导线上的声音信号对参考点（一般指机壳大地）呈现数值相等而极性相反的状态。为此，应保证整个传输系统的两个信号端对参考点能呈现相同的阻抗值。

由于使用平衡线路，终端所得到的信号正好是两根导线上的信号差，当传输线在受到干扰（一般地说，两条导线上受到的干扰信号大小相差不多，且极性相同）时，干扰信号在终端负载上可以相互抵消，因此平衡线路有抗干扰能力。传输线采用平衡线路正是利用了这一干扰抵消原理。

在电声系统中广泛采用平衡线路，还因为平衡线路不易干扰别的电声设备。

还应指出，线路的平衡需由信号源、传输线和负载 3 个方面来共同保证，若其中一方没有实现上述平衡条件，整个系统的平衡即遭破坏。

③ 注意传声器的输出阻抗。传声器的输出阻抗有很多种，大致可分为 1kΩ 以下的低阻抗型传声器和 10kΩ 以上的高阻抗型传声器。高阻传声器主要用于电子管式装置，低阻传声器一般用于晶体管式装置。在需要使用较长的传声器线时，应使用低阻传声器，因为高阻传声器会产生高频损耗。

传声器的阻抗匹配不像扬声器要求那么严格，只要放大器的输入阻抗比传声器的输出阻抗高些就可以。当阻抗很不匹配时，会使传声器灵敏度和信噪比受影响，这时应接入阻抗变换器。

④ 传声器的防震问题。各种传声器都应注意防震，因为强烈的震动不仅会使传声器信号严重过载，而且容易损坏。

例如，电动传声器若受强烈震动会使磁铁退磁，从而降低灵敏度。过于剧烈的震动还可能移动磁路位置，造成磁路卡住音圈或震散音圈、振膜等构件，使整个传声器完全遭到破坏。

又如，对于电容传声器，在带电工作时若遭受强烈震动，膜片与固定极板间的距离可能突然减小，极化电压就有可能击穿膜片。传声器在使用中应避免震动，使用带防震结构的传声器支架，在移动传声器时，应先关闭电源并特别小心，同时传声器线应注意安全放置，在试音时不要敲打传声器。

⑤ 传声器的防风问题。在有风的环境工作时，传声器的振膜容易受到风力的损坏和产生过强的噪声，应加防风罩。

另外，不能用吹气的方法来检查传声器是否接通。采用这种方法对于带式传声器，会使金属带偏离正常的工作位置，良好的传声器会在这一吹的瞬间遭到损坏。对于其他形式的传声器，吹气也会使膜片参数受到影响，使传声器及后面的电声设备受到损害。因此，吹气试声法应该杜绝。

⑥ 传声器的极性。在工作中，有时需要同时使用几只传声器来拾音，这时必须保证所有传声器以相同的极性（相位）接入电声设备，否则，各传声器的信号将在电路中发生抵消现象，出现严重失真。在立体声中，传声器的极性与声像方位又有直接关系，因此，在使用多只传声器拾音时，事先要校对各传声器的极性。有些调音控制台上设置了传声器极性转换开

关，可以很方便地校正传声器的极性。

⑦ 注意近讲效应。有指向性的传声器都有近讲效应，在近距离拾音时会造成低频的提升。使用中应衰减信号的低频分量，否则将造成频率失真。

⑧ 对于电容传声器要注意防潮，避免在湿度大的地方储存和使用，否则容易产生噪声。

3.4　部分传声器的技术参数和特性

这里列出部分传声器的技术参数和特性，以供参考。其中，部分国产传声器技术参数见表 3-1；部分国外传声器的技术参数见表 3-2；部分常用传声器的型号和特性按系列说明，见表 3-3～表 3-9。

表 3-1　　　　　　　　　　　　　　　部分国产传声器的技术参数

名称	型号	频　响	阻　抗	灵　敏　度	指　向　性	噪　声
动圈式组合传声器	CDZ1-1	35～15kHz	200～300Ω（1kHz）	0.065mV/μbar	35～5kHz，≥10dB	
广播用电容传声器	CR1-1	40～14kHz（≤10dB）	200Ω	0°入射：≥1μV/μbar（1kHz 负载 1kΩ）	800～1 200Hz，≥12dB	"A"计权≤15μV
电容传声器	CR1-3	40～16kHz	200Ω	0°入射：0.7～1.3mV/μbar（1kHz 负载 1kΩ）	200Hz，≥10dB；1Hz，≥15dB	"A"计权≤4μV
	CR1-4	40～16kHz	200Ω	0°入射：0.8mV/μbar（1kHz 负载 1kΩ）	1kHz，≥15dB	"A"计权≤5μV
单方向电容传声器	CR1-8	40～16kHz	200Ω	≥0.8mV/μbar	300～5kHz，≥15dB	"A"计权≤5μV

表 3-2　　　　　　　　　　　　　　　部分国外传声器的技术参数

型号	KM84/85	KM86	KM88	U47	U47fet	U67	U87	SM69fet	MKH815T	MD421
方向图	♡	○♡8	○♡8	○♡	○♡	○♡8	○♡8	2×8	♡	○
频率范围	40～20kHz	40～20kHz	40～16kHz	40～15kHz	40～16kHz	30～16kHz	40～16kHz	40～16kHz	50～20kHz	30～17kHz
输出阻抗	200Ω	200Ω	200Ω	50Ω 200Ω	150Ω	250Ω	200Ω	2×150Ω	200Ω	200Ω
信噪比	76dB	73dB	78dB		76dB		75dB	79dB	74dB	
放大器动态范围	115dB	112dB	118dB		130dB		113dB	106dB		
电源	DC+6V、+48V、-8V，0.4mA	同左	DC+6V、+48V、-8V，0.5mA		DC+6V、+48V、-8V，0.5mA		DC+6V、+48V、-8V，0.4mA		DC12V±2V	
电池工作时间	200h	同左	180 h		180 h		200 h			

表 3-3 　　　　　　　　　　　MD 系列动圈传声器的型号和特性

型　　号	MD21U	MD409U3	MD421U4	MD431Ⅱ
拾音特性	全向性	心形	心形	超心形
频率响应	40～18 000Hz	50～15 000Hz	30～17 000Hz	40～18 000Hz
灵敏度（1kHz）	1.8mV/Pa±2.5dB	1.18mV/Pa±2.5dB	2mV/Pa±3dB	2.2mV/Pa±2.5dB
正常阻抗	200Ω	200Ω	200Ω	250Ω
最低终端阻抗	200Ω	1 000Ω	200Ω	1 000Ω
尺寸	137mm×65mm×67mm	55mm×34mm×134mm	215mm×46mm×49mm	φ49mm×200mm
重量	280g	180g	385g	250g

型　　号	MD441U	MD504	MD512	MD616
拾音特性	超心形	心形	心形	超心形
频率响应	30～20 000Hz	40～18 000Hz	50～18 000Hz	50～18 000Hz
灵敏度（1kHz）	1.8mV/Pa±2.5dB	1.18mV/Pa±3dB	1.5mV/Pa±3dB	2.0mV/Pa±2.5dB
正常阻抗	200Ω	350Ω	350Ω	350Ω
最低终端阻抗	1 000Ω	1 000Ω	1 000Ω	1 000Ω
尺寸	270mm×33mm×36mm	φ33mm，长 59mm	φ48mm×195mm	φ48mm×195mm
重量	450g	60g	160g	160g

型　　号	MD518	MD908U	MD918U
拾音特性	心形	心形	心形
频率响应	530～16 000Hz	50～15 000Hz	50～15 000Hz
灵敏度（1kHz）	1.3mV/Pa±3dB	1.3mV/Pa±3dB	1.3mV/Pa±3dB
正常阻抗	200Ω	200Ω	200Ω
最低终端阻抗	200Ω	200Ω	200Ω
尺寸	φ48 mm×180 mm，手柄 φ25 mm	鹅颈 φ11 mm，长 455 mm	φ45 mm×165 mm，手柄 φ20 mm
重量	180g	344g	130g

表 3-4 　　　　　　　　　MKH 系列高频电容式传声器的型号和特性

型　　号	MKH20P48	MKH30P48	MKH40P48	MKH50P48
拾音特性	全向性	8 字形	心形	超心形
频率响应	12～20 000Hz	40～20 000Hz	40～20 000Hz	40～20 000Hz
灵敏度（1kHz）	25（8）mV/Pa±1dB	25（8）mV/Pa±1dB	25（8）mV/Pa±1dB	25（8）mV/Pa±1dB
正常阻抗	150Ω	150Ω	150Ω	150Ω
最低终端阻抗	1 000Ω	1 000Ω	1 000Ω	1 000Ω
"A" 计权（DIN IEC 651）	10（18）dB	13（19）dB	12（18）dB	12（18）dB
"CCIR" 计权（CCIR 468-3）	22（28）dB	22（28）dB	21（27）dB	21（27）dB

续表

型　　号	MKH20P48	MKH30P48	MKH40P48	MKH50P48
最高声压电平	134（142）dB 于 1kHz	134（142）dB 于 1kHz	134（142）dB 于 1kHz	134 （142） dB 于 1kHz
电源供应	幻像电源（48±4）V	幻像电源（48±4）V	幻像电源（48±4）V	幻像电源（48±4）V
供电流量	2mA	2mA	2mA	2mA
尺寸	ϕ 25 mm×153 mm	ϕ 25 mm×174 mm	ϕ 25 mm×153 mm	ϕ 25 mm×153 mm
重量	100g	110g	100g	100g

型　　号	MKH60P48	MKH70P48	MKH80P48	MKH416P48U
拾音特性	超心形/叶形	超心形/叶形	全向性/开心形/心形/超心形/8 字形	超心形/叶形
频率响应	50～20 000Hz	50～20 000Hz	30～20 000Hz	40～20 000Hz
灵敏度（1kHz）	40（12～5）mV/Pa	50（15）mV/Pa	40mV/Pa±1dB	25mV/Pa±1dB
正常阻抗	150Ω	150Ω	150Ω	10Ω
最低终端阻抗	1 000Ω	1 000Ω	1 000Ω	400Ω
"A" 计权（DIN IEC 651）	9（16）dB	8（15）dB	10dB	14dB
"CCIR" 计权（CCIR468-3）	21（27）dB	20（26）dB	20dB	24dB
最高声压电平	125（135）dB 于 1kHz	123（133）dB 于 1kHz	136（142）dB 于 1kHz	128dB 于 1kHz
电源供应	幻像电源（48±4）V	幻像电源（48±4）V	幻像电源（48±4）V	幻像电源（48±12）V
供电流量	2mA	2mA	3mA	2mA
尺寸	ϕ 25 mm×280 mm	ϕ 25 mm×410 mm	ϕ 26.7 mm×176 mm	ϕ 19 mm×250 mm
重量	150g	180g	135g	175g

型　　号	MKH416TU3	MKH816P48	MKH816TU3
拾音特性	超心形/叶形	超心形/叶形	超心形/叶形
频率响应	40～20 000Hz	40～20 000Hz	40～20 000Hz
灵敏度（1kHz）	20mV/Pa±1dB	40mV/Pa±1dB	40mV/Pa±1dB
正常阻抗	8Ω	10Ω	8Ω
最低终端阻抗	40Ω（200Ω对 20Pa）	600Ω（200Ω对 15Pa）	400Ω （200Ω对 10Pa）
"A" 计权（DIN IEC 651）	13dB	12dB	12dB
"CCIR" 计权（CCIR 468-3）	22dB	22dB	20dB
最高声压电平	124dB 于 1kHz	124dB 于 1kHz	118dB 于 1kHz
电源供应	A-B 电源（12±2）V	幻像电源（48±12）V	A-B 电源（12±2）V
供电流量	6±0.6mA	2mA	6±0.6mA
尺寸	ϕ 19 mm×250 mm	ϕ 19 mm×555 mm	ϕ 19 mm×555 mm
重量	175g	375g	375g

表3-5 　　　　　　　　　　　　　AKG系列传声器的型号和特性

	D40S	D50S	D65S	D90S	D230	D112	D3400	D3500	D3600	D3700	D3800
类型	动圈	动圈	动圈	动圈	动圈	动圈	动圈	动圈	动圈（双路）	动圈	动圈
指向性	超心形	超心形	超心形	心形	全向性	心形	心形	心形	心形	超心形	超心形
频率响应	70~20kHz	70~20kHz	70~20kHz	70~18kHz	40~20kHz	20~17kHz	80~20kHz	60~20kHz	20~22kHz	50~20kHz	40~21kHz
阻抗	500Ω	500Ω	500Ω	300Ω	320Ω	210Ω	600Ω	600Ω	600Ω	800Ω	600Ω
用途	演唱、卡拉OK	演唱、卡拉OK	演唱、乐器、卡拉OK	演唱	采访	低音鼓、中贝司	架子鼓	架子鼓	铜管簧乐器、套鼓	人声演唱、采访	演唱、演讲

	D3900	C12VR	C391B	C407	C410	C414B	C426	C568EB	C621	C647	C680BL
类型	动圈	电子管	电容	电容	电容	电容	电容	电容	电容	电容	电容
指向性	超心形	可变	心形	全向性	超心形	可变	可变	单指向性	心形	超心形	超心形
频率响应	40~22kHz	30~20kHz	20~20kHz	20~20kHz	20~20kHz	20~20kHz	20~20kHz	20~20kHz	90~20kHz	30~18kHz	60~20kHz
阻抗	600Ω	≤250Ω	≤200Ω	≤200Ω	≤200Ω	≤180Ω	≤200Ω	600Ω	600Ω	400Ω	≤200Ω
用途	演唱、演讲	电子管录音传声器	现场录音	领夹式演讲用	头带式演唱用	录音用	立体声录音用	超指向录音、采访	鹅颈式会议用	平面式	会议用

	C747	C547	C577	CK77	C580	C947	C1000S	C3000	C5600	C5900	CK68
类型	电容	电容	电容	电容	电容	电容	电容	电容	电容	电容	电容
指向性	超心形	超心形	全向性	全向性	超心形	超心形	心形、超心形	心形、超心形	心形	超心形	超指向性
频率响应	38~18kHz	30~18kHz	20~20kHz	20~20kHz	60~15kHz	30~18kHz	50~20kHz	20~20kHz	20~20kHz	20~20kHz	20~18kHz
阻抗	≤400Ω	≤400Ω	≤400Ω	≤3500Ω	600Ω	≤400Ω	≤200Ω	≤200Ω	≤200Ω	≤200Ω	
用途	录音用	平面式舞台地板上使用	领夹微型演讲、歌剧	领夹电视主持人用	鹅颈式会议用	吊式合唱演奏电视直播	多用途	多用途录音	乐器用	乐器用	超指向

表3-6 　　　　　　　　　　　MKE系列立体声电容传声器的型号和特性

型　号	MKE44P	MKE66	MKE2002Set	MKE300
拾音特性	2×心形	2×心形	变声型	超心形/碟形
频率响应	40~20 000Hz	40~20 000Hz	40~20 000Hz	150~17 000Hz±3dB
灵敏度（1kHz）	6.3mV/Pa±2.5dB	6.3mV/Pa±2.5dB	10mV/Pa±2.5dB	16mV/Pa±2.5dB
正常阻抗	250Ω	200Ω	1kΩ	200Ω
最低终端阻抗	1 000Ω	1.8Ω	4.7kΩ	2.7Ω

续表

型 号	MKE44P	MKE66	MKE2002Set	MKE300
"A"计权（DIN IEC 651）	25dB	25dB	22dB	18dB
"CCIR"计权（CCIR 468-3）	35dB	35dB	32dB	28dB
最高声压电平	126dB 于 1kHz（$k=1\%$）	124dB 于 1kHz（$k=1\%$）	134dB 于 1kHz（$k=1\%$）	116dB 于 1kHz（$k=1\%$）
电源供应	幻像电源 12～48V/1.5 电池	1.5V 电池	9V 电池	1.5V 电池
供电流量	2×1.5mA			
电池工作寿命	1 000h	1 500h	1 000h	200h
端子			5-芯 DIN 插头	ϕ 3.5 单声道插口
导线长度			3.0m	弹簧导线
尺寸	ϕ 44 mm×190 mm，手柄 ϕ 24 mm	ϕ 44 mm×190 mm，手柄 ϕ 24 mm		230mm×65mm×50mm
重量	125g	125g	30g	60g

表 3-7　　　　　　　　微型纽扣电容传声器、压区传声器 MKE 系列型号和特性

型 号	MKE2P	MKE40P	MKE102	MKF212P
拾音特性	全向性	心形	全向性	半球形
频率响应	20～20 000Hz±3dB	40～20 000Hz	40～20 000Hz	20～20 000Hz±3dB
灵敏度（1kHz）	10mV/Pa±2.5dB	8mV/Pa±2.5dB	10mV/Pa±2.5dB	20mV/Pa±2.5dB
正常阻抗	50Ω	50Ω	50Ω	50Ω
最低终端阻抗	1 000Ω	1 000Ω	1 000Ω	1 000Ω
"A"计权（DIN IEC 651）	27dB	27dB	22dB	27dB
"CCIR"计权（CCIR 468-3）	38dB	37dB	34dB	38dB
最高声压电平	130dB 于 1kHz（$k=1\%$）	133dB 于 1kHz（$k=1\%$）	137dB 于 1kHz（$k=1\%$）	124dB 于 1kHz（$k=1\%$）
电源供应	幻像电源 12～48V	幻像电源 12～48V	幻像电源 12～48V	幻像电源 12～48V
供电流量	2.6mA	2.6mA	2.6mA	2.6mA
端子	XLR	XLR		XLR
导线长度	1.5m	1.5m	1.5m	1.5m
尺寸	ϕ 6 mm	ϕ 12 mm×26 mm	ϕ 6 mm×9 mm	165mm×165mm×10 mm
重量	1g	15g	1g	850g

表 3-8 　　　　SHURE 美国思雅 GB BetaGreen 表演用系列传声器型号和特性

型号 规格 应用	BG 1.0	BG 2.0	BG 3.0	BG 4.0	BG 5.0
频率响应	80～12kHz	70～13kHz	60～14kHz	40～18kHz	70～16kHz
心形指向性	○	○	○	○	○
阻抗	高/低	150Ω	150Ω	600Ω	600Ω
输出电平	−77.0dB	−76.0 dB	−75.0 dB	−68.0 dB	−69.0 dB
动圈式	○	○	○		
电容式				○	○
电容式用 AA 电池或幻像电源供电					
开关	○	○	○	○	○
手持式	○	○	○	○	○
图标/应用					
人声	○	○	○		
合唱	○	○	○		○
电容式用 AA 电池或幻像电源供电					
小号	○	○	○		
簧管	○	○	○		
长笛	○	○	○		
卡拉 OK	○	○	○		
钢琴				○	
电吉他，弦乐器				○	
电吉他，电钢琴，低音吉他，电子乐器				○	
低音鼓				○	
沙鼓，小鼓				○	
镲，铜钹，铙钹				○	

表 3-9 　　　　　　SHURE 美国思雅无线传声器型号与特性

系 统 型 号		同时共用 传声器数	接 收 机		发 射 机	动圈型	传声器 型号
			T3 单天线	T4V 双天线	T2 手持式		
The Vocal Artist	ETV30S	10	√		√	√	BG3.0
The Vocal Diversity	ETV30D	10		√	√	√	BG3.0
The Vocal Artist	ETV58S	10	√		√		BG3.0
The Vocal Diversity	ETV58D	10		√	√	√	BG3.0
省电模式	18h（最大）						
双 LED 指示灯	绿灯亮表示电源打开，红灯亮表示电池剩余电量维持时间小于 1h						
MARCAD 分集 （双天线接收机）	无转换瞬变现象，避免因开关形成的噪声；接收两个射频信号，可以最佳比例结合，转换成强信号，改善接收情况与信噪比，减少信号衰落，保持音质高度清晰						

续表

系　统　型　号		同时共用 传声器数	接　收　机		发　射　机	动圈型	传声器 型号
			T3 单天线	T4V 双天线	T2 手持式		
RF 载频范围		169.445～216.00MHz					
动态范围		100m					
降噪电路		可在无信号输入时降低背景噪声					
T2 手持发射机							
RF 输出电压		50mV（最大）					
电池寿命		18h（标准 9V 碱性电池）					
控制		隐藏式电源开关，传声器开关，增益控制					
LED 指示灯		绿灯亮表示电源打开，红灯亮表示电池剩余电量维持时间小于 1h					
			T3 单天线发射机		T4V MARCAD 双天线接收机		
输出电平（1kHz 调频，15kHz 偏频）			−8.8dBV（不平衡）		−8.8dBV（不平衡），−24dBV（平衡）		
输出阻抗			3.3kΩ		150Ω（平衡），3.3 kΩ（不平衡）		
指示灯			峰值 LED，RF 射频 LED		峰值，变电线 A 及 B，电源开关		
端子			1/4 英寸不平衡		XLR 平衡，1/4 英寸不平衡		
控制			音量		音量		

4.1　磁带录音机

磁带录音机可将声音记录在磁带上，并根据需要随时把声音重放出来，而且可以重放多次。记录在磁带上的声音可以长期保存，不需要时也可以随时消掉，重新录上新的节目。

虽然录音机类型和样式很多，但它们的工作原理基本上是一样的，都是利用声电转换以及电磁的转换原理工作的。

4.1.1　磁性录音原理

磁性录音的原理是这样的：我们知道，一根通有直流电流的导线会产生磁场，使它附近的小磁针发生偏转。电流改变大小和方向时，磁场的大小和方向也会随之改变，即变化的电流产生变化的磁场。

我们还知道，一个不加电源的闭合线圈，当将一块条形磁铁插入、拔出这一线圈时，线圈中会出现彼此相反的电流，即变化的磁场会在线圈中产生变化的电流。

变化的电流产生变化的磁场，变化的磁场产生变化的电流。这个奇妙的自然现象，成了录音、录像技术等的理论基础。

一个钢块之类的硬磁性材料被磁化以后是会留有剩磁的。如果磁化时的磁性较弱，那么硬磁性材料上留的剩磁就较弱；如果磁化时磁性较强，那么剩磁就较强。剩磁的方向是和磁化时磁性的方向有关的，如果磁化时改变了磁化的方向，那么剩磁的方向也就改变。一个条形的硬磁性材料，例如一条钢带，是可以分段进行磁化的，也就是说，它上面可以有许多 N 极和 S 极，如图 4-1 所示。根据以上这些关于磁的现象，人们才找到了磁性录音的方法。

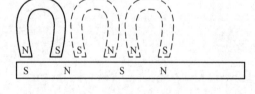

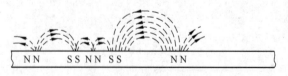

图 4-1　分段磁化的钢带

图 4-2 所示为磁带录音和放音的示意图。我们先看录音原理。录音时，最主要的器件是录音磁头和录音磁带。录音磁头是一个环形有隙缝的、绕有线圈的铁芯。录音时，传声器把

声波变换成相应的电流变化，经过放大器放大后送到录音磁头的线圈内，使缠绕在铁芯上的线圈产生变化的磁力线。磁力线通过铁芯，在铁芯隙缝处形成扩散出来的磁场。随着线圈电流的变化，这个磁场的方向和强度就作相应的改变。当有一条涂有磁粉的录音磁带匀速地通过磁头隙缝时，由于磁力线容易通过铁磁物质，所以扩散出来的磁力线就穿过磁带的一小微段并且使它磁化。

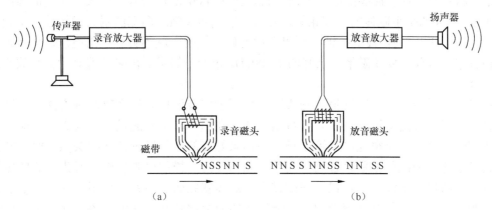

图 4-2　磁带录音和放音示意图

由于磁带上的磁粉是用硬磁材料制成的，当磁带上这一小微段离开磁头隙缝后，在这一小微段上就会留下相应的剩磁，形成一段小磁体，它的极性和强度是与原来声音相对应的。声音每振动一周，录音磁头线圈中的电流要按不同方向各流动一次，所以在磁带上相应剩磁形成的是两个极性相对的小磁体。磁带不断地移动，声音也就不断地被记录在磁带上。为了使录音质量好，实际录音时，录音磁头线圈中还同时加有称为偏磁电流的直流电流或交流电流（超声频电流）。

放音时，将录好音的磁带按照录音时的速度通过放音磁头隙缝，磁带上一小微段上的小磁体的磁力线就要由放音头隙缝进入磁头铁芯，使铁芯中有变化的磁力线通过。于是，铁芯上的线圈就感应出相应的变化电流，经过放大器放大后，由扬声器还原为原来的声音。

录音时，录音磁头的隙缝越窄，磁带的移动速度越快，那么，能录下的声音频率就越高。简单说来，这是因为磁带移动速度一定时，磁带上某一点通过一定宽度磁头隙缝所需要的时间也就确定了。例如，磁带以 19cm/s 的速度移过磁头隙缝，当磁头隙缝宽度为 1.9μm（1μm=10^{-6}m）时，磁带上某一点通过磁头隙缝的时间就等于 1.9μm÷19cm/s=10μs（1μs=10^{-6}s）。如果要记录的是 10 000Hz 的声音，声音变化一周需要的时间是 1/10 000Hz=100μs。这时，磁带上某一点在通过磁头隙缝的 10μs 时间内，声音电流的变化可以认为是不大的，所以对于 10 000Hz 的声音，可以很好地被记录下来。如果磁带速度仍然是 19cm/s，但磁头隙缝比上面所谈的情况宽 10 倍，也就是 19μm 宽，那么，磁带上某一点通过磁头隙缝的时间就为 100μs，等于 10 000Hz 声音变化一周所需要的时间。在这种情况下，如果还要记录 10 000Hz 的声音，那么，在磁带上某一点通过磁头隙缝的时间内，声音电流也变化了一周，这样，磁带上某一点在磁头隙缝内受到了正反变化的磁化，磁带上的剩磁将很小，甚至会没有剩磁。因此，10 000Hz 的声音就不能很好地被记录下来。由此可见，要想记录 10 000Hz 的声音，就必须提高磁带移动的速度或者减小磁头隙缝的宽度。

放音时，磁带移动的速度是已经给定了的（它必须和录音时的速度一样），所以，为了能放出原来已录在磁带上的频率高的声音，放音磁头的隙缝宽度应尽可能窄。这是因为，声音以小磁体的形式记录在磁带上，声音振动一周，相当于两个小磁体。如果磁带移动速度是 19cm/s，那么，记录 10 000Hz 声音振动一周，两个小磁体在磁带上的长度就等于 19cm÷10 000=19μm。如果放音磁头的隙缝宽度是 1.9μm，那么，这两个小磁体的磁力线就能按时间先后，依次进入放音磁头隙缝，使录音机发出 10 000Hz 声音来。如果放音头的隙缝宽度达到 19μm，同两个小磁体的长度相等，那么，进入磁头隙缝两端的磁力线极性就是相同的（例如都是 N 极），它们彼此抵消，所以在放音磁头线圈中就不会感应出电压，自然也就放不出声音来。因此，要使磁带上录好的 10 000Hz 声音能够重放出来，就必须减小放音头隙缝的宽度。

录好音的磁带可以在经过消音磁头时，将所录声音消掉。消音有两种方法，一种是直流消音法，另一种是交流消音法。直流消音法是在消音磁头中通过一个很大的直流电流，使磁头隙缝处产生一个很强的直流磁场。当已录好音的磁带通过消音磁头隙缝时，被强的直流磁场磁化，使磁带上原来各处不同的剩磁都变为一样的极强剩磁。因为这时的极强剩磁不变化，所以等于没有声音记录在磁带上，这样就完成了消音的作用。交流消音法也称为超声频消音法，它是这样消音的：消音磁头的隙缝比较宽，在消音磁头线圈中，当通过比声音电流频率高得多、幅度大得多的超声频电流时，在磁带上很短的一个微段通过消音磁头隙缝的这段时间内，超声频电流变化了很多次。这个变化电流在磁头隙缝空间范围内所造成的磁场，在磁头隙缝的中心处最强，并且比磁带上录音的剩磁磁场要强得多，而且磁场由隙缝中心向隙缝两边逐渐减弱。当录好音的磁带通过消音磁头的隙缝时，磁带先受逐渐增强的变化磁场磁化，在隙缝中心受到磁化最强，这时，超声频磁场留下的剩磁超过了原来录音时的剩磁。这样，无论原来录音时磁带上录音剩磁是大是小，都要再被超声频电流产生的磁场磁化，并且留有相同的剩磁。然后，磁带在从隙缝中心到隙缝另一边的移动过程中，受到的变化磁场又逐渐减弱以至于为零，磁带上的剩磁也逐渐减小以至等于零。于是，磁带通过消磁头后，原来的录音就被消掉了，可以进行新的录音。交流消音法比直流消音法的效果要好。

4.1.2　磁头和磁带

磁头和录音磁带质量的好坏直接关系到录音的质量。磁头的铁芯应该是用导磁性能良好、坚固耐磨的材料制成。现在使用的磁头铁芯大多是由坡莫合金制成的。在磁头铁芯前面有一个隙缝，这个隙缝就是和磁带接触进行录音和放音的工作隙缝，在隙缝中间填有极薄的紫铜箔等非磁性物质。隙缝应当尽可能窄。放音磁头只有这一个隙缝，录音磁头后面还有另一个较宽的隙缝，中间填有纸片或其他物质，它是用来防止铁芯磁饱和的。如图 4-3 所示，磁头中的线圈通常是用两组线圈串联起来，铁芯和线圈一般都用塑料压铸成一个整体，以便防潮和起保护作用。在磁头外面装有金属屏蔽罩，用来防止外面的磁场影响磁头的工作，外形如图 4-4 所示。消音磁头也只有前面一个隙缝，而且宽度较宽，其他都和录音、放音磁头一样。

新式的立体声盒式收录机的磁头，大多采用高硬度坡莫合金磁头或热压铁氧体磁头以及铁硅铝合金磁头或单晶铁氧体磁头等长寿命磁头。这类磁头都非常坚硬、耐磨。磁头的缝隙宽度可以达到 1μm，所以能够重放出很高频率的声音。两声道立体声磁头是将两组相近的铁芯和线圈一上一下地装在一起制成的。

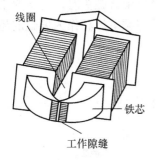

图 4-3 磁头的构造

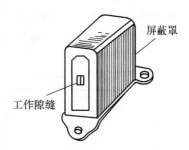

图 4-4 一种磁头的外形

录音磁带由带基、黏合剂与磁粉混合的磁浆层构成，如图 4-5 所示。带基应该能承受较大拉力而不伸长变形或断裂，而且要求厚度均匀并尽可能薄。现在的带基大多是用聚碳酸酯和氯乙烯等制成。磁带上的磁粉对录音质量影响最大，它应该是容易被磁化而且剩磁强的细粉。磁粉的涂层要均匀，并且牢固耐磨。现在的磁带大多是用γ-三氧化二铁（γ-Fe_2O_3）

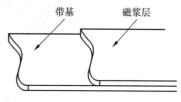

图 4-5 磁带的组成

磁粉制成的，也有用二氧化铬（CrO_2）磁粉制成的，此外还有双涂层铁铬带、钴改性磁带和金属磁带。后几种磁带要求的录音偏磁较高，并且只能使用长寿命磁头的录音机。一般非盒式的开盘录音机用的磁带宽度为 6.25cm，厚度约为 0.05mm。盒式录音机用的磁带宽度是 3.81mm，并且装在统一规格的磁带盒内，厚度为 0.009～0.018mm。

4.1.3 磁带录音机

磁带录音机可以按用途分为专业用和一般用的两种，按构造可分为开盘式和盒式两种，按声道数可分为单声道和双声道立体声两种。

专业用的开盘式录音机，一般说来体形较大，大多是立柜式的，也有较小的台式机，它们都使用交流电供电。这种录音机的构造示意图如图 4-6 所示。它有 3 个电动机：主导电动机、收带电动机和倒带电动机；3 个磁头：消音磁头、录音磁头和放音磁头；2 套放大器：录音放大器和放音放大器以及传动机械和控制电路等。它的面板上通常有电源开关、停止按键、录音按键、放音按键、倒带按键、快速前进按键、音量控制旋钮和音量指示器等。

在使用时，要先将磁带盘放在左边倒带盘轴上，将磁带头依次通过消音磁头、录音磁头和放音磁头，然后从主导轴和压带橡皮轮中间穿过，缠绕在右边空收带盘上。接通电源，这时主导电动机就开始工作。

录音时，要先将录音放大器和放音放大器电源接通，使它们处于工作状态。然后按动录音按键和放音按键，于是磁带由机械装置推动紧靠在 3 个磁头上，并且被压带橡皮轮紧压在主导轴上，借主导轴旋转的力量，驱使磁带向前移动，就可以向传声器讲话进行录音了。向右移动的磁带则被收带电动机带动的空带盘收卷。左边的倒带电动机旋转的方向与磁带运行的方向相反，以便维持磁带的张力。由以上磁带运转的情况可以知道，磁带运行速度是由主导轴的转速决定的，并不受收带盘上磁带多少的影响。在录音放大器中还装有超声频振荡器以产生超声频电流，送往录音磁头和消音磁头。磁带经过消音磁头时，先将原来录在磁带上的声音消掉。经过录音磁头时，录音磁头上加有要录的声频电流和作为偏磁的超声频电流，就使磁带录上一条看不见的记录了声音的磁迹。

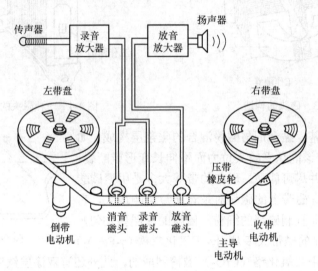

图 4-6　专业用开盘磁带录音机的构造示意图

该录音机在录音的同时，可以立即放音。经过录音磁头的刚录好声音的磁带，在经过放音磁头时，会在放音磁头线圈中感应出相应的变化电流，经放音放大器放大后，扬声器就可发出刚录好的声音。因此，可以边录边监听录音质量的好坏。

当然也可以把以前录好音的磁带放在录音机上进行放音。这时，只要按动放音按键，消音磁头和录音磁头就都不起作用了，只有放音磁头和放音放大器工作。

这种磁带录音机的磁带运动速度（带速）大多为 38.1cm/s。一般磁带录好音以后，按动倒带按键，倒带电动机就快速旋转，磁带就会以比录音时快几倍的速度被左边的带盘倒卷回去。按下快速前进按键，则使磁带以比录音时更快的速度从左边带盘卷到右边带盘。

通常，这种录音机的磁带只能录下一条磁迹，因此称为单迹录音。这种专业用录音机大多应用在广播电台、电影制片厂、音乐厅等对声音质量要求高的地方。

通常使用的磁带录音机体形较小，大多是手提式的，有用交流电的，也有交、直流两用的。这种录音机通常只有一个主导电动机，利用中间轮和橡皮绳来带动磁带盘转动，并且录音和放音共用一套放大器。它有两个磁头：一只消音磁头和一只录、放两用磁头。录音机中的录、放两用磁头以及放大器用于录音或放音，完全由按键来改变。这种录音机的按键和专业用录音机大致一样。因为这种录音机只有一套放大器，所以在录音的同时不能通过放音来监听录音的质量。它的带速大多是 19.05cm/s 或 9.5cm/s，可以由变速开关来转换。它的磁头铁芯叠厚略小于磁带宽度的一半，因此在一条磁带的上下两部分，可以分别录上两种声音。也就是在第一次录音时，声音先被录在磁带的上半部形成一条磁迹；当右边磁带盘已经卷满了录好音的磁带后，将它取下，上下翻转，放在左边，而将左边的空带盘放到右边，再进行第二次录音。由于第一次录音时，磁带下半部分没有使用，现在被翻转到上面来，又可以录上音了。这样，一盘磁带就能当作两盘磁带用。这种录音方式称为双迹录音。

上面所讲的开盘录音机有下列缺点：在使用时必须将磁带头穿过规定的路线绕在右边空带盘上；磁带容易被手指或灰尘污染；录音完毕必须将磁带倒回到原来的磁带盘上；机体外形大，不易携带，等等。随着半导体技术和录音技术的发展，市面上出现了盒式磁带录音机。

盒式磁带是卷在一种标准塑料盒内的两个空心轴上的，两头各由一段透明的带头固定，盒子是密封的，不管磁带用了多少都可以将磁带盒任意取下或装上。图 4-7 所示为盒式录音机的外形，图 4-8 所示是磁带盒的外形。

图 4-7 盒式录音机的外形

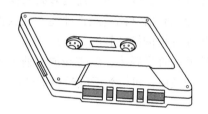

图 4-8 磁带盒的外形

有的盒式录音机和半导体收音机组合在一起，称为收录机，如图 4-9 所示。

普通盒式磁带录音机的构造和上述开盘式录音机大致相同，它也只有一个电动机，靠橡皮轮和橡皮绳来传动。它也有消音磁头和一个录放两用磁头，有一套录放两用放大器和超声频振荡器，面板上也有类似的按键。它与开盘录音机的最大区别是有一个用来放置盒式磁带的磁带仓。盒式录音机的磁头和压带橡皮轮是装在一个可以滑动的小滑板上的。当进行录音或放音时，将磁带盒放入磁带仓，按动相应按键，小滑板就移向磁带盒，录放音磁头则伸进磁带盒中间的大窗口中，与磁带相接触。同时，压带橡皮轮被压入磁带盒一侧的大窗口中，将磁带压贴到主导轴上，使磁带走动。消音磁头则伸进磁带盒另一侧的大窗口中。

立体声盒式录音机大多是收录两用机，如图 4-10 所示。它的收音部分一般都有调频波段，能够接收调频立体声广播或调频单声道广播。这种录音机的机体较大，机内有左右声道各自的放大器，在机箱左右各装有一个大小相同的扬声器或在机箱左右装有相同的低音、高音扬声器各一个。立体声盒式收录机不仅可以收录立体声节目，而且大多具有两个磁带仓，称为双卡录音机，它的输出功率都比较大，具有许多单声道普通盒式录音机所不具备的功能，例如自停机构、自动选曲、杜比降噪、频谱显示、多段均衡、快速复制、自动反转，以及使用金属磁带等功能。

磁带录音机有以下优点。

① 录音后，不需要再进行加工，立即可以重放。

② 录音设备较小，便于在各种环境下进行录音。

③ 录音质量较高。

④ 录音载体（磁带）可反复使用。

⑤ 便于复制。

图 4-9　盒式收录机

图 4-10　立体声盒式录音机

但这种模拟磁带录音机有如下缺点。

① 记录的频带宽度受走带速度和磁头隙缝宽度制约。

② 动态范围和信噪比受磁带性能和放大器的制约。

③ 抖晃率受机械精度制约。

④ 非线性失真受磁头、磁带和放大器的制约。

⑤ 有复印效应，即相邻层磁带会彼此串音，使放音时在一个大声音的前后出现同样的小声音。

⑥ 维护较麻烦，需经常调整磁头方位角等。

⑦ 复制的磁带质量下降，复制次数越多，下降得越厉害。

⑧ 节目找头难。

⑨ 进行反复放音较困难。

⑩ 对录音进行变调、变速较难。

⑪ 无法显示录音内容及时间。

⑫ 信号无法进行压缩等。

新出现的数字磁带录音机和激光唱片则完全克服了上述缺点。

磁带录音机的主要性能指标有 5 大项：带速误差、抖晃率、频率特性、信噪比和失真度。前 2 项属于机芯部分的机械性能指标，是由机芯的优劣决定的；后 3 项属于电路部分的电声性能指标，主要由电路决定，但也与换能器件，如磁头、传声器、扬声器以及电阻和电容器等有着密切的关系。

4.1.4　录音座

录音座一般通称为卡座，它是歌厅中不可缺少的设备之一。卡座使用起来特别方便，更换节目也很迅速。

录音座与普通录音机的差别，除了不带功率放大器等在组成上有所不同之外，更重要的是在性能指标上都高于普通录音机，而且功能上也比较齐全。高新技术在高级录音座上体现得特别突出。

1. 磁带选择

录音座上大多都有磁带选择功能，而且使用的磁头耐磨性能都很好，以适合金属带和各种磁带。

2．杜比降噪系统

录音座都装有杜比降噪系统，如杜比 B 型、杜比 C 型以及杜比 S 型等。

3．磁头自动反转机芯

为了不翻转磁带就能使磁带 A/B 面连续放音，高级录音座还有微电脑控制的自动反转装置。

4．直接驱动式录音座

普通录音机的驱动方式都采用皮带传动方式，电动机通过皮带分别带动主导轴和卷带轴。高级的录音座大都采用直接驱动方式，即直接用电动机的旋转轴作为主导轴驱动磁带。这种方式由于大大简化了传动机构，因而避免了中间传动件带来的打滑、振动、转速不匀等引起的抖晃和对带速的影响，因此，性能指标显著提高，但对电动机及其伺服电路要求很高。

5．自动功能控制

录音座不仅性能高，功能完善，并且功能的转换往往是自动控制的。例如有自动选曲、连续放音、磁带性能自动检测、磁带余量自动显示、录音电平自动校准、轻触逻辑控制、快速搜索节目、随机复制、自动停止以及遥控等。这些自动控制都是由机内微电脑实现的。

6．三磁头三电动机高级录音座

三磁头是指录音、放音和消音分别使用 3 个专用磁头，机内放大器也分别有专用的录音放大器和放音放大器，所以录音系统和放音系统都能按各自的要求设计和调整，完全达到高的性能。而且，近年来在高级录音座中还采用三电动机传输系统，3 个电动机分别用来直接驱动主导轴及两个带盘，大大降低了带速的误差及抖晃率。

4.2　唱片和唱机

唱片录音也就是机械方式录音，是最早的录音方式，已有 100 多年的历史，几经改进，虽然现在已很少使用，但作为常识，了解一下它的工作原理还是很有必要的。

机械录音机由下面几个部件组成：一个能按一定速度做均匀转动的转盘，一个能沿转盘半径方向由外向内移动的刻纹头。录音时，在匀速旋转的转盘上放置一张待录音的圆形录音片，将要录的声音经传声器转变为相应的声频电流，经放大器放大后送往刻纹头。利用电磁作用的原理，声频电流的变化就转变为刻纹头上刻纹针的相应振动，如图 4-11 所示，于是刻纹针就可以从圆形录音片的外部逐渐向中心部分刻下深度一定的由外向内呈螺旋状的一圈圈弯曲振动的录音声槽。

用上述方法录制好的圆形录音片，经过几次电镀就可以制成与录音片声槽凸凹相反的模板，以便用它来压制唱片。压制唱片时，先将两块模板有声槽的一面向外分别放在唱片压片机的两块压板上，然后将氯乙烯-醋酸乙烯共聚物树脂放在两块压板之间，并在压板中心套上印有唱片曲目等的片芯，然后给压板加热，并使两块压板压紧，经一定时间后，使压板冷却，打开压板取出压制好的正反两面都有声槽的唱片。唱片上的声槽凸凹是和圆形录音片完全相同的。也可以用聚氯乙烯塑料薄膜压制薄膜唱片。$33\frac{1}{3}$ r/min 的唱片沿半径方向每厘米约有 100 条声槽。

唱片的放音大都使用电唱盘，其外形如图 4-12 所示。电唱盘由电动机、电转盘和拾音器等组成，如果将它和放大器与扬声器组合在一起，则称为电唱机。

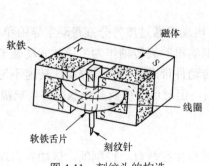

图 4-11　刻纹头的构造

图 4-12　电唱盘的外形

4.2.1　电转盘

常用的电转盘是由一个罩极式异步电动机、一个小橡皮轮和一个转盘组成的，如图 4-13 所示。异步电动机 a 的转动轴带动小橡皮轮 b，再由小橡皮轮带动转盘 c 的内边，使转盘转动，其转动速度为 78r/min（也有可变速的，可供放送密纹唱片用）。电动机的磁场线圈一般有两组，串联时为 220V，并联时为 110V。可根据电源电压的数值，变换电唱机的电源插头，如图 4-14 所示。电动机的消耗功率为 15～25W。

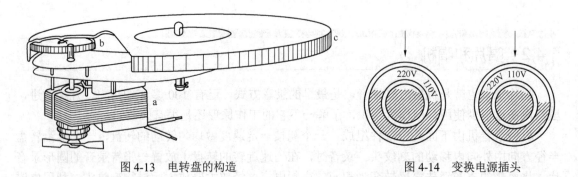

图 4-13　电转盘的构造　　　　　　　图 4-14　变换电源插头

4.2.2　拾音器

拾音器又名电唱头，它是将机械能转换为电能的一种装置。

① 动铁式拾音器：其构造如图 4-15 所示。在马蹄形磁铁的两个磁极之间，装置两个衔铁，并在两个衔铁中间放置一个线圈，线圈中间有一个电枢，电枢两端与衔铁之间垫有橡皮（一般称阻尼橡皮），以保持一定的间隙。电枢下面的一端有小孔，可以装置唱针，小孔侧面有螺钉，用以固定唱针。当唱针放在转动的唱片上时，唱片的声槽使唱针带着电枢左右振动。电枢是导磁物质，振动时就能使通过它的磁通发生变化，这样就使线圈产生信号电压。

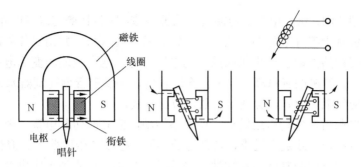

图 4-15　动铁式拾音器的构造

动铁式拾音器线圈的圈数很多，产生的信号电压较高，可以不经变压器升高而直接输入扩音机。为了避免外界的干扰，拾音器的传输线必须用屏蔽导线。

② 晶体式拾音器：它的构造如图 4-16 所示。晶体（酒石酸钾钠）的两面贴有锡箔作为极片，并由输出端引出。晶体的前端装有传动杆和唱针。

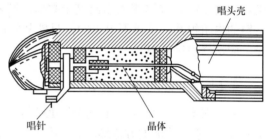

图 4-16　晶体式拾音器的构造

唱针在唱片上振动时，传动杆带动晶体一起振动，晶体两个极片之间就产生了信号电压，由输出端引入扩音机加以放大。

晶体式拾音器的优点是：制造简便，成本低，声频特性较好（70～7 000Hz），重量轻，不易损伤唱片，输出电压较高，在负载阻抗为100kΩ时，能达到 0.5～1.5V。唯一的缺点是在受到高温、潮湿和撞击时容易损坏。

4.2.3　唱片和唱针

① 唱片：粗纹唱片是用虫胶制成的，上面刻有横向振动的声槽，如图 4-17 所示，可用 78r/min 的电唱机重放。

另有一种密纹唱片，重放时间要比粗纹唱片长得多。密纹唱片有 45r/min、$33\frac{1}{3}$r/min 和 16r/min 等几种，必须采用具有相应速度的电唱机来重放。

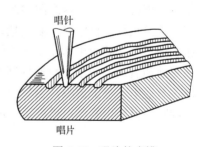

图 4-17　唱片的声槽

唱片应套在纸袋内平放，要保持表面清洁。唱片不得受高热，以免变形。天冷时唱片容易变脆，使用时要小心，以免破裂。

② 唱针：普通的唱针是钢制的，每支唱针只能重放一面粗纹唱片，以免唱针过分磨钝而损坏唱片的声槽。在安装唱针、拧紧固定螺钉时不能用力过大，否则会使其螺孔滑牙。电唱盘拾音器上大多装有宝石唱针，一支宝石唱针可重放几十张密纹唱片。

4.2.4　电唱盘的操作和注意事项

使用电唱盘时，应将其放置平稳。先将拾音器的输出插头插入扩音机的拾音器插孔内，再接上电源（注意电源电压与电唱盘的额定值应该一致），装上唱片，然后抬起拾音器使之向唱片中心方向稍稍移动，这时电动机电源就自动被接通，唱盘按照与录音时相同的速度旋转。将拾音器上的唱针置于唱片最外的声槽内，唱针就沿声槽振动，并由唱片外部逐渐向中心移动。压电晶体受唱针的振动会产生相应的微弱电压变化，这个微弱的变化电压被送入扩音机放大。这时，应将扩音机的音量渐渐开大至合适程度，并调整音调控制器滤去"沙沙"声。

重放完毕，应将唱片放好，拴住拾音器，收好导线。

电唱机接通电源后，电动机应转动，如果不转动，应立即切断电源，否则会因感抗减小而烧毁。断电后应检查负载是否过重，转动是否不灵，接线是否脱落等。调整好后再通电。

电唱机的转动部分应经常清洁和加油。加油时，不要将油沾到小橡皮轮上，以免变质和打滑。电唱机长久不用时，应将小橡皮轮松开，以免压成凹槽以致转动不匀。

拾音器最怕潮湿（晶体更怕热）和撞击。如重放唱片时没有声音，可能是由于屏蔽导线和插头之间接触不良、断线或信号线与屏蔽线相碰，可用欧姆表检查。动铁式拾音器的线圈电阻约为 $2k\Omega$，如欧姆表指出这个数值，则表示是好的；如等于零，则表示短路。晶体式拾音器的内阻很高，是量不出来的，只能从它的输出端检查导线的好坏。电唱机如有严重的故障，应送修理店修理。

4.2.5　立体声唱片和重放

应用立体声原理，将左右两个声道信号分别由布置在听声人的左右两套扬声器放出声音，听声人就可以获得声源的方位感，即立体感。立体声唱片的左右两个声道信号分别记录在唱片的 V 形槽纹的两个槽壁上，也就是将左声道信号按深浅变化记录在左槽壁上，将右声道信号按深浅变化记录在右槽壁上。由于 V 形声槽两槽壁的夹角是 90°，对垂直唱片的方向来说，都成 45° 角，因此也称为 "45-45" 方式录音，"45-45" 方式立体声唱片的声槽如图 4-18 所示。

重放 "45-45" 方式立体声唱片的电唱机有两套放大器和两个扬声器。拾音器也是立体声拾音器，并且要求电动机产生的振动杂音要很小。立体声拾音器有动圈式、晶体式等。晶体式立体声拾音器构造示意图如图 4-19 所示，它有两块相互成 90° 的压电晶体。放音时，唱针在立体声唱片声槽中受左右两槽壁槽纹的形状而振动，使两块压电晶体分别受到和左右槽纹相应的振动，感应出和左右两声道相应的变化电流，经两套放大器分别放大后，由放在听声人左前和右前的两个扬声器分别发出左右声道的声音，使听声人获得立体感。这种唱片也可以在普通电唱盘上放唱，当然仍是单声道的声音；普通单声道唱片，也可以在立体声电唱机上放唱，自然也是单声道声音，所以是可以兼容的。

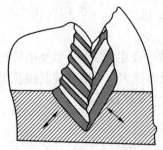

图 4-18　"45-45" 方式立体声唱片的声槽

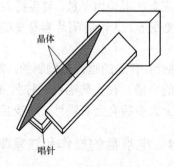

图 4-19　晶体式立体声拾音器的构造示意图

1982 年出现激光唱片后，粗纹唱片、密纹唱片这种模拟方式的唱片已趋于淘汰。

4.3　激光唱片和唱机

4.3.1　激光唱片

激光唱片又称 CD 唱片，是一种利用激光重放的小型数字声频唱片，是一种集中了光、机、电于一体的高科技产品。由于激光的英文 Laser 的音译为镭射，所以激光唱片在我国港台等地区又称镭射唱片。

录有数字信号的激光唱片的结构和尺寸如图 4-20 所示。唱片的直径为 120mm，中心孔的直径为 15mm，厚度为 1.2mm，最里面直径 46mm 的圆面积内没有数据，供夹片用，数据信号只记录在直径 50～116mm 的范围内。数据记录从最里面开始，结束在最外面的节目引出区。激光唱片的圆盘体是透明塑料（聚碳酸酯树脂），在压制的一系列小凸起上面蒸镀上一层厚约 0.1μm 的铝膜作为反射膜，然后在上面敷上塑料保护涂层。小凸起的有无就对应于数字信号的"1"和"0"，这就是信号层。唱机里的激光束从下面射向唱片，透过透明的片基后聚焦到信号层。原来约 0.8mm 直径的激光束经片基折射后，到达信号面时变成直径仅 1.7μm 的光点，然后反射读出。这种非接触方式读出不同于传统的模拟唱片唱机，因此，有多次放音而不损伤唱片的特点。

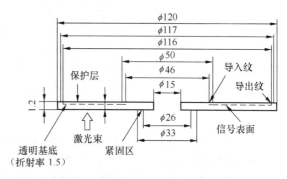

图 4-20　激光唱片的结构和尺寸

代表数字信号的小凸起，深为 0.12μm，宽为 0.5μm，长为 0.9～3.3μm 共 9 种，可见其精细的程度。唱片的记录范围分为导入区、节目区和导出区。数字化的声音信号就记录在节目区内。导入区记录的是唱片中节目的索引（节目目录），唱机可读出和存储这些索引并用于程控放唱，可选择需要的节目放唱，或显示唱片的曲目总数和每曲放唱的时间等。导出区是在整盘的节目播完后，告诉机内微处理器复位或重播。唱片中所记录的信号除了音乐节目信号外，还有同步信号、纠错信号和子码等。

4.3.2　激光唱机

激光唱片、唱机作为一种数字声频系统，其中，激光唱片（CD）是记录媒介，唱片的录音过程（编码过程）也就是唱片的制作过程，是由生产厂家完成的。唱片的放音过程（解码过程）是由激光唱机实现的。图 4-21 为激光唱机系统的构成图，它主要由激光拾音器、唱盘系统、伺服系统、信号处理系统、信息存储与控制系统等组成。

激光唱片的工作与普通的电唱盘有很大区别，主要有以下几点。

① 激光拾音器与唱片是非接触式的，是利用激光束的反射拾取信号，所以对唱片无磨损问题；而普通机械方式电唱盘的唱头（拾音器）与唱片则是机械接触，唱针与唱片在使用中都要磨损，唱片放唱几十次后音质要下降。

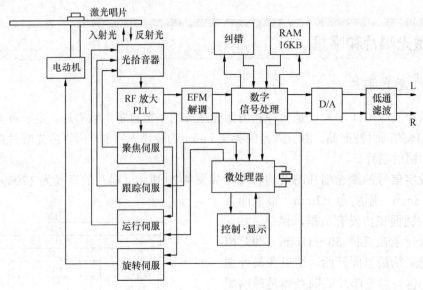

图 4-21　激光唱机系统构成图

② 普通电唱盘的转速是恒定的，如 33r/min、45r/min；而激光唱盘是线速度恒定的，激光唱机的激光拾音器在唱片上的轨迹按 1.2～1.4m/s 的恒定线速度移动。

③ 装有激光拾音器的唱臂由内圆周向外圆周移动，与普通电唱盘从外圆周开始向内圆周移动正好相反。由于内圆周周长比外圆周小，因此在同样线速度条件下，由内圆周逐渐向外圆周移动时，转速渐渐减慢，一般转速由 500r/min 逐渐减慢为 200r/min。

④ 激光唱盘是按反时针方向转动的，普通电唱盘则是顺时针转动的。激光唱盘的速度变化和唱盘的自动跟踪等都是由机内微处理器按程序控制的。

激光拾音器是激光唱机的关键部件，它由半导体激光器、光学系统和光电检测器等组成。激光器是一个毫瓦级的 AlGaAs（铝砷化镓）激光二极管，发出波长为 0.78μm 的红外光。发出的光束通过光学透镜系统投射到激光唱片的信息面（铝膜）上，凹凸的数字信息坑迹对投射激光束产生的反射因小凸起有无而不同。当光点打在小凸起上时，因小凸起引起的散射使反射回物镜的光强度降低，经偏光棱镜折射使光电检测器的检拾信号较小；当光点打在无小凸起的铝膜上时，入射光不被散射，因此光电检测器所接收的光反射强度较强，这样对应着小凸起的有无就在检测器的输出端产生相应高低电平的电脉冲信号，然后经过高频放大器，由其内部比较器得到"1"和"0"的串行数字信号，并加到数字信号处理电路。在数字信号处理电路中进行 EFM（8-14 位调制）的解调、帧同步信号检出、纠错处理（CIRC 解码）和电动机速度控制检测等，将处理后的数据加到数/模（D/A）转换器，变换成模拟的声音信号输出。电路还将曲目和放唱时间等的信息以及系统的数据控制信息经数字处理电路送到微处理器进行系统控制。

应该指出，经 EFM 解调后的以 8 位为单位的数据，一般要先写入与数字信号处理电路相连的 16KB 随机存储器（RAM）CXK5816。这个 RAM 除了控制纠错处理数据的交错排列交换外，还起着数据缓冲的作用。由于它是以晶振产生的高稳定度的时钟脉冲速度进行读出，因此即使唱片转动系统有所抖晃也不会影响读出信号的高稳定度，这正是激光唱机为什么抖晃率小到无法测量或与晶振同样的高精度的缘由。激光唱机电路的组成如图4-22 所示。

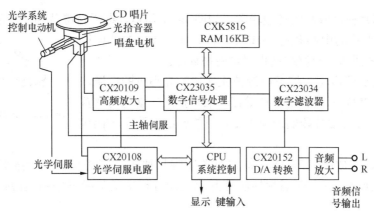

图 4-22 激光唱机电路的组成

上述的激光唱机各部分都已实现大规模集成电路化。

4.3.3 激光唱机、唱片的使用

1. 激光唱机的安装与连接

① 在买到一台新的激光唱机后，首先要阅读一下使用说明书，注意供电电源是否为交流220V。特别是进口原装唱机，往往设有几种电源电压供选择，如 240V、220V、120V、110V，因此，使用前不要急于将电源插头插入电源插座，应先检查唱机电源的设定值是否为 220V。若电源选择开关设定值不符合，则应调至 220V 上。

② 有些激光唱机，为避免运输的振动损坏机芯，往往在出厂时采用一些手段来锁紧机芯，常见的锁紧位置是激光唱机的底部。因此，使用前，应先松开这些锁紧件（螺钉等），否则激光唱机无法正常工作。

③ 唱机应放在水平而牢固的平面上，并应置于通风良好且温度适宜的地方，工作环境温度应为 5～35℃。不要放在灰尘多或湿气重的场所，不要直接受日光照射，并应远离热源（火炉等），以防机内电路及外表面损坏。当唱机周围的环境温度在短时间急剧升高时，例如在较冷的室内升温取暖，或将唱机从较冷场所移至较热的地方，会有微量水滴（露水）凝结在唱机激光透镜部位，从而影响正常工作或唱机弹出唱片，此时应放置足够时间，待露水消散后再恢复正常工作。

④ 切勿让小孩将任何东西，特别是金属件投入机内，以免损坏唱机。在唱机附近避免使用喷溅式杀虫剂，否则会损坏唱机表面涂覆层的光泽，甚至可能会突然起火。

⑤ 在激光唱机与组合音响的功率放大器等连接前，应关掉唱机和功率放大器等的电源。然后用带有屏蔽层的信号线从激光唱机的左右输出插座接至放大器的 CD 输入插座上。如果放大器没有 CD 插座，可与它的 AUX（辅助）插座相连接。注意切勿将激光唱机与放大器PHONO（普通唱片拾音器）插座连接，以免频响受到影响。

⑥ 开机前，宜将音量旋钮关小，使用中不要突然把音量开得太大，以防扬声器因输出突

然增加而损坏。

2. 激光唱片的使用

① 激光唱片在拿取时应持边轻拿，如图 4-23 所示，即手持唱片的边缘部分，必要时也可用食指套进唱片的中心孔进行拿取。切勿触及唱片的非印刷面，以防唱片表面沾上指纹或被指甲等硬物划破。

图 4-23　激光唱片的拿取方法

② 唱片的放置步骤。按下电源按钮接通激光唱机的电源，然后按 OPEN/CLOSE（开/闭）按键打开唱片抽屉，拿取唱片置入抽屉内放平，注意唱片印刷面应朝上，不要放错；再按开/闭键即关闭抽屉。

顺便指出，按放唱（PLAY）键也可关闭唱片抽屉，有些唱机轻轻按唱机抽屉中部，也会自动关闭抽屉。注意在唱片抽屉打开或关闭过程中切勿半途中断电源，否则会使抽屉受损。

③ 不要在唱片上粘贴别的标签或纸条等物，也不要用圆珠笔、硬铅笔等在唱片标签上写字。搬运唱机时，要将唱片从唱机抽屉中取出，以免损伤唱片。

4.4　VCD 与 DVD

在现代音响设备中，作为声源设备，VCD 与 DVD 的应用也很普遍。它们除了具有声音信息之外，还有图像信息，这与一般 CD 是不同的。

4.4.1　VCD 播放机

1. 典型结构

VCD 是 Video-CD 的简称，它采用 MPEG-1 数字压缩编码技术在与 CD 同样大小的光盘上记录活动图像和立体声的激光影碟，主要由 CD 驱动器、MPEG 解码器和微控制器 3 个核心部件组成，典型结构如图 4-24 所示。

由图 4-24 可见，从 VCD 盘读出的位数据流既包含有电视图像数据，又包含有声音数据。VCD 解码器首先要从这种数据流中分离出电视图像数据流和声音数据流。然后分别解码，一路送给电视机显示图像信息，另一路送给立体声扩声设备。

2. VCD 数字压缩编码原理

VCD 是采用 MPEG-1 标准进行压缩编码的。MPEG-1 标准规定的传输码率为 1.5Mbit/s，主要用于数字存储媒体的活动图像和声音编码。

MPEG-1 标准的声音压缩编码的原理，与 DCC 的 PASC（精密自适应子带编码）和 MD（可录式 CD）的 ATRAC（自适应变换声学编码）的压缩编码方式相同，主要是利用人耳两种听觉特性进行压缩的。其一个特性是人耳的等响曲线和最小可听限（听阈）。由于人耳对低频段和高频段的声音的敏锐程度较低，而在 3～4kHz 的中频附近非常灵敏。等响曲线的最下面一条曲线是可以听见的最小声压级，声压在这条曲线以下的信号，人耳就听不见了，因此这条曲线称为听阈，如图 4-25（a）所示。图中 A、B 表示两个大小不同的声音信号，B 信号在听阈以下，人耳听不到，因此可以不用编码，而只要对大于听阈的 A 信号进行比特编码。另一个特性是掩蔽效应，即较强的声音可以掩蔽它附近较弱的声音。掩蔽现象在日常生活中经常可见，例如在车站等车时，车来之前可以听见对方的谈话，当车进站时噪声很大，谈话声被噪声掩盖，就听不见了，这相当于较强的声音可以动态地改变听阈。如图 4-25（b）所示，有 A、B 两个声音信号，B 信号在听阈以上可以听见，但由于在 B 信号频率附近同时存在一个更大的 A 信号，这时 A 信号频率附近的最小可听限（听阈）要上升，即听不见的区域增大，从而掩蔽了 B 声音信号，这条上升的曲线称为动态听阈。因此动态听阈以下的信号（如 B 信号）可不必传送或记录，只要传送或记录 A 信号。利用人耳上述两个听觉特性，再结合利用信号频谱集中低频段的特点进行量化比特数的分配，就可以把声音信息量压缩到原音的 1/4～1/6，而基本上听不出有任何差别。

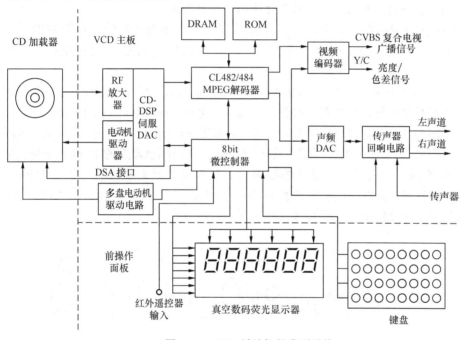

图 4-24　VCD 播放机的典型结构

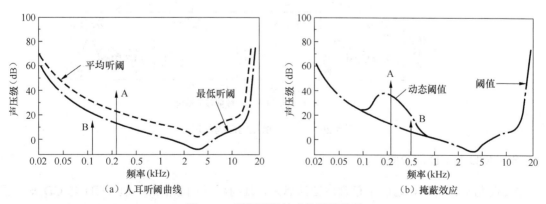

（a）人耳听阈曲线　　　　　　　　　　（b）掩蔽效应

图 4-25　利用听觉效应的压缩编码

MPEG-1 的活动图像压缩编码的原理大体上为如表 4-1 所归纳的 3 种方法。

表 4-1	MPEG-1 图像压缩采用的基本方法
1 帧内的处理（帧内压缩）	图像变化少的场面减少比特数的技术。例如，蓝色天空等单色部分用少的比特数（码量）传送
检出前后帧变动之差进行预测（帧间压缩）	画面活动时，取出由前面的画面预测变化的画面和现在画面之差传送。重放时，根据前后画面和预测的信息，由其差分信息组成图像。例如，在山等不动的背景中，有飞机飞行的画面，只要传送飞机的移动即可
利用码的出现频度	对出现频度高的码，分配短码，使总体比特数（码量）减少

① 对变化少的图像或色彩单纯的背景，配以较少的量化比特数。

② 在对图像进行数字编码时，对背景等不动的部分保留其数据，而对图像活动的部分，检出前后帧变化的差值，并只对该差值进行编码（预测编码）。

③ 根据数据出现的概率，分配不同字长的码。对出现概率高的配以较短的码字，对不经常出现的码则配以较长的码字，即所谓可变字长编码（VLC）。这样就减少了总的传输码率。

例如，如图 4-26 所示，在以不动的山和蓝天为背景的有飞机飞过的场景中，如果对图中每帧画面都进行数字编码，显然其数据量非常庞大，可达 166Mbit/s。采用上述图像压缩编码方法，如图 4-26（b）所示，对前后帧画面的差值，即图像活动的部分（飞机等）进行编码（称为帧间预测编码），则数据量大大压缩，只要 1Mbit/s，即压缩至原来的 1/166。不同内容的图像压缩量有所不同，一般说来，经压缩编码后的数据量为原来数据的 1/25～1/200，即用 MPEG-1 压缩编码可把数据压缩至原来的 1/100～1/25（一般大约为 1/100），这样一张 CD 大小的光盘就可以记录 74min 的活动图像和声音了。

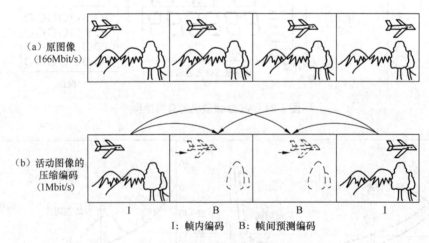

图 4-26　活动图像压缩编码原理

3. VCD 与 CD 的异同

VCD 与 CD 不同，它除了包含声音信息外，还有活动图像信息，但 VCD 与 CD 却有很多相同点。首先在碟片的结构和工作原理上，两者碟片直径均为 12cm，信息都是以"凹坑"

和"平地"的形式存储在碟片上，其工艺和结构相同，数据容量也相同，都为 650MB，因此播放时间都是 74min。由于 VCD 与 CD 的碟片结构、工作原理和加工工艺相似，可以在原来生产 CD 唱片的生产线加工生产 VCD 片，为 VCD 节目源大量生产创造了极为有利的条件，也降低了生产成本，这是昂贵的 LD 光盘所望尘莫及的。

其次，VCD 机与 CD 唱机也有类似之处，它们都是以激光反射重放原理进行工作的，即它们都是利用激光拾音器（激光头）发出的激光束，经物镜聚焦到碟片的铝膜上，然后经"凹坑"或"平地"的反射，在光检测器（光电管）上检出相应的"0"、"1"数字信号，经 RF 前置放大，送入 DSP（数字信号处理）芯片进行解码等处理。也就是说，VCD 机与 CD 唱机在激光拾音器和伺服系统上基本相同。

VCD 机与 CD 唱机的主要不同点在于解码电路部分。VCD 包含声音和图像两部分内容，而且都采用 MPEG-1 标准进行数字压缩编码，这与 CD 单纯的声音 PCM 编码完全不同。

了解了 VCD 与 CD 的上述异同点，就可以知道 VCD 机的组成，如图 4-27 所示。可见 VCD 机与 CD 唱机的不同之处，是多了 MPEG-1 解码电路，它的任务就是将经 MPEG-1 编码的声频和视频信号解码，恢复出声音和图像信号。应该指出，VCD 机解码输出的声音质量可达到与 CD 相同的水平，但图像质量因压缩编码关系还不够高，图像水平清晰度约为 260 线，相当于 VHS 录像机之水平。

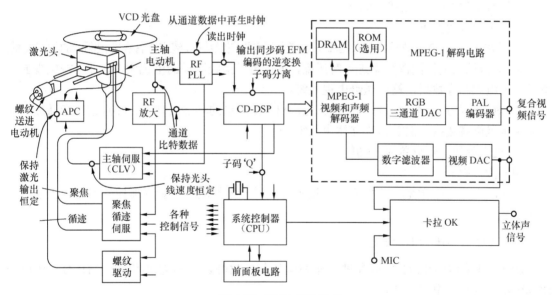

图 4-27　VCD 机的组成

4.4.2　DVD 播放机

1. 基本结构

DVD 是 Digital Video Disc 的缩写，它采用 MPEG-2 标准实现数字压缩编码。

DVD 系统与 VCD 系统相类似，其播放系统的结构如图 4-28 所示，与 VCD 系统的结构相差不大。就播放机来说，DVD 主要由下列几个部件组成。

（1）DVD 读盘机构

它主要由电动机、激光读出和相关的驱动电路组成。电动机用于驱动 DVD 盘作恒定线速度旋转；DVD 读出头用于读光盘上的数据，使用的是红色激光，而不是 CD 机上的红外激光。

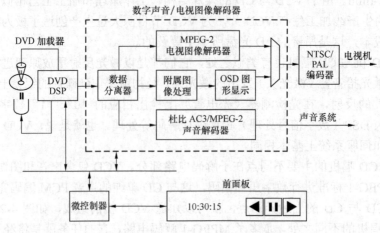

图 4-28　DVD 播放系统的基本结构

（2）DVD-DSP

这块集成电路用来把从光盘上读出的脉冲信号转换成解码器能够使用的数据。

（3）数字声音/电视图像解码器

它的主要作用如下。

① 分离来自 DVD 播放机机芯数据流中的声音和电视图像数据，建立声音和电视图像的同步关系。

② 对压缩的电视图像数据进行解压缩，重构出广播级质量的电视图像，并且按电视显示格式重组电视图像数据，然后送给电视系统。

③ 对压缩的声音数据进行解压缩，重构出 CD 质量的环绕立体声，并且按声音播放系统的要求重组声音数据，然后送给立体声系统。

④ 处理附属图形菜单显示功能。

（4）微控制器

它实际上是一个微型计算机芯片，用来控制播放机的运行，管理遥控器或面板上的用户输入信息。

2．DVD 数字压缩编码原理

DVD 是采用 MPEG-2 标准进行压缩编码的。MPEG-2 标准不仅用于 DVD，还用于 CD-ROM、网络和电视广播。

MPEG-2 规定，标准数字电视图像的分辨率是 720×576，每秒 25 帧（MPEG-1 为 320×288，每秒 25 帧），也就是说 MPEG-2 的分辨率要比 MPEG-1 提高 1 倍，这样，压缩前的 MPEG-2 像素要比 MPEG-1 多 4 倍，显然 MPEG-2 必须进行更大的压缩编码。不过，MPEG-2 与 MPEG-1 的压缩编码方案或方法基本相同，MPEG-2 是在 MPEG-1 的基础作了改进和扩展。图 4-29 和表 4-2 对 MPEG-2 与 MPEG-1 的区别进行了比较。

3．DVD 规格与特点

DVD 的基本构想是达到现行广播电视质量，并可用一张光盘存储一部电影。通常一部电影长度约在 135min 以内，为将这么长的音像信息储存在一片光盘上，其容量为目前 CD 或

CD-ROM 的 6～8 倍。同时为达到现行电视广播画质，其编码速度需达到 3～5Mbit/s。若为 4Mbit/s，则 135min 的存储量为 4×135×60/8≈4GB，再加上声音和字幕等必要数据，总容量将达到 4.7GB，为 VCD 的 7 倍。

	MPEG-1 视频	MPEG-2 视频
图像大小	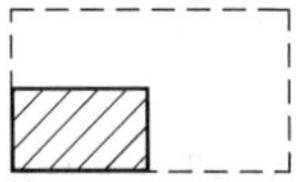 352×240	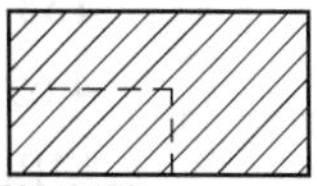 704×480
图像格式	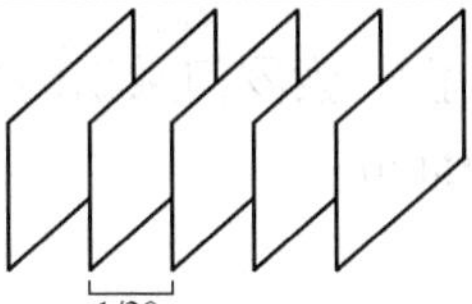 1/30s 1s 为 30 幅画面 顺序扫描	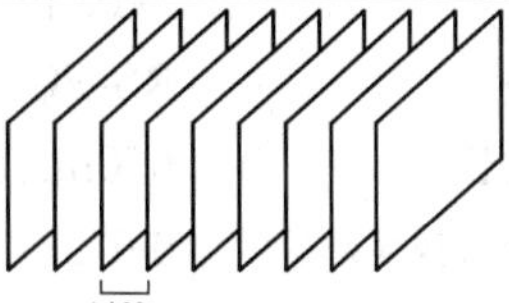 1/60s 1s 为 60 幅画面 隔行扫描
数据速率	1.5Mbit/s 不变 （除去声音为 1.2Mbit/s）	4～15Mbit/s 可变 由发送侧自由选择
图像质量	与录像机相当	相当于广播电视质量
扩充性	无	MPEG-1 画像可兼容 HDTV（对应主级） 演播室规格（对应高级）

图 4-29　MPEG-1 与 MPEG-2 的比较

表 4-2　　　　　　　　　　　MPEG-2（主级）与 MPEG-1 的比较

性　　能		MPEG-2（MP@ML）	MPEG-1
编码器	视频格式 数据速率 编码图像 运动预测 DCT 分辨率 VLC 分辨率 量化 摇镜头	720×480×30（NTSC） 720×576×25（PAL） 4～6Mbit/s（CCIR601）最大 15Mbit/s 场和帧 场间和帧间 场和帧 12bit 8、9、10bit 非线性 可以	320×240×30（NTSC） 320×288×25（PAL） 固定 1.5Mbit/s 帧 场间 帧 9bit 8bit 线性 不能
解码器	数据速率 外接 DRAM 芯片工艺 晶体管数 功耗	15～40Mbit/s 8～32Mbit 0.5～0.8μm，CMOS 800～2 500 000 1～3W	3～21Mbit/s 4～8Mbit 0.7～1.0μm，CMOS 300～1 200 000 1～2.5W

DVD 统一标准的主要参数规格如下：

- 光碟直径　　　　　　120mm
- 碟片厚度　　　　　　0.6mm×2（双层贴合结构）

- 最小凹坑长度　　　　　0.4μm
- 凹坑宽度　　　　　　　0.3μm
- 信号轨距　　　　　　　0.74μm
- 存储容量　　　　　　　单层 4.7GB/双层 8.5～17GB
- 视频压缩编码　　　　　MPEG-2
- 播放时间　　　　　　　133min/单面单层
- 平均数码率　　　　　　4.69Mbit/s
- 声频编码　　　　　　　MPEG，杜比 AC-3（5.1 声道）
- 调制方式　　　　　　　8-16 位调制
- 纠错编码　　　　　　　RS-PC（里德-索罗门乘积码）
- 激光器波长　　　　　　650nm/635nm
- 数值孔径（NA）　　　　0.6

由此可见，DVD 与 VCD 相比，除了采用比 MPEG-1 更高级的 MPEG-2 压缩编码标准，使图像清晰度更高（500 线以上）之外，为了保证图像的高清晰度和光盘数据的高密度化，还在如下 4 个方面作了重大改进。

① DVD 碟片的凹槽密度高：如图 4-30 所示，DVD 的凹坑更小，排列更密集，从而使记录的数字信息容量更大。DVD 凹坑尺寸比 CD 或 VCD 减小一半以上。

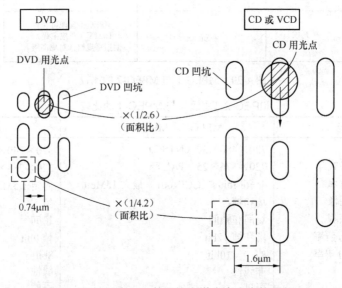

图 4-30　DVD 与 CD 的凹坑和激光束光点的面积比

② DVD 的记录多层化，使容量倍增。DVD 采用 CD、VCD 所没有的多面多层记录方式，有单面单层、单面双层、双面单层和双面双层方式。其中，单面双层的特点是视盘的单面设有两道反射层，即半反射层和全反射层，前者更靠近上表面，激光束需变化调焦，以分别反射拾取两个层面的信息。此方式数据容量可达 8.5GB，播放时间达 244min，像《乱世佳人》这类长片最终可浓缩在一张视盘上。双面单层的视盘正反两面均作为有效工作面而存储信息，但是每面只设单反射层，整盘数据容量为 9.4GB，播放时间为 266min，这种视盘工作时需变换盘面方向。双面双层的正反面各设两道反射层，整盘数据容量高达 17GB，可播放 488min

全活动视频画面，一张光盘即可存储多达 4 部影片内容。考虑到同尺寸的 CD 只有 74min 的声频内容，相比之下，DVD 的进展的确是惊人的。

③ 激光头采用红光激光器和高数值孔径：CD 或 VCD 采用波长为 780nm 的激光器，DVD 则改用波长为 635nm 或 650nm 的红光半导体激光器。如图 4-31 所示，激光束通过物镜后聚焦光束的最小直径 d 与 λ/NA 成正比，故较短的激光波长，可使激光束聚焦更细，才能对又密又小的凹坑准确聚焦。对于 HDTV 影片，要求用更短波长的蓝光（450nm）或绿光（540nm）激光器。如果蓝光半导体激光器技术成熟，就可达到 10GB 以上的容量，此时 HDTV 的电影也可容纳在 12cm 的光盘中。不过目前蓝、绿光半导体激光器尚未大量生产。

提高光学系统的数值孔径也可使激光束更细。CD 或 VCD 的数值孔径约为 0.45，而 DVD 提高到 0.25 甚至 0.6。当光源波长从 CD 的 780nm 改为

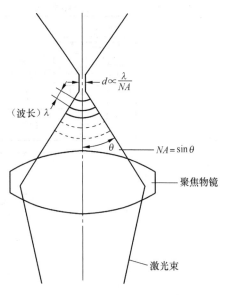

图 4-31 聚焦光点直径 d 与光波长 λ 和数值孔径 NA 的关系

635nm，又将数值孔径从 0.45 提高到 0.6，则光点直径就可从原来的 1.6μm 降低到 1μm。

④ 改善信号处理和数据压缩：为了提高储存的密度，DVD 对纠错编码和记录调制方式也作重大改进。DVD 采用比 CD 纠错能力更强的 RS-PC（里德-索罗门乘积码），纠错能力提高 4 倍。记录调制方式的改进，也使编码效率提高。

4. DVD 播放机 AV 系统

DVD 播放机的原理与 VCD 相似，图 4-32 所示为 NTSC 制 DVD 播放机的原理框图。数据由激光头读取，经前置放大及预处理，再对其进行系统解码，将主画面信号与未解码的副画面数据、声频数据分离，对声频数据作杜比 AC-3 解码并输出，副画面数据解码后与主画面信号混合，然后进行 NTSC 编码，输出视频信号。DVD 的视频输出有 3 种方式，分别为 Video、S-Video 及 Y、Cr、Cb 分离输出，声频信号的输出有 L+R 模拟信号和 AC-3 数字信号两种，数字信号可由光缆接口或同轴电缆接口输出。图 4-33 为采用 DVD 播放机构成的杜比 AC-3 系统连线示意图。

DVD 的文件管理结构采用了 ISO9660+MICRO UDF 格式，视频信号采用 MPEG-2 编码方式压缩，编码率可变。压缩编码时先对图像的复杂程度加以区分，对复杂的图像采用高比特率，简单图像则采用低比特率，编码率平均值为 3.5Mbit/s，最高可达 10Mbit/s。视频信号的调制采用 8-16 位方式（EFM+），编码纠错采用 RS-PC 方式，其字符串误码校正能力相当于可允许盘片上 4～5mm 的划痕。DVD 可达到的视频信号解像度，PAL 制为 720×576，NTSC 制为 720×480，视频信噪比可达 65dB。声频信号采用了杜比 AC-3 压缩编码方式（对应于 NTSC 制），压缩算法编码率 384kbit/s，此外还兼容线性 PCM 编码模式（16-24 位，48/96kHz），用于产生杜比 Pro Logic 立体声，此时，单一盘片上最多可录入 8 种语言对白及 32 种副画面（720×480，16 色）。对应于 PAL 制、SECAM 制的声频处理则采用了 Philips（飞利浦）的 MUSICAM 多通道的声频编解码系统。

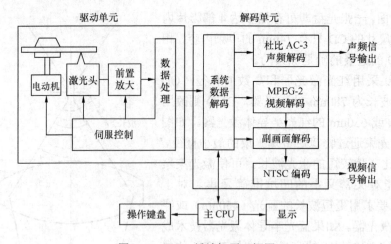

图 4-32　DVD 播放机原理框图

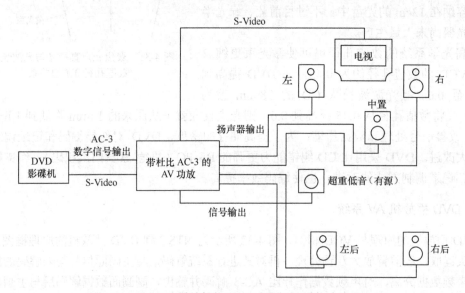

图 4-33　由 DVD 播放机组成的杜比 AC-3 系统连线示意图

图 4-34 为 Toshiba（东芝）的 DVD 影碟机电路原理框图，其产品视频制式为 NTSC，声频采用杜比 AC-3 编解码系统，解像度为 720×480。其各部分功能如下。

RF 信号处理电路由 TA1224FN、TA1236F、TA1253FN 3 片集成电路组成，TA1224FN 将激光头拾取的三光束六通道信号混合、放大，进行 I/F 转换，并可针对不同的盘片读取方式进行光束增益的调整；TA1236F 对 CD、DVD 的 RF 信号作均衡处理，具有 AGC、APC 功能，可控制误码率为最低，通过检测聚焦误差信号及 CD 三光束跟踪误差信号，产生各电动机的伺服控制信号；TA1253FN 检测各通道信号的相对差，生成跟踪误差信号用于伺服跟踪补偿。

TC90A19H 为数据处理电路，它处理 RF 信号，对同步信号进行采样、保持、分离，作8-16 位数据解调，并作 ECC+EDC 处理，实现 MPEG 数据的同步传送，此外，还产生伺服基准频率信号，与 TC9420F 配合可完成对主导轴电动机的 CLV 控制。它外接一片 4MB DRAM。

TC9420F 为伺服控制电路，具有两个功能：其一是将 CD 信号从同步信号中分离、保持，进行 EFM 解调、纠错，作 1bit D/A 转换并且滤波输出；另一功能是接收 TA1236F 的伺服控制信号，对主导轴、轨迹跟踪、进给及聚焦等进行伺服控制。

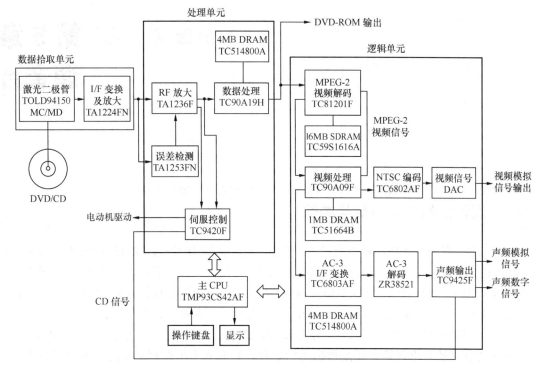

图 4-34 东芝 DVD 播放机电路原理框图

TC81201F 为 MPEG-2 视频解码电路，用于对系统数据实时解码，外接 16MB SDRAM 作为程序及数据存储器。该集成电路从系统数据中分离出主画面数据并解码，再与其余数据一起送至视频处理电路。该集成电路主频为 27MHz，最大数据流为 40Mbit/s，可以选择 4∶3 或 16∶9 画面，且具有正常/特技放像功能。

TC90A09F 为视频处理电路，与 TC81201F 一起完成视频处理。它将系统数据中的副画面及声音数据分离出来，声音数据送声频处理电路，对副画面数据进行解码并与主画面信号及其内部所产生的 OSD 信号混合，送至 NTSC 编码电路合成图像。

TC6802AF 为 NTSC 编码电路，它将主、副画面及 OSD 等混合并编码，生成 NTSC 图像。该集成电路中还含有复制控制电路，可有效防止音像产品的非法复制。

TC6803AF 将 TC90A09F 发出的声音数据进行杜比 AC-3 I/F 变换，并作并/串数据变换、缓冲，然后送至 ZR38521 作 AC-3 解码。该集成电路外接 4MB DRAM。

TC9425F 为 DVD 声频输出接口电路，它内含 DAC、PLL 电路，可提供两路模拟输出和一路数字输出，兼容杜比 AC-3 5.1 声道数字环绕声及线性 PCM 立体声，基准频率为 44.1kHz（CD）或 48/96kHz（DVD），声频信噪比可达 90dB（JIS-A），非线性失真度（THD+N）为 −85dB（1kHz）。

TMP93CS42AF 为 16bit 主 CPU，用于协调各部分工作并完成输入控制及显示，内含 64KB ROM、2KB RAM、5 路 10bit A/D 转换器及两路 8bit SIO/UART，最多可提供 80 个 I/O 接口。

5

5.1 调音台的基本功能与类型

调音台是声频节目制作和播出系统中最关键，也是最昂贵的设备。随着节目制作工艺的改进以及播出控制要求的多样化，调音台变得越来越复杂、功能日益增多。以节目录制调音台为例，从传声器输出的微弱电信号，首先要送入调音台放大，然后才能进行各种加工处理。因此，调音台是连接拾音、监听监视、周边和记录设备，以及返送、对讲部分的枢纽，是节目录制系统的核心。因此，它的电声指标直接影响着制作的节目质量，它的功能基本上决定了系统的功能。

不论是节目录制用调音台还是播出用调音台，它的基本用途都是对送入的电信号进行电平调整和一定的音质加工，根据需要把信号送往周边设备进行处理。播出调音台则把加工后的信号直接输出供播出用。在节目录制时则需要把多个通道的信号按立体声的要求进行声像分配，最后合成立体声信号（两声道或四声道），供记录部分记录。同期录音时，上述调音、音质加工、合成立体声信号及记录是在同一时间内完成的。随着流行音乐的发展，近年来录制工艺也在发生变化，在这方面使用最多的是分期多声道录音工艺，它既可以解决演员多、难以集中时间录音的困难，又可以充分发挥后期制作的威力，因此越来越受到人们的欢迎。分期多声道录音时，要把各种乐器的演奏和演员的演唱先分成若干组分头进行，或几个组一起进行演奏，并把信号尽可能保持原样地记录在多声道录音机的某一条（或几条）磁迹上，然后在不同的时间或地点重放，进行音质加工后缩混成立体声信号。由于录音工艺的改变，对调音台提出了许多新的要求，它变得越来越复杂。

但不管调音台如何复杂，对它的基本要求都可归纳为以下 3 点，只不过在不同用途的调音台上侧重点有所不同。

1. 要求有很高的电声指标

传声器送入的电信号非常微弱，因此要求调音台的前置放大器噪声极低。传声器的动态范围可达 120dB，为了能保留声源大动态的特点，要求调音台的动态范围必须尽可能大。声音信号进入调音台后要经过许多调整和处理，从始至终都要求失真极小，这样就要求各部分的失真非常小才行。特别是对频率均衡器和滤波部分的要求更高，有的台子为了减小失真甚至不用电压控制放大器（VCA）。为了能充分保留声源的所有频率成分，现在许多调音台的下限频率已经做到 20Hz 以下，上限频率则超过 20kHz。

2．要求自动化程度高、音质修饰功能丰富

现代的录音制作工艺要求各部分可以分期在不同地点录音，加工制作可以异地完成。这样就要求调音台必须有状态记忆和存储功能，调音台内部要有很强的自动控制功能，以保证在不同时间、地点能衔接得上，状态和参数能自动恢复。自动化程度高还可以提高录音制作的效率和质量，缩短设备和录音室占用时间。正因为有这些高效率制作的要求，调音台向每个通道都有很强的音质加工能力的方向发展，相当于把原来装在外部的延时器、混响器、压/扩器、噪声门等最常用的周边设备装进了调音台的通道，使节目的录制更为方便和快捷。

3．要求和周边设备的连网和控制能力强

连网能力越强，系统的功能就越丰富。这些都是由调音台自身的结构决定的。

实际上，现代的大型录音制作用调音台，已经演变成一部极其复杂的设备，具有多方面的功能。例如，现代的大型录音调音台有 24～48 路的输入/输出通道，可以直接配接 24 通道或 48 通道的录音机。每个输入通道都可以外送若干组信号到周边设备（也称为效果设备），并能把加工后的返回信号按需要的比例与原音混合。台子的各个通道间可以进行灵活的配接。系统和监听部分通过调音台可进行多种形式的切换，除可以切换监听点以外，还可以进行大小监听的切换。小监听又称近场监听，是近些年来发展起来的一种有效的监听手段。利用它制作出来的节目，在家庭条件下重放可以获得更好的音响效果。大调音台能与多台记录设备进行连接并实现控制，可以实现电子乐器同步演奏。

调音台可根据输入通道的多少来分类，也可以按使用目的来分类，或按模拟和数字方式来分类，还可以按固定式和便携式来分类。

根据输入通道的多少可以把调音台分成大、中、小 3 类。一般输入通道在 12 路以下，功能比较少的为小型调音台；输入通道在 12 路以上、24 路以下的称为中型调音台，它的功能比小型调音台要多些；输入通道在 24 路以上的统称为大型调音台。

调音台按使用目的不同，可分成语言录音调音台、音乐录音调音台、后期制作调音台、播出调音台、节目主持人直播方式调音台以及扩声用调音台。它们虽有许多各自的特点，但也有很多共同的地方。现代录音和制作用调音台往往是有几十个输入通道和丰富的音质修饰功能、自动化程度高的大型调音台，相对而言，语言录音、播出用的调音台规模较小，功能也比较简单。

根据调音台内声频电信号是以模拟还是以数字方式进行处理，可以把调音台分成模拟调音台和数字调音台两大类。数字调音台的电声指标可以比模拟调音台高很多，自动控制功能也更加丰富。目前使用的绝大多数调音台都是模拟的，全数字化的调音台还非常少。近年来还出现了一种数字控制的调音台，其内部声频信号基本上都是模拟方式，控制部分采用了大量数字技术，自动化程度高，结构上与模拟调音台也有很大不同。这是调音台从模拟向全数字化的过渡形式。

5.2 语言录音调音台的特点及功能

语言录音调音台用于以语言节目为主要内容的节目录制，其中包括新闻、教学、座谈、广告、评书、相声以及小型广播剧的录制。一般语言录音室面积比较小，传声器的设置最多只有几个，所以语言录音调音台都比较小，输入通道一般只有几路。由于录音的主要内容是语言，所以音质加工处理比较简单，通道的频率补偿也比较简单，外接周边设备少，功能要求比较单纯。语言录音调音台一般都具备以下功能。

1．有6～8个独立的输入通道，输入通道的入口都有几种状态的选择

例如供电容传声器用的平衡输入，同时可提供48V幻像供电，还有不带幻像供电的动圈和其他形式传声器用的平衡输入，线路的平衡和非平衡输入。平衡输入共用一个XLR型插座（即通称的卡侬插座），非平衡线路输入是独立的RCA插座。

2．每个通道都设有增益、均衡等调整功能

例如输入端为适应不同灵敏度的传声器和线路输入，设有3～4挡步进增益和微调旋钮。为防止输入过载，设有过载指示灯，在最大电平以下约5dB时开始闪亮。通道还设有滤波器（语言调音台一般只设低频滤波器）和均衡器。滤波器主要用于滤除房间或语言中过重的低频成分，也用于去除电源、灯光等其他因素引起的低频噪声。低限频率一般在70～120Hz之间。均衡器主要用于输入信号的频率补偿，对音质进行一些修饰。语言调音台一般只有低频和高频补偿，补偿频率是固定的。低频在100～200Hz，高频在10kHz或更高。均衡器可提升也可以衰减。每个通道还有输出信号衰减器（俗称推子），以控制送往主输出通道的信号大小。衰减器采用直线电位器，推拉量程在10mm左右，使用很方便。

通道中的另一项功能是把信号分配到主输出通道中去。现在小型调音台的主输出是两通道立体声形式，有左右两个输出通道，所以每个输入通道的信号最后都要通过"声像/平衡"旋钮根据需要分配到左右两路输出上。这项功能对立体声节目的制作是很重要的。

3．有辅助输出和效果返回通道

一般的语言调音台有一至两路辅助输出，每个输入通道的信号用"辅助输出"旋钮来控制送往辅助输出通道信号的大小，而且用切换开关可以使信号取自衰减器前（推子前）或衰减器之后（推子后）。各通道的辅助输出信号汇总后从调音台的辅助输出通道送出，可连接延时器、混响器等效果设备。效果设备的返回信号从调音台的效果返回通道进入调音台，再经过"声像/平衡"电位器分配到主输出通道与原来的声音信号混合，从而获得延时混响效果。

4．监听和监视功能

为了对调音质量把关，最好的办法是用监听扬声器来听声。调音台的监听系统可以监听主输出通道的信号，通过开关切换还可以监听每个通道经过滤波器、均衡器处理后的信号，也可以监听录音机重放返回的信号和录音时的带后信号。

调音台的监控主要是靠音量表（即vu表）或峰值表来进行。小型调音台一般使用多段发光二极管构成的vu表或峰值表，它可以和监听同步显示主输出与录音机返回的信号，以控制输出信号的大小。

5．和录音室的通话功能

由于录音室和控制室之间是隔声的，所以调音台都具有和录音室通话的功能。机内设有

传声器和小型扬声器，通过调音台的通话输出端和录音室的通话扬声器相连，把录音师的要求传达给录音者。在切换到通话状态时，录音室的监听系统自动被切断。录音室内的通话声可以用机内小扬声器放出来，以实现双向通话。

5.3 音乐录音调音台的特点及功能

音乐录音调音台用于以音乐节目为主要内容的节目录制，其中包括歌曲、曲艺、广播剧以及各种实况演出的录音，录音场所可以是录音棚、剧场、音乐厅或其他场所，节目可以在同一地点录音和制作完成，也可以分别在几处录音和制作。虽然音乐录音和语言录音没有本质的不同，但由于以上的特点，特别是近年来流行音乐所盛行的分期分轨录音工艺，具有许多自身的特点，因此，对音乐录音调音台提出了很多新的要求。

5.3.1 音乐录音调音台的主要特点

音乐录音调音台的主要特点可以归纳为以下几点。

① 很多音乐节目的乐队编制较大、演员较多，为了能把各种（组）乐器、各个声部的信号都很好地收录进来，调整它们的比例，分别进行音质处理，必须要设置多个拾音传声器。因此要求调音台有十几个甚至几十个输入通道。分轨记录还要求有十几至几十个输出通道，以便把各路音乐素材记录到多轨录音机上。

② 每个输入通道都要求有很强的音质加工能力。流行音乐和流行歌曲的录制，要通过调音台及外接的周边设备创造出各种各样的音响效果。大型音乐录音调音台每个通道都要求有全频段的均衡器、高低通滤波器、压限器、扩张器及延时混响器的各项功能。

③ 现代的分期分轨录音工艺，各种素材的录音时间和地点可以不同，要求调音台的各种状态、参数、录音数据（包括轨时分配等）都必须能记录和存储。因此可存储各种资料、记忆调音台状态的计算机控制调音台应运而生。

④ 为了减少占用设备时间，要求调音台的自动化程度高，对内和对外的控制能力强，能自动切换到多种状态。

由于以上这些要求，音乐录音调音台正在向大型化（多达 60 个以上输入通道、48 个以上输出通道）、具有强大的音质加工能力、自动化程度越来越高的方向发展。

5.3.2 音乐录音调音台的主要功能

音乐录音调音台的主要功能有以下几个方面。

① 多个输入通道，至少十几路，多的已达几十路，以满足多传声器拾音的需要。可以把各种（组）乐器和各个声部的信号记录到多轨磁带上，后期制作时进行音质加工和声像分配，以便精雕细刻。

② 多条混合母线和多路输出。多轨录音时，输入通道的信号进行放大和加工后经输出通道送到多轨录音机记录。节目制作时，各路信号的分配、缩混要通过混合母线进行。所以大型音乐录音调音台要有十几路输出，有的已达 48 路以上，混合母线相应也有几十条。

③ 每个输入/输出通道具有多种调节功能，其中包括以下几项。

● 电平调节功能。为适应不同灵敏度的传声器和线路输入，通道入口都有几种不同选择，可在40~60dB范围内调整。为防止过载，设有过载报警指示。辅助输出通道也有相应的增益控制。

● 为防止信号反相，设有倒相开关，可改变信号相位180°。

● 高、低通滤波器可切除低频噪声及磁带记录带进的高频"咝咝"声。

● 设有多段频率均衡，可覆盖整个频段。可对宽带音乐信号进行补偿。大型调音台设有4段频率均衡，每段的中心频率可连续滑动，Q值可在较大范围变化，提升或衰减量由度盘标示。

● 具有延时混响效果及压扩功能。可用调音台的通道设备对信号进行音质加工或产生一些特殊的音响效果。每个通道的滤波器、均衡器、延时混响器及压扩器都实现了组件化，可以用按键切入/切出。

● 输入通道的多元分配功能。这是节目制作和缩混时的一项重要功能。每路信号可以通过分配矩阵分配到任意通道和线路上去，也可以通过声像电位器分配到立体声主输出通道。

● 具有通道哑音功能。在调音及合成时，利用通道哑音开关可以把任意一路（或几路）的信号关断停止送出，以判断其余各路合成的效果。

④ 具有多路辅助输出。每个通道的信号一般有几路辅助输出，用以激励周边设备获取所需的效果，辅助输出信号也可以作为各种返送信号使用。

⑤ 输入通道具有多种编组功能。录音和制作时经常用到通道的编组功能，其中最主要的应用是通过各通道的输出VCA（电压控制放大器）的控制电压使需要编为一组的通道连锁。例如1~6路输入是弦乐器组的信号，在调整好6路信号的比例后编为一组实行连锁。在录音（或制作）中要微调弦乐器的音量时，一组可以同步调整，不会破坏相互的平衡。几十个输入通道的调音台往往可以编若干组，每组包括几个又可以受控于另外的小组或通道。

⑥ 灵活多样的切入、切出和跳线功能。除每个通道的频率均衡器、滤波器、延时混响器、压扩器组件可以切入、切出外，各个通道信号的走向、分配也非常灵活。信号通过各种切换按键可从通道的许多位置切出送往任意一条混合母线和任意一个辅助输出母线。调音台内部切换不了，还可以通过交换盘跳线送入其他的线路。

⑦ 两对立体声输出功能。音乐录音调音台都是立体声输出，所以主输出至少是一对立体声输出。但考虑到立体声节目的环绕声要求及4通道立体声的需要，一般音乐调音台都有两对以上的立体声输出通道。

⑧ 多种监听监视功能。在节目录制过程中监听始终是控制质量的最重要手段。在大型调音台内监听已形成独立的系统，除了可监听主输出通道信号外，还可以监听各个独立的通道信号。可以在通道推子前监听（PFL），也可以单独监听某个通道的信号（SOLO），还可以监听去掉某路信号后的总效果。大型调音台还可以监听辅助输出的信号和返回的效果信号。总之，需要控制声音质量的各处的信号都可以切入监听系统供录音师来审听。

⑨ 自动混音功能。这是新型音乐录音调音台的一项重要功能。调音台在录制工作中基本上有两种状态：一种是原音的拾取并记录到多轨磁带上，这是录音状态；另一种是重放磁带记录的素材，经调音台及周边设备处理后缩混为立体声信号，通过两通道录音机记录到磁带上，这是混音状态。这两种状态的各种按键位置不尽相同，信号流向也不相同。为提高工作效率，调音台设计了自动混音功能，可以把各个输入单元自动连接到主输出通道，从录音状态切换到混音状态。新型的计算机控制调音台已经可以把两种状态的参数都存储下来，状态切换时全部由计算机控制进行自动恢复，迅速而方便。

调音台内部组件的工作状况可参见表 5-1。

表 5-1 调音台内部组件的工作状况

输 入 组 件	信号处理组件	音量控制组件	信 号 指 示	输 出 组 件
① 输入选择 MIC LINE ② 增益控制 精挡 粗挡 ③ 倒相开关	① 高、低通滤波器 ② 均衡器（EQ） 高、中、低 3 挡或 4 挡 ③ 辅助输出 ④ 动态处理器 ⑤ 编组	① 音量调节器 ② VCA 音调调节器 ③ 驱动式音量调节器 推拉式调节器 直线、旋钮式两种	峰值表 vu 表 发光二极管显示 频谱显示	信号分配 多路输出 主输出 辅助输出
监听选择 ① 带前或 带后 ② 推子前或 推子后	信号处理可以切入监听			监听组件 ① 大扬声器监听 （远场监听） ② 小扬声器监听 （近场监听） ③ 耳机监听

5.4 模拟调音台的输入/输出及调整技巧

5.4.1 模拟调音台声源输入有哪些，如何连接

调音台的重要功能之一就是把许多路的音源信号经过选择处理与混合之后，分别送到输出埠。调音台的种类不同，规模不同，则输入的通道数目也不同，但一般的调音台大致上都具有以下 6 类信号输入端口。

1．通道 mic 输入端口（传声器输入）

一般有 10 多路到数十路，主要用于输入传声器信号（即低电平信号），通常传声器的输出电平都比较低（-60～-40dB），必须由此埠送入，一般采用平衡电缆和卡侬插口，如果用电容传声器，还必须打开幻像电源开关。

2．通道 line 输入端口（线路输入）

每个通道都有，一般设在 mic 输入埠上下，主要用于输入线路电平信号（在 0dB 左右）。无线传声器接收机输出信号、CD/VCD 机或其他音源设备输出的信号都有此端口送入，一般采用大三芯（TRS）插头进行连接。

3．立体声输入埠（stereo）

通常有 2 路或 4 路立体声输入，每路可分左（L）右（R）两个通道，可以送入 CD 或 VCD 立体声信号，经过处理送出，可以不占用调音台的通道数，使用方便。

4．辅助返回输入埠（aux return）

有辅助输出（aux）的信号，经过处理（如效果处理）之后可以送入 return 插口，再与主

信号相混合，这样既可以实现对声音效果处理，又不会占用通道数，还可以防止由于重新误送（如辅助输出信号）而造成的严重的声音回馈信号啸叫。

5．对讲输入埠（TB mic）

此埠专门供调音师与舞台工作人员及演员进行交流用，对讲时，需要按住对讲输入埠的发送开关讲话，当松手时，开关自动弹起。

6．录音机插口（tape）

此插口通常用莲花插座，采用非平衡的连接方式，专门用来连接民用音源设备。

5.4.2 模拟调音台输出埠有哪些，有何用处

模拟调音台的信号输出也有许多种类，各自具有不同的用途，一般调音台的输出大概有以下 6 种。

1．主输出（main）

这是调音台的主输出信号，包括左信道（L）和右信道（R）两路，经过周边处理和功放之后，信号直接送入主扩音箱。

2．单声道输出（mono）

这路信号通常由左（L）右（R）立体声混合产生，送往中央通道功放后，直接送入中置音箱。

3．辅助输出（aux）

每个通道都有辅助输出，而且有多路辅助，还有推子前和推子后的自由选择功能。辅助输出具有很多用途，如舞台返送、效果器信号源、辅助音像的用途。当用于效果器和激励器的信号源时，通常选推子后输出；而用于舞台返送信号时，为了便于独立调整，应当选择由推子前输出。

4．编组输出（group）

主要用于把相关若干信道信号混成一组输出，在经过必要的接口设备处理之后，送入主输出或矩阵输出或直接作为信号输出。

5．矩阵输出（matrix）

某些大型调音台具有这种输出方式，矩阵输出相当于二次编组输出，可以单独送出信号，也可以混入主输出信号。

6．直接输出（direct）

较高档的调音台具有直接输出功能，可以把各信道的信号直接送入分轨录音机，记录下原始分信道信号，在后期编辑中，可以利用这些素材，编辑成高质量的节目。

调音台除了以上各种输入和输出埠以外，一般调音台在分通道、编组输出及主输出通道上设有插入/插出埠（ins），主要用于插入各种处理设备，对该信道的信号进行处理。

5.4.3 模拟调音台的初始化方法

调音台是音响系统中的核心设备，一个音响师的工作水平高低，也主要体现在他对调音台操作的熟练程度和操控水平上。所谓调音台的初始化是指在对调音台开始调控之前，先把它设置在一个预设的标准规定状态下，这对正确的开始调控调音台是非常重要的。尽管调音台的种类很多，规模有大有小，但是初始化的方法和步骤则是大同小异的，通常调音台的初始化包括以下 6 个步骤。

① 把所有的输入增益（gain）旋钮拧到最小，即向左拧到头。

② 把所有的均衡器（eq）旋钮（包括增益和频点）放在中间位置（钟表 12 点位置）。

③ 把所有的辅助输出（aux）旋钮拧到最小，即向左拧到头。

④ 把所有的声像（pan）旋钮放在中间位置（钟表 12 点位置）。

⑤ 把所有的推杆放在最下边。

⑥ 把所有按键开关都设置在弹起位置上。

5.4.4 模拟调音台 6 步出声调整技巧

调音台种类繁多，尤其信道数目多，控制功能复杂，对于初学者看到面板上一大片旋钮、开关和推杆，常感到眼花缭乱，不知从何入手。这里介绍一个简单可行的基本方法，共计 6 步，如果你能严格地按照这 6 步去认真操作，则对于绝大多数的调音台均可以获得正常的声音输出。当然，要获得更高质量的声音效果，还必须在此基础上作进一步的调整。

第一步

在对调音台进行初始化之后，打开调音台的总电源开关，可以看到电源指示灯发亮。

第二步

把传声器插入调音台的 mic 输入口上，如果用电容传声器，还应打开幻像电源开关。

第三步

按下 PFL 开关（推子前监听开关），有些调音台表示为 solo（独奏开关），先把输入增益旋钮（gain）放在钟表 12 点位置，一边用正常的音量讲话，一边调整输入增益旋钮，直到电平指示表的绿灯到顶，黄灯不亮为止。同时将耳机插入耳机监听插口，可从耳机中听到你讲话的声音。这一步很关键，如果电平表无指示或耳机听不到声音，可能是传声器开关未打开，或电容传声器的幻像电源未加上。必须找出原因完成这一步，才能继续往下进行。

第四步

发送信号，按下推子旁边相应的发送开关（可根据需要来选择开关），有些调音台还要同时选择电平表指示开关。

第五步

推起主输出推杆，推到 0dB 位置。

第六步

一边推起响应通道的分推杆，一边对着传声器用正常音量讲话，这时则可以从耳机中听到说话声音，同时电平表有指示，这说明调音台已经有信号从主输出端口输出。

注意：在设置调音台电平时，应当充分利用电平表指示和耳机来进行监听和监测，不要利用功放和音箱来进行监听和监测。

5.5 调音台的主要技术指标

调音台是录音和扩声系统中的重要设备，它的质量好坏，直接影响到声音的形象。对调音台的评价是一项专业性很强的工作。由于调音台是声音信号处理设备，因此，对它的评价可用客观手段也可以用主观鉴别方法——耳机监听或扬声器监听。一部优质专业调音台能经得起主客观的检验。评价的内容包括频响、增益、噪声、失真和线性5个方面。

5.5.1 频响

频响也称频率响应，它表征调音台的频带宽度和在限定宽度之内的电平一致性。一般专业调音台的频响要求为30～18 000Hz±1dB，这是调音台总信道的频响。如果调音台的频响不够宽，那么，高低音都将被切掉一部分，这样就不能把音域很宽的原声信号高保真地记录下来。即使有足够的频带宽度，而没有平直的频响也不能完成原声信号忠实的记录。因为不同频段的电平不一致，必然造成信号的失真。所以调音台的频响要足够宽，要有平坦的特性。只有这样，录音师或音响师在从事信号加工时才有原始的依据，也就是说，在频带的哪段提升多少或衰减多少，围绕某个中心频率进行提升或衰减。

5.5.2 增益

这里所讲的增益，是指调音台的总增益，即调音台的输出电压与输入电压的比值的对数值，单位为dB。设调音台的输入电压为U_i，输出电压为U_o，那么调音台的总增益K可写为

$$K = 20\lg\frac{U_o}{U_i}$$

调音台的增益分为最大增益和额定增益两种指标。

最大增益就是调音台的最高电平，额定增益就是调音台的额定工作电平，最高电平是调音台动态范围的上限。

在传声器输入的情况下，调音台的增益最小应不低于70dB，最大可在90dB以上。

在线路输入和线路输出的情况下，调音台的增益为0dB。

5.5.3 噪声

调音台的噪声，在一般的电声设备中，常用信噪比来表征信号与噪声的相对关系。调音台的噪声，是将输出端的噪声折算到输入端的等效噪声电平来表示的。这个折算到输入端的等效噪声电平一般要求在−125dB左右。这样，调音台的信噪比可达到80dB。

5.5.4 失真

失真是当一简谐信号通过一个非线性部件之后，产生多次谐波，使原信号的波形受到改变的一种现象，这种失真常称为谐波失真（THD），以百分数来表示，这种谐波失真与线性失真和互调失真是有区别的。其计算公式为

$$D_{\text{THD}} = \sqrt{\frac{U_2^2 + U_3^2 + \ldots}{U_1^2 + U_2^2 + U_3^2 + \ldots}} \times 100\%$$

在额定输出的条件下，调音台的总谐波失真应不大于 0.5%；最大输出时，应小于 1%。

5.5.5 线性

像其他电声设备一样，调音台的线性也是指动态余量，或称储备量，单位为 dB。计算方法是取最大输出电压（U_{om}）与额定输出电压（U_{or}）之比的对数值，即

$$L = 20\lg \frac{U_{\text{om}}}{U_{\text{or}}}$$

也可以用最大输出电平与额定输出电平之差来表示。专业级调音台一般应具有 15～20dB 以上的线性。

5.6 调音技术

录音是技术与艺术二者相结合的工作。技术是为艺术服务的，而艺术又必须靠技术来实现。录音技术与录音艺术创作紧密相连。一个音响师既要懂得电声技术和有关的声学知识，又要有一定的文学艺术修养，二者缺一不可。

对电视、广播、电影及唱片等艺术作品，录音质量的好坏、声音美学上有无艺术感染力和吸引力以及完美动听的声音，往往取决于录音师的录音技术与录音艺术创作水平的高低。高超的录音技术，可以创造出声情并茂、高度技巧的声音作品。

众所周知，录音的声源是包罗万象的，世界上的一切声音都是音响师要研究的对象，当然人声和音乐是音响师研究的主要声源。

录音技术是将传声器拾取来的声信号，根据作品的要求进行不同的处理、修饰美化，来实现艺术和技术上的各种不同要求，最后达到理想的音质与完美的声音。音响师在声音信号的拾音、调整、加工处理等一系列的工艺过程中，虽然融入了不少的艺术创作和声音美学内容，但在整个工作过程中都要通过复杂的录音设备和在良好的声场（控制室或录音棚）中进行技术性的处理。

目前，我们处在一个高技术的时代。由于电子技术的高度发展和先进的录音设备的不断涌现，录音手段和改善音质与美化音色的产品越来越多样化，录音技术质量得到了较快地提高。但从当前的实际情况来看，还有不少电影、电视、广播、盒带等作品声音的技术质量和艺术质量仍然不尽人意，需要尽快加以改进。

从录音的全过程来看，音响师的调音技术包括的范围很广，内容也很多，主要可分为下列几个方面。

5.6.1 声音信号电平的调整

音响师对声音信号电平的调整并不是一个简单的工作，他应当非常熟悉各种类型的传声器、调音台、录音机、磁带等器材的技术性能。电平的调整，也就是音量的调整，包括调音

台输入口电平的调整、各分路电平的调整、输出总电平的调整以及监听音量电平的调整，当然也包括混响器、延时器等周边设备电平的调整。周边设备输入电平工作时一定要达到额定电压，否则会因输入电平太小推不动，而输入电平过大又会造成输入端的过载失真。声音信号电平的调整，一方面是为了控制节目信号的动态范围，使信号电平工作在音响系统的线性范围之内，防止过载失真以及信噪比的恶化；另一方面又十分强调调整节目音量的动态范围与平衡关系。录音电平的动态控制是否合理、完美，也是录音质量高低的重要标志之一。然而，最佳录音电平的调整是比较困难的，需要有一定的经验和听感能力才能做到，所以，音响师已越来越重视这个问题。

音量的平衡包括的内容也相当多。音量的平衡是指同时演奏的各种乐器、各声部之间的平衡，合唱之间的平衡，领唱与合唱之间的平衡，演唱与乐队之间的平衡，整部作品人物对话的平衡，对话、音乐及音响之间的平衡，声音与画面之间的吻合等。音量的平衡也是艺术美的需要，通过调整音量大小的变化，可以满足作品中不同情绪和不同环境气氛的要求。

对音响师来讲，音乐的同期录音与大型音乐会现场录音、调音技术难度较大。同期录音由于场景、镜头以及人物在不断地变化，传声器的远近、高低及角度要随人物的移动而移动。又由于人物说话的语气不同，声调的高低与音量的大小也不相同，再加上场景变化、声学条件的差异以及传声器与声源的偏移，音响师要随时不断地调整声音信号电平的大小，但调整又不能过大，否则会使背景声忽强忽弱而影响连贯性。在必要时，还要作一些音质补偿器的调整。在人物之间没有对话时，还要分秒必争地通过控制衰减器来降低输入噪声和机器的本底噪声，让录音电平的大小适合人物情绪的要求，使音质音色达到和谐统一。

大型音乐会的现场录音，如果有条件的话，应事先研究总谱，了解作品内容、表现形式和各声部之间的关系，做到心中有数，有的放矢地进行技术准备。由于所使用传声器数量较多，音响师还要结合现场声学条件及声源情况来设置各种不同要求的传声器。

一般模拟录音的专业设备动态范围只有 60～70dB，而大型交响乐队演奏与飞机大炮声远远超过了这个范围，设备和磁带的技术条件都容纳不了这样大的动态范围，要完全重现原声是不可能的。因此，录音时需要对这类声音信号电平进行适当调整。对微弱的声信号也同样要进行调整，不然就会被噪声所掩盖。电平的调整一般是用人工方式进行的，同时也可以采用自动音量控制器进行工作。但这种方式比较呆板，不能完全满足声音艺术创作上的需要。尽管如此，自动控制录音，如音量压缩器、音量限制器及音量扩展器等设备在录音中仍然被广泛地应用。使用音量限制器的明显作用是可以及时有效地控制录音信号的过载失真，它是通过降低放大器增益来实现的。使用时限制量不宜过大，过大对高频不利，同时上限的动态范围也会受到影响。用音量压缩器则可以提高声音的平均响度，使声音更加突出。在使用音量压缩器时，一般压缩的起始时间较快，恢复时间较慢，这样声音就会比较自然、舒服。压缩比的大小要根据声音信号电平的变化来决定。压缩比是可调的，有 1.5：1、2：1、4：1 等。调整声音信号电平的大小靠主观听觉以及调音台上的电平指示器来进行。调音台上的电平指示器通常有 3 种：vu 表、峰值表和发光二极管组成的光柱显示器（表桥）。vu 表指示值的相对大小与听觉上的音量感觉近似，在一定程度上与主观听觉相吻合，适用于调整音量的平衡。但由于 vu 表结构的关系，有时跟不上信号实际变化，不能完全反映出信号的听觉响度，另外，在 −20dB 以下的信号也无法指示出来，因此，对经验不足的录音师不能完全依靠 vu 表的大小来调整音量，还应当与听觉结合起来控制电平的大小与调整音量的平衡。峰值表的量程比较宽,指示声音信号电平大小的精确度要比 vu 表高得多,但信号峰尖的大小却不能直接反映出信号在听觉上的强弱。它的特点是指针快上慢下,主要是控制声音信号的上限动态,使峰值信号不易出现过载失真现象。在稳态情况下(即正弦波信号),vu 表的 0dB 与峰值表的 0dB 大致相差 6~8dB。用发光二极管组成的光柱显示器在多路调音台上被广泛应用,它可以同时显示出各路电平的大小。这种光柱显示器既方便又清晰,调音时可以一目了然。尤其是当电平过载时,显示器的颜色马上变化,提醒录音师注意,这对电平调整是极为方便的。

音量的平衡在调音技术中是非常重要的。在使用多路传声器录音时,由于调音台上可调的衰减器较多,要想达到音量的平衡是一件极其困难的事。但随着多声道录音机的出现,调整音量平衡变得比较容易了。可在初始录音时对音量进行粗略调整,然后在缩混(终混)时进行多次反复调整,最终获得理想的音量平衡。

5.6.2 频率的调整

为了更加完美地表现作品的艺术效果,音响师必须充分运用各种录音技术手段和方法来提高音质,改善和丰富音色,最后达到声音艺术造型上的种种需要。这其中重要的手段之一就是频率的调整,即人们通常所称的音质补偿或均衡。它在电声技术中有着极其重要的作用。频率的调整可通过高通滤波器、低通滤波器、单频补偿器、图形均衡器和陷波器等设备实现。我们知道,由声源通过传声器、调音台、录音机磁头、磁带、还音磁头、功放、扬声器,再加上声场和传输过程中的各种损失,原有的声音信号是不可能原原本本再现出来的,因此,为了尽可能地再现原声,对这些损失进行一些必要的补偿就显得特别重要了。

1. 高低通滤波器

一般由 RC 或 LC 电路组成。在现代调音台上,几乎每路输入通道组件上都有高低通滤波器。高通滤波器的作用是阻止输入信号中的低频成分而让高频成分通过。而对高频起阻止作用,让低频通过的滤波器称为低通滤波器。在使用高低通滤波器时,一定要注意声源的频谱特征,选好频率截止点。这两种滤波器可对高低频两端不必要的频率成分进行适当的衰减,对消除噪声和提高声音的清晰度是极为有利的。如高频的"咝咝"声,语言中的吡声与咝声,磁带本底的"沙沙"声与轰隆声,电路或传输系统中产生的高频啸叫声及低频中常见到的 50Hz 交流声,房间中的"嗡嗡"声,钢琴和竖琴演奏时的踏板声,摄影机的电动机声以及环境噪声等都可以通过滤波器的作用而大大减弱。这样不仅使信噪比得到改善,音质也会有明显提高。其对语言清晰度的改善效果则更为明显,声音会更干净。

2. 频率均衡器

现代调音控制台都设置了许多频率均衡器(EQ),一般都有高频均衡器(HF)、中高频均衡器(HMF)、中低频均衡器(LMF 和低频均衡器(LF))。这些均衡器给音响师提供了更多改善音质与丰富音色的可能性。音响师对整个声频段可以任意进行提升或衰减,改变频率特性和变化某段频率电平的幅度大小。一般均衡器都采用分挡方式来调节,以求定量控制,达到较为理想的频率特性。单频补偿器只能对某一频段进行频率调节,而图示均衡器实际上是由多个单频补偿器组合而成的,它的调节范围更大,能提供变化量在 14dB 左右的频率波峰或波谷,在频率调整时具有很高的精确度和选择性。均衡器的主要作用是为了改善音质、美化音色，满足声音艺术表现上的要求，同时也补偿了原声中的一些不足，减少声场声学条件存在的某些缺陷以及传输系统中产生的损失。

3．均衡器的运用

在通常情况下，提升高频能增加音乐的色彩和清晰度，提升中高频能增加音乐和语言的明亮度，提升中频能增加音乐和语言的力度，提升低频能增加音乐和语言的厚度。

在录音乐和男女高音的歌声时，如果 5 000～10 000Hz 这段频率处理得好，则声音更加清晰华丽，且富有穿透力；提升 1 500～3 000Hz，可以增加风采，特别是语言的明亮度，因为人耳对这一段频率最为敏感；800～2 000Hz 这一段频率调整得好，能使声音更加突出，但提升过多也会使声音听起来不舒服；提升 125～250Hz 能增加声音的厚度，音乐显得热情丰满，具有一种温暖感；60～250Hz 这一频段包含着音乐节奏部的基础，调整这一段频率可以使声音变得丰满或单薄；16～60Hz 称为超低声频，这一段频率所包含的声音往往使人感到很响，如雷声、炮声及爆炸声等，对于音乐来讲，这一段频率不能过多地强调，否则会使音乐变得浑浊不清。

5.6.3　直达声与反射声比例关系的调整

录音棚（即录音室）内声学特性的好坏，是决定录音质量优劣的重要因素之一。对于音响师来说，认识和掌握运用好棚内的声学特性是至关重要的，是实现高质量录音的关键。

录音棚内的声音可分为直达声、反射声和混响声。在棚内听到声音的感觉可以分为 3 个时间间隔阶段：声源发出的声音最先到达人耳的是直达声，其次是前期反射声，最后是混响声。直达声是非常重要的，这是未受任何干扰的声源本身的声音，是声音的主体。前期反射声和直达声融合起来，不仅使声音显得柔和而且还增加了响度，并成为声源的一部分。向四面八方扩散的声音形成了混响声。适当的混响声可以改善声音的色彩与感觉，使声音变得更优美、柔和、自然，也更有实体感和环境感。直达声与反射声比例关系调整处理得好，可使声音更丰满，更有深度感，更有活性，也更动听。调整直达声与反射声的比例关系时主要看音响师选择什么样的传声器以及传声器与声源的距离。直达声在录音中的地位是相当重要的。无论是语言、音乐还是声效录音，传声器离声源的距离一般都必须控制在混响半径（即室内直达声成分与混响声成分相等的界限）之内，目的就是为了能获得更多的直达声，保持原声纯净的本色。当然，录一些较大的交响乐、合唱以及特殊声效时，为了能获得好的群感或较大的空间感，有时往往把个别传声器放在混响半径之外，但一般情况下不应这样做。其次是最佳混响时间。大量的研究与实践证明，不同用途、不同作品、不同场合所需的最佳混响时间是不相同的。对于声音的远近感、层次感、深度感、群感等要求，要调整传声器与声源的距离变化才能获得好效果，而靠压低音量与提高音量或靠衰减与提升某些频率肯定是要失败的。空间感的大小除与混响时间的长短、混响量的多少以及混响特性有关外，还与初始延时长短有关。混响时间过短，无论是语言或音乐听起来都会显得"发干"，没有湿润感或没有活性，听起来不舒服、不自然。若混响时间过长，声音又会变得浑浊，使语言与音乐的清晰度都受到破坏，尤其是音乐的层次感受到的破坏更加严重。适当的混响时间能使语言有"弹性"，使音乐有"水分"，声音听起来自然柔和、丰满圆润。但音乐棚与语言棚混响时间的要求不完全一样。语言棚的混响时间要求比较短，一般为 0.6s 左右，而音乐棚混响时间要求较长，一般都在 1.2s 以上。

5.6.4 立体声的处理

立体声的出现，可以说是视听艺术中的一次重大技术革命。人们普遍认为，立体声提高了声音的质量，加强了声音的真实性，有身临其境之感，听起来十分悦耳。立体声再不像单声道那样从一个点发出来，人们可以明显地感到声源分布在一个比较宽的范围。这是立体声最突出、也是最容易被人们注意到的特点。无论是哪一种形式的立体声，对于声像位置的处理要求都非常严格，因为声像定位是立体声最基本的特点。处理好立体声声像位置，不仅可以增强声音的临场感，而且还改善了立体声的重放效果。最普通的双声道立体声是通过左右声道的不同强度与延时时间，使双耳的听觉产生强度差与时间差来实现空间定位，从而产生声音的方位感（可称虚声源或幻觉声源）的。四声道宽银幕立体声电影的声音不仅从银幕后、左、中、右 4 个扬声器发出来，而且还从观众席两侧墙壁及背后墙壁上的多组扬声器发出来（称为环境声或环绕声）。在进行立体声声像定位或移动声音时，切忌产生"乒乓效应"，即声音左、右、前、后，画内、画外产生不舒服的跳跃。尤其是在处理人物对话时，如果声音移动或切换跳跃过大，会给人们心理上造成很不舒服的感觉。

立体声的调音技术比单声道的调音技术要求更高，混音时使用的设备很多，操作起来也比较复杂。

录音是一门技术性很强的艺术工作，音响师千万不要忽视调音技术的学习与提高。调音技术越精湛，作品的声音就会越好、越美，艺术感染力也会越强。

5.7 调音台举例

5.7.1 英国声艺 Soundcraft–8000 调音台

8000 系列调音台是一种八总线调音台，它可以组成演奏厅前台用形式，也可以组成舞台监听用形式，外形如图 5-1 所示。在这两种形式内，用户可选择的安排方式是变化无穷的，随所选用的组件而定。

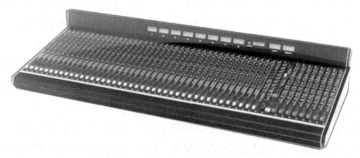

图 5-1 Soundcraft–8000 调音台外形

例如，现场声音的应用包括一组外场信号处理器，它完全适合 8 个分开受控传送通道的要求，并有效果返回输出部分。另外还有矩阵输出选用模块，它可以充分有效地控制 8 路混合以后的 8 路分开输出。

该调音台还设计了一种立体声选用模块，它向音响师提供两路可切换的立体声线路电平输入或效果返回。

在主控部分，有增强功能型返回装置，它具备完善的演奏厅至监听之间的通话能力，而辅助混合输出和专用盒式输入部分则形成了更大的灵活性。

这些模块都装在一个轻型但却极为坚固的铝框架中，可以选用 16、24、32 或 40 路输入的尺寸。

混合控制台是模块式主机架，里面除了 2 个主控模块和 8 个输出模块以外，还能容纳 16、24、32 和 40 个输入模块，视框架尺寸而定。

在主机架上的目视指示器装在立式横架上并包括 10 个带照明的有 vu 刻度的表头。这些表头能指示出 8 组输出中每一组上的电平，可以切换至 8 个矩阵输出或 8 个效果返回输入（它们也能指示出监听器电路的输入电平），其中也包括指示左右混合以及辅助混合输入的电平以及任何 PFL/AFL（推子前/后）的信号电平。

所有接至控制桌的输入和输出连接都装在主机架背面的接头板上。两个单声道输入端模块均有下列接头：一个 XLR 型接头用于接传声器输入；一个 1/4 英寸立体声插头用于 1/4 英寸单声道插口接入后置均衡器，前置衰减器通常插入传送和返回补充点之间；一个用于不平衡通道输出的 1/4 英寸单路插头插座。切入/切出由多芯接头提供，并有一个和供电单元对接的锁定接头。

在以 4 个为一组的立体声输入模块上，有供将模板输入 A 和 B 对接至线路平衡输入放大器的左路和右路用的 XLR–3 型接头。左右两通道都分别有插入点。

输出接头板具有下列装置：8 路辅助传送、8 路效果返回或 8 路矩阵用的 XLR–3 型接头，以及 8 路组输出、左右混合和辅助混合输出、返回输出和外接返回输入、盒带输入和振荡器输出用 XLR–3 型接头。它们都是平衡式的。1/4 英寸单路插口则供 8 组输出和左右混合以及辅助混合输出、组及混合插入传送和返回补充点使用。

每路输入都具有下列特征：传声器输入端有可开关的 48V 幻像供电以及 20dB 的附加衰减器，并带 25～70dB 可变增益旋钮；切换至后面接头板上被选中的线路选入端，以及–10～+10dB 的输入增益变化范围；倒转输入信号相位的相位开关；工作在 80～480Hz、70Hz～1.1kHz、450Hz～7kHz、1Hz～15kHz，并且每个频段中都带上了位置的“Q”选择开关；相互独立并可切入/切出的滤波器和均衡器附 LED 指示器；8 路成对的可切换辅助传送，前置/断开/后置的通道衰减器，它们各带独立的电平控制；通道通/断及衰减前监听装置，它们均带有 LED 指示；一只红光 LED“峰值”指示器，它在离削波电平 4dB 点发光；一只绿光 LED“工作”指示器，它在+4dB 后通道输入放大器时发光；衰减后分别接至 8 组和通过声像电位器接至立体声混合；可在奇数和偶数值间作声像转换的开关；在整个分路转接开关上的 LED 指示；高质量的 100mm 线性衰减器；还可选装位于衰减器旁边的哑音切出开关。此外还可提供监听和立体声输入模块。

有两种型号的输出模块，即效果返回和矩阵。每一组均具有下列装置：可切换的通过声像电位器至混合端；组接通/断开以及衰减前监听功能，两者都带 LED 指示；高质量的 100mm 行程线性衰减器；提供 15dB 提升或衰减量的三频段均衡器，带“缓慢的”高频和低频控制旋钮以及一个全参量中频段部分，其频率可在 450Hz～2.7kHz 间变化；均衡可以切入或切出信号通道，以及在次级组和效果返回以及矩阵输出间切换。

效果返回模块具有如下附加功能：从组来的 4 个辅助传送端，两个可切换的前置/后置衰减，并能在辅助总线 1-2、3-4 间和两个后置衰减 5-6、7-8 总线间切换；带通/断和衰减前/衰减后的监听能力，两者都带 LED 指示；输入控制旋钮；两个可在总线 1-2、3-4 间切换的辅助传送路，经过声像电位器转接至混合或通过 LOC 按钮至分组端。

矩阵输出模块应具有下列附加功能：8 矩阵传送控制旋钮，可切换的前置分组衰减器；矩阵主控旋钮，带通/断及衰减后监听功能，两者都有 LED 指示。

按标准应装上两个主控模块：即辅助主控及混合主控。辅助主控具有如下功能：8 路总线上每一路都有独立的主控电平旋钮以及衰减后监听并带 LED 指示；分成两段的 45Hz～15kHz 的可变频率振荡器，电平控制，转接至分组和辅助总线以及一个在振荡器 XLR 输出端上的 40dB 衰减器；头戴耳机输出通常监听混合或辅助混合输出。在任何 PFL/AFL 起作用时，辅助主控模块可通过控制台逻辑电路自动地出现在监听器输出端上，优先度比其他任何信号都高，并由混合主控模块上的一只 LED 指示出来，监听输出端是标准的 1/4 英寸立体声插口。

混合主控模块具有两对高质量 100mm 衰减器作主路及辅助混合主控电平控制之用。辅助混合输出端可切换至单声道和在主路混合之前或之后。此外还有以下功能：一个选择监听输入是主路还是辅助混合的开关；一个带通/断和前后监听的盒带输入电平线路控制旋钮，两者都带 LED 指示；一个供接线路平衡输入放大器的传声器用的带 XLR–3 型接头的返回系统，增益范围为 20～60dB 的电平控制旋钮以及能成对分接至辅助传送和至混合端。返回系统也具有一个外接输出端，以达到监听台和演奏厅控制台之间联系的目的。

除了均衡器提升/衰减和声像控制旋钮是带中心定位缺口型之外，所有控制旋钮都是 41 位定位缺口型的。

电源单元是一个 19 英寸机架单元，大小为 5.25 英寸（135mm）×14 英寸（356mm），并且用风扇冷却。电源能供给+17V、–17V、+7.5V、+24V、–24V 和+48V 的稳压电压，用一锁定接头和多芯电缆与控制器对接。里面装有开关，缩进电源单元面板内，用以选择 100V、120V、220V 和 240V 输入电压。在各路稳压电路上带有 LED 指示。

除了上述规格以外，该调音台还满足或超过下列总性能条件：从通道线路或传声器输入起至任何输出端的（在输出端为+20dBu 时）失真度，在 1kHz 时不超过 0.01%，在 10kHz 时不超过 0.015%。不是直接转接的任何输入和输出端间的串扰，在 1kHz 时不超过–72dB，在 10kHz 时不超过–66dB。RMS（均方根值）噪声（20Hz～20kHz）等于或优于下列数值：在传声器输入端的等效输入噪声（以 200Ω 为基准）为–128.5dBu；24 路输入接至混合端的输出噪声为–76dBu，以正常工作电平（+4dBu）为基准。以 1kHz 为基准的频响不均匀度在 20kHz 时不大于–0.5dB，在 20Hz 时不大于–1.0dB。典型传声器输入阻抗应为 2kΩ，其他输入端一般为 10kΩ。典型输出阻抗值小于 75kΩ。从不平衡传送端来的最大输出电平应为+2dBu(至 5kΩ)，在至平衡输出时为+26dBu（至 600Ω）。具体指标如表 5-2 所示。

表 5-2　　　　　　　　　Soundcraft-8000 调音台的技术指标

失真度		增益	
在增益为 1 和输出端为+20dBu 时测量：		从传声器输入至组输出的最大增益　90dB	
线路输入至组输出：1kHz＜0.006%，10kHz＜0.12%		从线路输入至组输出的最大增益　　30dB	
线路输入至混合输出：1kHz＜0.007%，10kHz＜0.008%		工作电平	
串扰：	1kHz　　　　10kHz	外部接口：	+4dBu

续表

失真度		增益	
在左右路混合输出之间：	−64dB　　−60dB	内部电平：	−2dB
任一输入端至任一输出端：	−72dB　　−66dB	输入和输出阻抗	
切换隔离的通道：	−88dB　　−86dB	传声器：2kΩ；线路电平输入：10kΩ；任何一种输出 <75Ω	
噪声		最大输出电平	
在 20Hz 至 20kHz 频宽范围内测量		不平衡输出：	+21dBu 至 5kΩ
传声器输入接通，200Ω源阻抗：	−128.5dBu	平衡输出：	+26dBu 至 600Ω
组输出噪声（转接 1 个通道）：	−86dBu	尺寸	
典型混合输出噪声（转接 24 个通道）：	−80dBu	16 通道机架：长 42.5 英寸，深 29.5 英寸，高 12.5 英寸	
频率响应		24 通道机架：长 54.5 英寸，深 29.5 英寸，高 12.5 英寸	
在+10dBu 时测量、均衡器旁通、基准 1kHz		32 通道机架：长 66 英寸，深 29.5 英寸，高 12.5 英寸	
20Hz：−0.8dB；20kHz：−0.8dB		40 通道机架：长 77.8 英寸，深 29.5 英寸，高 12.5 英寸	

5.7.2　带功放的调音台

带功放的调音台是专用于扩声的一种小型调音台。它又可分为单声道带功放的调音台和双声道立体声带功放的调音台。这种带功放的调音台通常是由功率放大器、效果器、多频段图示均衡器、监听指示仪表、返回、滤波及跳线盘等组件组装在一起的，其用途非常广泛。它的功能齐全，体积小，便于搬动，很适合小剧场、小礼堂、俱乐部、会议室、学校，特别是小城镇和乡村扩声用，完全能够满足上述这些场所的报告会、戏剧、戏曲、音乐、歌舞等节目演出扩声的需要，使用起来非常方便。它的灵活性很大，可减少设备相互连接的工作，所有声音的调整控制及加工处理都在一个面板上操作。调音台内还设置有直流 48V 幻像供电，可使用任何一种电容传声器。

市面上常见的带功放的调音台有美国艺威（EV）的 PMX-1202 型和 CP-2200 型，日本 Yamaha 的 EMX2300 型和 2200 型，英国声艺的实力型等。这里主要介绍一下有代表性的英国声艺实力型带功放调音台的基本功能。

英国声艺的实力型带功放调音台可用于演出现场扩声，调音台有 8 路传声器输入声道、8 路线路输入声道，同时还有两组平衡的立体声声道，为键盘合成器、效果返回或其他线路电平的信号提供了另外的输入声道。平衡与非平衡的信号均可用 1/4 英寸插头。每个输入声道都设有 3 个固定频段均衡器，在所选的频段上能实现 12dB 的提升与衰减处理。调音台面板上设有高精度的双路 7 段图示均衡器，垂直推拉有 6dB 的提升与衰减，并设置有莱克斯康（Lexicon）数字效果器，混响效果可以满足各种混响的需要，如房间混响、大厅混响、板混响等。不同的混响时间可以处理不同空间的效果以及鼓声与特殊效果，长延时可以产生回声，短延时可以加厚乐器和人声。同时还有 48V 直流幻像供电，可使用任何一种电容传声器。调音台上有 10 段二极管音量指示器，40Hz 的高通滤波器。功率放大器在 4Ω负载时，每路可输出功率为 300W；负载 8Ω时，每路可输出功率为 250W。

周边设备种类很多，本章主要介绍混响器、均衡器、压限器、激励器、电子分频器和声回馈抑制器。

6.1 混响器（效果器）

6.1.1 混响时间

我们习惯上把各种条件引起的反射声称为混响。有人常把混响和回声混为一谈，其实它们是不一样的。回声是某一声波的单次反射，而混响则是由多次反射形成的。

混响时间可用来定量表示房间的混响特性。我们将室内声强衰减至初始值的百万分之一（60dB）时所需的时间定为混响时间。当一个声音在房间内发出后，不是立刻就达到最大响度，相反，当声音停止时，声音也不是马上消失，而是从最响强度逐渐降下来到零为止。理论上计算，完全降到零需要无限长时间，但实际上常以降低到原值的百万分之一为标准。当声音从最大标准值降到该值时，所经历的时间称为混响时间。实际上，通常规定以频率 512Hz 的声音的强度为标准。选用这一频率，是因为它比音阶的中音 C 高出一个倍频程，也就是在声频范围的中部。混响时间与音质的关系极大，所以，混响时间是衡量室内声学特性的一个很重要的指标。实践证明，混响时间与房间大小成正比，与室内总吸声量成反比。即房间越大，混响时间越长；室内吸声量越大，混响时间越短。而混响时间越短，语言的清晰度就越高。

如果录音室的混响时间过长，声音就会像在大浴池中那样浑浊不清，破坏了声音原有的清晰度。如果声音吸收过强，使混响时间太短，则会造成声音发死发干，没有活性。为了获得最佳音质，要求录音室必须具有最佳混响时间。由于各个录音室面积大小不同，用途也不同，因此，混响时间也不相同。音乐录音室混响时间比较长，而语言录音室混响时间则较短。

6.1.2 混响室与混响设备

在录乐曲和歌曲时，经常需要对原声进行润色和修饰。尽管音乐录音室的声学条件相当好，但也很难满足声音艺术气氛的各种要求。我们录音时不能只将乐曲和歌曲简单地录下来，还应在录制过程中根据需要对声音进行必要的再加工，使它更完美，更动听，这就是录音工作的艺术再创作过程。根据艺术上的需要，我们有时要使声音听起来有遥远感，有时要使声音听起来仿佛是从隔壁房间传过来的，有时要使声音有忧郁感，有时又要使声音有欢乐的气氛，有时要使乐曲声具有大空间的立体感，有时又要使歌声有大合唱的效果，这些都必须通过录音师对声音进行恰当的技巧处理才能得以实现。增强声音的混响效果是美化声音、加强声音环境气氛感最重要的手段。我们可以通过人工混响设备为电视剧、广播剧、电影、音乐节目等制作多种特殊效果，例如二重声、多重声、山谷回响、太空声、颤音、声场扩展和声场收缩等。混响器设备对表现声音艺术的夸张、增强节目的感染力有着极为重要的作用。专用的人工混响设备目前有几种，下面对它们作些简单介绍。

1. 混响室

混响室是能够获得自然混响效果的传统设施。现代的混响室和老式的混响室有着很大差别。老式的混响室极其简单，混响时间的长短是靠混响室本身的门的开度大小控制的。近代混响室的体积一般为 $100m^3$ 左右，内壁及地面都采用反射系数很高的材料，如混凝土、瓷砖等，混响室在结构上应避免平行墙，以防止产生驻波。改变混响室内放置的吸声材料的数量，即可改变它的混响时间。另外还可在混响室内悬挂各种反射板，以改变所录声音的混响效果。室内装有高低频组合扬声器和传声器，通过扬声器放出需加工的声音信号，用传声器接收扬声器发出的直达声和经混响室壁面反射回来的反射声来改变混响效果。改变指向性传声器的方向还可获得不同的混响效果。

一般情况下，声音信号除经混响室处理外，还需经滤波器、均衡器处理，经延时器处理后的声音信号再经混响室处理，音色可十分优美、动听。

如果设计得当，混响室的声音是所有人工混响器中最悦耳和最自然的。它的缺点是占地面积大、造价高。

2. 钢板式混响器

因为在金属板内横波的传播速度较慢，所以适当选择钢板的材料和尺寸，利用加有少量阻尼材料的钢板可使弯曲振动产生许多固有共振频率。虽然横波在钢板内传播引起的反射和声音在房间内传播的情况不同，但人耳对这种差别不敏感，因此，钢板式混响器可以提供较高质量的人工混响。

钢板混响器中混响板的尺寸决定于需要的固有频率密度。通常使用长方形钢板，面积约 $2m^2$，厚 0.5mm，钢板四角用弹簧垂直悬挂在金属架上。使用时，电动扬声器使钢板激振，在钢板上距振源一定距离的部位上用压电拾振器接收信号，有时也可用多个拾振器，同时在多点接收信号。所接收的信号除了由振源直接传来的波动外，还有许多由钢板边缘反射回来的振波。调整与钢板平行放置的金属阻尼板（由吸声材料制成），就可调整混响时间的长短。金属阻尼板越靠近钢板就越能抑制钢板的振动。阻尼板与钢板之间的调整距离为 0.5～20cm，由此可见，混响时间的调整范围还是很宽的。钢板混响器与混响室各有不同的风格，因而可根据不同的乐曲、不同的作品及不同的要求选择使用。在录音室和室内剧场录音，使用钢板混响器可获得满意的效果。

3．金属箔混响器

金属箔混响器亦称金箔混响器，是用金属箔（一般为金箔）代替钢板作振动体的板式混响器。由于金箔可以做得很薄，因此，在保持固有频率的条件下可以减小板的尺寸，结构上也有很大改进。它将阻尼板插入缝隙而实现小型化，而且中低频混响时间可以调整，因此，可以得到比钢板式混响较为平直的混响时间频率特性。金箔采用长 290mm、宽 270mm、厚度只有 18μm 的高纯度镀金箔，整个混响器的体积只有钢板式的 1/10～1/8。

4．弹簧混响器

弹簧混响器结构比较简单，它是根据沿着弹簧传播的纵波速度比较慢的特性提供混响的，过去不仅在录音上采用，而且在落地式收音机以及电子乐器上也被广泛采用。由于弹簧混响器所产生的混响声不大自然且低频成分过多，效果往往不很理想。但是奥地利 AKG 公司生产的 BX20 弹簧混响器，由于采用新技术和特殊弹簧材料，同样获得了比较理想的混响声，它与钢板混响器的效果差不多。弹簧混响器体积小，隔声较好，使用方便，任何地点都可放置，而且价格也较便宜。混响时间的长短可根据需要而任意调整。

5．多磁头混响器

磁头混响器采用磁性录音机的录音头和放音头组合而成，利用录音头与放音头间距形成的滞后时间，一般由消磁头、录音头以及几个放音头组装而成，使用循环磁带，这样不受时间限制，可以较长时间运转。在使用这套装置时，将放音头的延时信号反馈给录音头，从而可获得所需要的混响声。根据需要可调整每个放音头的反馈量。

如果只有一个输入录音头的反馈信号，外加信号随经过的时间单调增加，可得到山谷中喊叫的效果。录音头如果输入两个反馈信号时，信号与外加信号经过的时间的平方成正比，就可得到二次元的混响。录音头如果输入 3 个反馈信号，信号与外加信号经过的时间的 3 次方成正比，可得到三次元的混响。这种混响器制造特殊效果很好，但它最大的缺点是，由于磁带循环运行，声音容易产生抖动。

6．数字混响器

EMT 公司生产的 EMT-250 型数字混响器属于全电子混响器，是以数字形式进行信号加工的。它具有许多功能，如改变混响时间，可对经过混响的声音信号进行润色和改变第一次反射的延迟时间等。混响器有多路输出，可用于单声道、立体声和四声道。混响器中有使信号延迟到 380ms 的程序，并有 4 种可自由选择的用途：回声、定相、大合唱效果以及大空间效果的混响。

6.1.3　几种混响器的技术指标

这里列出几种混响器的技术指标，以供参考。

1．德国 EMT-250 数字混响器

（1）混响程序

● 中频（500Hz）混响时间：0.4～4.5s（16 个定位级）。

- 低频（300Hz）混响时间：相对于中频混响时间的系数 0.5～2（4 个定位级）。
- 高频（6 000Hz）混响时间：相对于中频混响时间的系数 0.25～1（4 个定位级）。
- 第一次反射的延迟：0ms、20ms、40ms、60ms。
- 输出数：4（利用单声道、立体声和四声道立体声的输出）。

（2）时间延迟程序

- 延迟时间：0～315ms（每挡 5ms 为一级进行调节）附加 0～60ms（每挡 20ms 为一级进行调节）。
- 输出数：4（每个输出按自由选择的延迟时间编制程序）。

（3）特种程序

- 定相：改变高频的振幅。
- 大合唱效果：使声音倍增。
- 大空间效果：混响时间达 10s。
- 回声：使反射以 10%的衰减在 5～315ms 的时间间隔内重复。

2．德国 EMT-240 型金箔混响器

- 混响时间：0.8～5s。
- 信噪比：混响时间 2s 时为 65dB。
- 输入阻抗：≥5kΩ，最大输入+21dB。
- 输出阻抗：30Ω。

3．德国 EMT-140 型钢板混响器

- 混响时间：1～4s（500Hz）。
- 信噪比：66dB。
- 灵敏度：+1dB。
- 输入阻抗：5kΩ。
- 最大输入功率：+24dB。
- 输出阻抗：25Ω。

4．奥地利 AKG BX-20 型弹簧混响器

- 混响时间：2～4.5s。
- 信噪比：66dB。
- 两路输入电平：20Ω+12dB。

5．正确调整效果处理器

效果处理器（EFF）主要有 4 种跨接方法。

① 信号从调音台的参考线路送出（AUX SEND），送入效果处理器的输入插口（INPUT）中，进行效果处理加工，再将信号从效果处理器的输出插口（OUTPUT）送到调音台参考线路的返回插口（AUX RET），通过两个旋钮来控制其电平的大小，并送入 L、R 母线中，见图 6-1（a）。

② 信号从参考线路送出后进入效果处理器的输入插口，处理后，从输出插口取出信号，

送入调音台任何一路的线路输入插口（Line）。

经过效果处理器进行混响和延时处理的歌声信号送入到调音台中，可使用推子电位器来控制其音量的大小。值得注意的是，当歌声信号送入参考线路后送出加工，需要选择第几路线路。比如选择 AUX1，把从效果处理器经过加工返回的信号的这一路 AUX1 送出，旋钮关闭，否则又把信号送到效果处理器进行加工了，会形成正回馈，从而产生啸叫，以致损坏音响系统的音箱单元。

效果处理器的输入是单入双出或双入双出的，一般使用一出一入即可，一入双出也行，见图 6-1（b）。

③ 使用单路传声器的 INSERT 插口，单独对演唱传声器进行混响效果声的处理。这个插口是大三芯的界面，大三芯的尖是 SEND，传声器的信号是从这个点取出的，送入效果处理器的输入插口（INPUT），经过效果处理器处理后，从效果处理器的输出插口（OUTPUT）引出，经过屏蔽线送入到调音台的 INSERT 插口的返回接点，套是公共地线。

这样可对两只歌声传声器进行混响效果的处理。两只传声器的两个输出（SEND）进入效果处理器左右（L、R）的输入（INPUT），效果处理器的左右（L、R）输出（OUTPUT）送入调音台两路传声器的返回（RET 环）接点。

卡拉 OK 歌舞厅中只对歌声进行混响和延时处理，不对音乐和卡座音乐进行混响和延迟的处理。因为 LD 和音带在制作时，录音师在录音棚中已对音色进行了细致的 REV 和延迟处理，在歌舞厅再进行混响和延迟处理，会使混响和延迟过量，音色过于浑浊，影响伴奏效果，所以这种方法也是可取的，常常被人们选用，见图 6-1（c）。

④ 将效果处理器跨接在整个系统中，即从调音台送出的信号进入效果处理器，效果处理器输出信号进入均衡器，这样就对所有的音频信号都进行了效果处理，但在歌舞厅一般不选用这种方式。在环境音乐的制作和摆放系统中可选用这种方法，见图 6-1（d）。

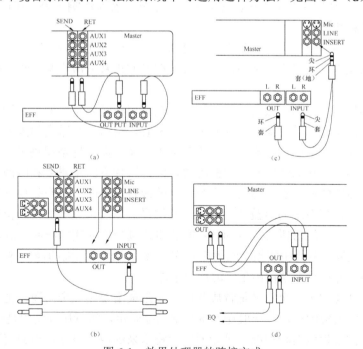

图 6-1　效果处理器的跨接方式

6.2 均衡器

6.2.1 音质的补偿

虽然目前的音响技术已达到了相当高的水平，但将声音进行完整的记录与重放还是不可能的。在整个声音传输过程中，声音信号存在着各种各样的损失，其中最主要的是频率的损失，即录放系统对于不同频率有着不同的幅频响应。为此，我们可在信号传输通路中设置一些均衡装置，将损失的频率予以补正，称为损失补偿。可能产生频率损失的环节很多，例如传声器的损失、放大器的损失、磁头的损失及压限器的损失等。对此，需要设置不同的均衡补偿。补偿的方法有两种：一种是先期补偿，即在可能产生损失的环节之前加以补偿；另一种为后期补偿，即在损失后予以补偿。对于各种不同损失进行一次性补偿是比较困难的，所以，一般采用分段补偿。通常产生的损失有 3 种：声学系统的损失及机械系统的损失和电气系统的损失。对于这 3 种损失，我们都可以用均衡器（EQ）进行补偿。其中最多的是对电气系统进行的补偿。

均衡器是声频系统设备中用来对声频信号进行频率补偿或衰减的设备，它可使声频频段内的频谱得到平衡，即均衡，所以又称频率均衡器。

频率均衡器可分为固定频率均衡器、半参数频率均衡器和参数频率均衡器等多种。按带宽来划分，有倍频程均衡器、1/3 倍频程均衡器和 2/3 倍频程均衡器，带宽不变的称为定 Q 均衡器，带宽可变的称为变 Q 均衡器。还有用推拉电位器控制均衡的图示均衡器，以及用来控制房间声场的房间均衡器。通常中心频率的均衡量为±12～±15dB，输入阻抗大于 20kΩ，输出阻抗小于 100Ω，传输系数为 0dB。它的失真、信噪比及频率响应等，在接入电声系统时，不应影响系统的总性能。

均衡器的作用很多，它可以改善音质，提高系统的信噪比，减少噪声的泄漏，消除声反馈，弥补声扬的缺陷，改善听音环境，突出某一频段的声音或减小某一频段的声音，补偿频响曲线等。

房间均衡器的调整方法一般有两种。第一种是利用频谱测量仪器，对厅堂的频率响应曲线进行测量，根据频谱测量仪器显示的峰和谷对房间均衡器进行适当的提升或衰减，使厅堂的频率响应曲线能够尽可能地平直，从而改善听声质量。第二种是调整房间均衡器的方法。首先，需要调音师有丰富的经验和灵敏的听觉，因为这种方法是需要利用调音师的主观听觉来判断频率响应曲线的峰和谷，然后再进行适当的调整。具体方法是先将一只传声器立在舞台中央，打开系统，把系统的增益调整到适当的位置，然后再逐渐加大调音台的增益，音箱会产生轻微的啸叫声，这时需要调音师利用听觉迅速判断出啸叫的频率，利用房间均衡器将啸叫的频率进行衰减，但两相邻频率间的提升或衰减不要出现太大的峰和谷。如此往复几次，就可以防止啸叫，并可给系统留出足够的增益余量。

另外，均衡补偿的另一个意义是音质补偿，这是最重要的一个问题，也是大家最为关心的问题。对于频率损失的补偿，一般在设备内部已经固定，对音质补偿则是任意可调整的。

在录音时往往会遇到这种情况，录音师希望将原来的声音进行适当的变形，以达到某一种特殊需要。虽然频率补偿与音质补偿在做法上没有什么区别，但从意义上来说，它们是完全不同的。调音台上的均衡器分为高、中、低 3 个频段或 4 个频段,它可以对不同的频率进行各种调整。音响师在进行这项工作时,头脑里必须有明确的目的,是补偿频率损失,还是进行音质调整。当然,在工作中损失补偿与改善音质是同时进行的。

6.2.2 均衡器的使用

均衡器分为有源与无源两种。有源均衡器实际上是个放大器。这种放大器按照均衡器选择的旋钮位置对某些频率放大,而对其他频率则不予放大。有源均衡器是一个整体增益放大器,但它只给那些需要提升的频率以一定的增益。相反,无源均衡器则对任何频率都不进行放大,因为它不包含有源器件(晶体管或电子管)。在无源均衡器中,比如要提升 1 000Hz,实际上是通过无源元件电阻、电容或电感衰减其他频率来实现的。

英国声艺实力型调音台上的均衡器固定中心频率在厂家设计时就已经确定了,音响师只能调整固定频率的衰减值或增益值,来有效地控制声音的变化。使用均衡器对修饰美化信号有两个基本任务:提升均衡器上的高、中、低频率,从而获得一个比原来更悦耳的声音;衰减均衡器上的频率是为了将不需要的信号进行衰减或为了消除难听的声音以及为避免声反馈等。在调音过程中尽量利用均衡器来衰减不需要的信号,同时,也要求尽量少用增益来补偿信号,当利用均衡器过量来提升某一频段的信号时,噪声也会相对提高,特别在高频段噪声更为明显。如果想增强高音部分,不是应该首先提升高音,而是应衰减中音或低音,让高音突出出来。

使用调音台均衡器要掌握 4 个基本原则:一是不能增加噪声,二是不能增加失真,三是不能损坏声源本身的音色,四是不能产生共振声(这种共振声虽然不一定能听到,但是人们总是可以感觉到的)。

另外,声频系统中还大量使用一种图示均衡器,又称多频段音调补偿器。它将整个频率(20Hz~20kHz)分成 5 个、7 个、8 个、9 个、15~27 及 31 个频段,采用垂直推拉式的衰减器来提升或衰减。各种图示均衡器的提升与衰减量不完全一样,家庭组合音响用的图示均衡器可调频段较少,一般采用 5 段或 7 段的,如常见的日本健伍音响就是采用 5 段的图示均衡器提升/衰减为±10dB。有些厂家为了提高设备的功能与使用的方便,在调音台上也使用图示均衡器,如美国EV100M 与 200M 立体声带功放的调音台装有 8 段图示均衡器。EV61PX 与 81PX 单声道带功放的调音台装有 9 段图示均衡器。又如英国声艺实力型带功放、具有来克斯康(Lexicon)效果处理器的立体声调音台装有 7 段图示均衡器,有 6dB 的提升或衰减量,可以进行精确控制。

图示均衡器是以多个频率点为中心的频段进行提升或衰减,把频率特性补偿成任意需要的特性,从而获得满意的声音效果。图示均衡器的主要作用,同样是为了进一步提高录音与扩声的音质。它可以美化音色,可以降低或改善信噪比,如低频段的"嗡嗡"声及 50Hz 的交流声,高频段的"咝咝"声及尖声等,还可以减少或消除干扰声及啸叫声。例如,由于环境声学有缺陷或传声器与扬声器二者位置处理得不好引起的声反馈产生的啸叫声及灯光照明原因产生的干扰声。

这里介绍美国 DOD 图示均衡器,它是电影制片厂、唱片公司、广播电台、电视台音乐厅及剧场专业录音和扩声用的均衡器,这种均衡器有 31 段单声道 1/3 倍频程的,有 31 段双声道立体声 1/3 倍频程的,还有双声道立体声 2/3 倍频程的。这几种均衡器设计制作精度又高又精确,各频段的宽度是相当窄的,也是相等的。它功能齐全,使用可靠,操作方便,并装有直通与低切开关以及均衡器的补偿增益控制，具有极大的灵活性。它具有 12dB 的提升和衰减量，可供录音师或音响师精细调整任何声学环境以获得最佳录音和扩声的效果。

DOD 图示均衡器的技术指标如下。

- 频响：20Hz～20kHz　+0/–0.5dB。
- 低频切除滤波器：12dB/oct（倍频程）衰减 50Hz 处下降 3dB，可用开关接入或断开；频率中心点误差：5%。
- 频率控制范围：12dB 的提升与 12dB 的衰减。
- 输入阻抗：40kΩ平衡，20kΩ不平衡。
- 最大输入电平：+12dB。
- 输出阻抗：102Ω平衡，51Ω不平衡。
- 最大输出电平：+21dB（平衡或不平衡）。
- 输入电平控制：+12dB。
- 总谐波失真：0.006%（1kHz）。
- 信噪比：优于 90dB（基准电压 0.775V）。
- 输入电平显示：LED 光柱–10、+10 及+17。
- 电源要求：交流 220～230V，50Hz。

6.2.3　正确调整声场均衡器

（1）房间均衡器

房间均衡器是一种带通滤波器，主要用于调整和改善厅堂的频率传输特性。它的特点是只有衰减，没有提升。滤波器是三阶窄带通滤波器，每倍频程的衰减量为 18dB。也有 1 倍频程的 9 段均衡器、1/2 倍频程的 15 段均衡器、1/3 倍频程的 31 段均衡器。一般衰减量有 10dB、12dB、15dB 和 18dB 几种。

由于建筑结构方面的原因，在不同的厅堂里都有不同的频率传输特性，这和厅堂的容积、体形（长、宽、高）有关，和各种装饰材料的不同亦有密切的关系。不同材料反射和吸声程度不同，而且对不同频率的声音的反射和吸声也不同，所以造成厅堂的传输特性（频率）不均衡，体形也会使某些频率产生驻波现象。例如：长方形歌厅，两面相近而且平行的墙壁面容易产生共振，多次的重复反射对某些频率产生强反射引起共振。在这个频率上容易产生声音的正回馈现象，即产生啸叫。

由于厅堂里的频率传输特性不一致，所以就需要用均衡器对不同的频率进行均衡，使厅堂的频率传输特性比较平衡。这样才能把音乐中不同频率的声音成分完美地表现出来。

（2）调整的方法

1）首先采用音频振荡器（信号发生器）和示波器等设备，进行厅堂的频率响应曲线的测定。然后在均衡器上进行平衡处理，使厅堂的实际传输特性曲线接近平直，改善厅堂的频率传输特性，提高声音的传播质量。这种方法需要有一定的设备条件。

2）传统的均衡器调整方法。这是一种较普及而简便的方法。可根据歌厅的声场，在歌坛位置装上传声器，然后按开机顺序逐次开启整个音响系统，并将每个单元按一定比例关系调整电平的位置，将 MIC 路的推子调到 4/5 的位置，然后调整 GAIN 电平位置，再调总电平 Master。

① 逐渐提高总增益，使增益最大至回馈的临界点，产生轻微的啸叫，这时将回馈声音的

频率衰减 1～3dB，啸叫消失，此时，总的增益可提高 1～2dB，也不会产生啸叫，再继续提高总电平。

② 再继续提高增益，使音响系统再出现轻微的啸叫，并将啸叫声音频率衰减 1～3dB。如果啸叫声音还是第一次啸叫的频率，可将这个频率继续衰减至啸叫声消失为止。

③ 继续提高增益电平，使声音再一次出现啸叫，并将啸叫声音的频率进行衰减，直到使啸叫声音消失为止。

④ 不断地提高电平（输出）的增益，衰减回馈的声音频率，可寻找 1～6 个回馈频率，这样就将厅堂声场的频率特性调整得比较接近平直，从而达到良好的频率传输特性。

这种方法要求音响师有丰富的调音经验。一个称职的音响师应能准确地辨别出回馈声音的频率，然后据此进行提升和衰减的加工处理。

声场中的自然频率传输特性曲线就像重叠的山峰一样，而 31 段声场均衡器的调节应像一座座山峰在水中的倒影一样，应把那些反射较强的频率加以衰减，如图 6-2 所示。

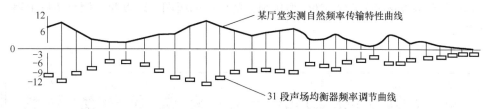

图 6-2　31 段声场均衡器的调节

6.3　压限器

压限器是压缩器和限幅器的合称，它是一种可变增益放大器，小信号时按正常增益放大，大信号时增益变小，即斜率改变，大信号和小信号交叉处的电平称为门限电平，或称为起控电平，大信号时的增益压缩比为 2∶1、4∶1、8∶1……∞∶1。

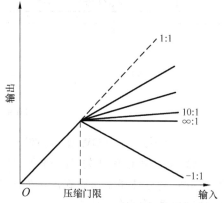

图 6-3　压限器输入/输出特性曲线

限幅器也称截幅器或削波器，是限制信号电压或波形振幅的设备，它是一种压缩比大于 10∶1 的压缩器。对于只对波形正半周或负半周起限制作用的限幅器，分别称为正向限幅器和负向限幅器。这两种设备统称单向限幅器。对波形的正负半周都起限制作用的称为双向限幅器。将压缩器和限幅器这两者组合在一起，这就是我们常用的压限器，限幅是压缩的极限状态。压缩器的压缩量都是可调整的，当它被调到极限状态时，就变成了限幅器。图 6-3 所示为压限器的输入/输出特性曲线。

根据压限器的输入/输出特性曲线，可以清楚地了解压限器的工作原理。当输入的节目信号电平低于门限电平阈值（Threshold）时，压限器的输入与输出的比例是 1∶1，对信号未作任何处理。当输入的节目信号电平高于门限电平时，压缩器开始工作，其压缩的比例可按节目的实际需要灵活调整，即调整压缩比（Ratio）旋钮。

压限器的作用很多，主要是压缩和限制节目信号的动态范围。它一方面可以防止节目信号电平动态过大，造成过载损坏设备，另一方面它还可以提高节目信号电平的平均值。压限器还和不同音域范围内的音量调整一致，使大小不一样的声音变得平滑，可以做到使声音结实有力，但却不增加 vu 表上的电平显示，同时还用于画外音压缩。只要有声音信号输入，就会控制电压控制放大器（VCA），把音乐的声压级减小，当声音的输入信号停止后，音乐的声压级将自动恢复。如将压限器和参量式均衡器结合起来使用，可起到去齿音的作用。

常用的压限器有美国 DOD 的 866–II 型，它是一个两组独立通道的压缩、限幅和噪声门设备，也可通过立体声链路（Stereo Link）将其接成立体声。它应用了 dbx 的压控放大器，压缩比率由 1∶1 到∞∶1。当没有信号时，"门"发挥作用把噪声挡在门外，减低系统的总噪声，门的门限值、压缩器的阈值、上升时间、恢复时间、输入电平以及输出电平等都可调整。

6.3.1 正确调整压限器

图 6-4 所示为 Yamaha CG2020C 型压限器的前后面板图，现以此为例介绍压限器的使用和调整方法。

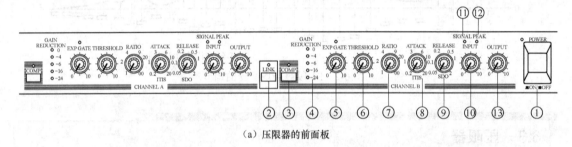

（a）压限器的前面板

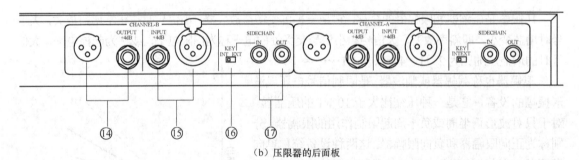

（b）压限器的后面板

图 6-4　压限器的前面板与后面板

① 电源开关（POWER）。按下此开关接通电源，指示灯亮，再按一次可关断电源。

② 立体声连接开关（LINK）。此开关控制是否接入立体声。按一次为接入状态，指示灯亮，此时为立体声工作模式，可处理立体声节目。再按一次指示灯熄灭，A 和 B 通道独立，可分别处理不同的信号。

③ 压缩开关和指示（COMP）。此开关决定压限器电路是否工作。按一次工作，指示灯亮，压限器电路处于工作状态。再按一次指示灯熄灭，压限器电路被旁路，输入信号不经处理直接在输出插座输出。

④ 增益衰减指示（GAIN REDUCTION）。为 5 段 LED 显示，可显示压限器的增益衰减率，分别为 0、−4dB、−8dB、−16dB 和−24dB。

⑤ 扩展器控制和指示（EXP GATE）。用于设置扩展器的阈值电平。当旋至最左端时，噪声门功能被关闭。上部的 LED 指示灯显示扩展器是否工作，当噪声门功能关闭时，指示灯亮。

扩展器的阈值调整方法如下：先把旋钮置于最左端，然后接通电源，但不输入信号。在一个可以听到杂声和噪声的状态下监听输出。慢慢顺时针方向旋转旋钮，直到噪声突然消失，再继续旋转几度，然后开始监听信号，检查噪声门是否截掉了节目中信号较弱的部分。如果有颤动，并发出"嗡嗡"声，说明门值应该降低，直至问题消除为止。

⑥ 压缩阈控制旋钮（THRESHOLD）。此旋钮决定压缩/限制在信号为多大时开始工作。阈值控制决定于 INPUT 值和后面板 INPUT LEVEL 开关。

如 INPUT LEVEL 为-20dB：当 INPUT = 0 时，THRESHOLD 值为-4～19dB；当 INPUT 处于中央位置时，为-4～-44dB；当 INPUT 处于"10"位置时，为-19～-59dB。

当 INPUT LEVEL 处于"+4dB"位置，THRESHOLD 值如下：当 INPUT = 0 时，为+20～+5dB；当 INPUT 处于中央时，为+20～-20dB；当 INPUT 处于"10"位置时，为+5～-35dB。

低于阈值的信号直接通过；高于阈值的信号，压缩和限制取决于 COMP RATIO、ATTACK 和 RELEASE 旋钮位置。THRESHOLD 旋钮越往顺时针方向转（转向"10"），信号峰值受压缩/限制的影响就越小。

⑦ 压缩比控制旋钮（COMP RATIO）。阈值确定后，这个旋钮决定超过阈值的信号的压缩比。压缩比为∞:1 通常用来表示限制功能，限制信号超过一个特殊的值（通常是 0dB）。压缩比超过 20:1 通常用来使乐器声保持久远，特别适用于电吉他和贝司，同时会产生鼓的声音。低压缩比 2:1 到 8:1 通常用来使声音圆润，减少颤动，特别是当说话者和歌唱者走近或远离传声器时。

⑧ 启动时间控制旋钮（ATTACK）。这个旋钮决定当信号超过阈值时，多长时间内压缩功能可全部展开，范围是 0.2～20ms。

⑨ 恢复时间控制钮（RELEASE）。这个钮决定当信号低于阈值时，需多长时间能使压缩功能消除，调节范围是 50ms～2s。

⑩ 输入控制钮（INPUT）。用来调整压限器的输入灵敏度，使其能接收宽范围的信号。

⑪ 信号指示（SIGNAL）。显示压限器中是否存在信号。当输出信号低于正常电平 13dB 时指示灯亮。

⑫ 峰值指示（PEAK）。当指示灯点亮时表示信号将被削波。当信号距离削波点 3dB 时指示灯亮。

⑬ 输出控制钮（OUTPUT）。用于控制输出电平。当输入信号被压限器压缩时，可减小音量。可通过旋钮来调节被压限器处理后的信号电平。分别在打开、关闭压缩开关（COMP）时调节该旋钮，使经压限器处理的信号音量一致。

⑭ 输出插座（OUTPUT）。包括一个卡侬公插座和一个大二芯传声器插座。均为平衡传输，额定阻抗为 600Ω。

⑮ 输入插座（INPUT）。包括一个卡侬母插座和一个大二芯传声器插座。均为平衡传输，额定阻抗为 600Ω。

⑯ 边链电路内/外转换开关（SIDE CHAIN INT/EXT）。用于选择压限器的检测信号源。当处于"内"（INT）位置时，检测器使用来自信道的信号；当处于"外"（EXT）位置时，则使用来自边链电路输入插座（SIDE CHAIN IN）的信号。

⑰ 边链电路输入/输出插座（SIDE CHAIN IN/OUT）。该插座可用于分配输入信号，或用

一个外部信号触发压限器。

6.3.2　正确调整噪声门

噪声门主要应用在有多个音源、由多个单独的传声器进行拾音的情况下，为了保证每一只传声器能够单独地拾取单独音源声音，排除其他声音干扰并切除周围环境噪声。例如在摇滚乐队的每一件乐器，像吉他、贝司、鼓等乐器的拾音，在传声器通路中加装一个噪声门，可将主要乐器的声音拾取进来，将其他乐器声阻挡在噪声门外。

调整的方法很简单，就是选择适度的门限（阈值）电平，即选择一个噪声门的门槛儿。这个门槛儿应选择在乐器的动态范围的下限附近，使乐器的音源声音可以通过，而将动态范围以下的噪声和其他乐器的声音挡在噪声门槛儿以下，使主要音源更加纯净。

噪声门的阈值（门限）选得太低会起不到对噪声的限制作用，但门槛儿选得过高又会使音乐中的弱音信号受到损害，音乐会产生断断续续的现象。所以这个门限值要选得适度为佳。应用最多的有4进4出的噪声门，每一路都是独立通道，还有8进8出的，可以有8个音源8路独立输出的模式。使用最多的是在摇滚乐队的每一件乐器的输入通道中，这样能使每一件乐器的音色都更加纯净。

6.4　激励器

我们知道，节目信号的音色取决于它的谐波成分的多少。通常在录音或重放过程中，幅度较低的高次谐波往往被丢失或被掩蔽，从而大大减弱了对声音细节和声音明亮度的感受。激励器是恢复和加强声音高次谐波的一种设备。

激励器可产生声音信号中没有的高频谐波。在歌手轻声演唱时，声音通常比较单薄，谐波成分不够丰富；而在歌手高声演唱时，会产生丰富的谐波，致使两者音色得不到统一。使用激励器可在轻唱时使声音的谐波成分丰富，音色优美，清晰度高；在高声演唱时，可由谐波发生器内部的限幅器来限制谐波的输出，使两者之间的音色得到统一。有时，在使用乐队现场伴奏时，因为乐队伴奏的声音太响，会将歌手的声音掩蔽，但是减小乐队伴奏的音量，又会缺乏应有的气氛。使用激励器对歌手的声音进行处理，可在不减小乐队音量的情况下，使歌声突出出来，提高了声音的清晰度和穿透力，而总体的输出电平却不会提高很多，不会使系统产生啸叫。激励器不仅可用于歌唱，还可用于乐器的处理。例如，对鼓进行激励后，可增强鼓的力度和响度，但却不会增加额外的功率。

（1）操作的标准装置

每个声道边上都有开关来控制适当的操作水平，这样可达到最大限度的中心控制操作和防止最小的声音发生。有"–10"位置的设备表示最小操作水平标准为–10dB（316mV），有"＋4"位置的设备表示最大操作水平标准为＋4dBV（159mV）。其中，–10dB适用于一般音乐工作者和P.A.（专业音响），＋4dB一般适用于电影制片厂和高层P.A.。

①　激励器的前部控制台：APHEX公司出产的C2型听觉激励器上具有两个互相独立、互不依赖的声道，每一个声道包含一个大型处理器（Big Bottom）电路和一个声频激励器电路，每一个声道可以用于完全不同的信号输入。如果这一系统被用来听立体声，应随之调整每个

声道的装置，使之相互吻合，发挥作用。

② 程序开关：当按下开关时（IN），两个声道都在进行工作。红灯亮时，若开关处在 OUT 位置，说明机器处于"活跃的分路迂回"状态。这表明虽有未加工的音频信号通过，但激励器的所有作用均已停止。当机器打开，但各部位未发生效用，则出现电流的泄漏状况。

③ 大型处理器。

④ 延续作用（Overhang）：这一系统是调整低音部的持续或"延伸"的（CCW 表示最小，CW 表示最大）。这一装置控制低音部的原声位衰变点后可持续多长时间。右面的红灯表示相关的延续作用，持续时间较长，则相应的红灯也应较亮。

⑤ 激励量（Girth）：这一系统调整大型处理器作用效果的尺度（CCW 表示最小，CW 表示最大）。如果调得太低，则作用微弱；如果调得太高，则作用就大幅度上升，增大了输出。通常这一系统控制在 9 点钟至 2 点钟的时钟位置，见图 6-5。

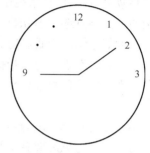

图 6-5　旋钮刻度的位置

⑥ 调谐器（TUNE）：这一系统控制声频激励器的基频，从最小 800Hz 至最大 6kHz。在 12 点钟位置时，其基频约为 3kHz。基频表示频率范围可增至 20kHz 的最低频率。因此，调谐器在表针位置上被调整得越小，其频率也就越小。

⑦ 调和控制（Harmonics）：这一开关调整音频激励器的调和音量。当被调到 OUT 位时，调和音处于一般（Normal）状态，多用于人声和各种混合音响；当调到 IN 的位置时，调和音处于高昂（High）状态，多用于某种特定的乐器，尤其是打击乐器、小号、吉他和交响音乐器。

⑧ 混合控制（MIX）：这一系统调整音频激励器作用的大小（CCW 表示无混合，CW 表示增加约 6dB 的混合音）。

注意：音频激励器只可用直接跨接方式，不可用循环作用方式。

目前，市场上还有一种单路音频激励器，如图 6-6 所示。这种小型音频激励器适合于中小型歌舞厅中，只对人声和歌唱进行激励效果处理。它的面板包括激励电平控制旋钮和激励频率的选择旋钮，还有一个激励信号电平的混合量控制旋钮和一个激励器的总输出电平控制旋钮，使用非常方便。

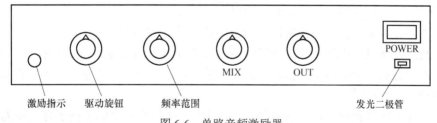

图 6-6　单路音频激励器

（2）激励器的应用

普通型激励器噪声较大，专业型为高档次激励器。激励器应用范围如下。

① 表现通俗歌曲的特殊情感。

② 在某些乐器上使用，增加音色的特性。

③ 为小军鼓增添中高音泛音。

④ 迪斯科舞曲、舞厅中使用，丰富音乐的色彩。

6.5 正确调整电子分频器

电子分频器通常用于为超重低音音箱的功放提供一个低频带的音频信号，重点调节的是分界频率点。一般调节范围在 20～90Hz 之间，要根据超重低音音箱的特性和频率带宽来选择。例如：分频点选在 100Hz，那么在 20～100Hz 的低音频带的信号通过低频输出电平控制旋钮将低频信号输出给低音功放的输入端即可。

分界频率点以上频带信号可通过高频输出电平控制旋钮提供给辅助音箱功放作为音源信号，也可以给普通监听系统提供音源，或作为吊顶音箱的音源信号。

6.6 正确调整声回馈抑制器

下面以美国 Sabine 公司的声回馈抑制器 FBX-901 为例给予说明。其操作功能键钮如图 6-7 所示。

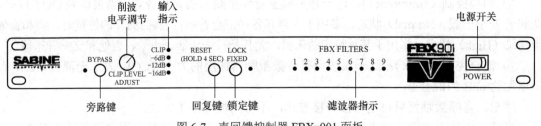

图 6-7　声回馈抑制器 FBX-901 面板

① 接通电源，按下旁路键（BYPASS），使附近的相应指示灯发出红光，表示机器处于旁路状态。

② 将削波电平调节旋钮（Clip Level Adjustment）调在 12 点位置，按回复键（Reset）4s以上，清除机器的原有存储，使机器处在出厂前状态。

③ 传声器必须离开音箱的辐射区，安放在原设计安放的地方。

④ 再次按旁路键（BYPASS），使声回馈抑制器处于工作状态，相应的指示灯发出绿光。

⑤ 缓慢提起调音台的输出主控，推到一定位置，第几个滤波指示灯发亮，表示声回馈抑制器捕捉到第几个啸叫频点。

⑥ 继续往上推调音台主控，接着第 2、第 3……直到第 6 个滤波指示灯发亮为止。这时表示扩声系统的最高可用增益已经到达。在以后的放声过程中，调音台主控推子只能控制在这一高度以下。声回馈抑制器 FBX-901 的 6 个滤波器属于固定滤波器，用于厅堂内固定频率的啸叫声抑制。7、8、9 滤波器是动态滤波器，演员手持传声器，表演动作，变动位置，出现游动频率的啸叫声，由 7、8、9 动态滤波器去抑制。

⑦ 按下锁定键（LOCK FIXED），将固定的啸叫频点存储起来，在以后使用中只需将声回馈抑制器的电源开关打开，便自动抑制这些回馈啸叫频点。

第7章
功率放大器

7.1 功率放大器的分类和工作原理

功率放大器简称功放，是声频系统中十分重要的设备之一。与其他声频设备相比，它的重量、体积都比较大，由于输出功率大，因此，它总是在高电压、大电流状态下工作，容易出现故障。

通常，传声器、电唱机、卡座、录像机、CD、VCD、DVD 等输出的微弱声频电信号先经过调音台放大、均衡处理成 1V 左右的信号电压，然后输入功率放大器加以放大，以便为扬声器系统提供足够的功率，使它发出声音。功率放大器的输入端所需要的推动电压有两种标准，一种是 0dB（0.775V），另一种是+4dB（1.228V）。

功率放大器由前置放大、功率放大、电源及各种保护电路（短路保护、过热保护、过载保护、直流漂移保护等）几部分组成。功率放大器的种类、型号、品牌非常之多，大致有以下几种分类方法。

7.1.1 按输出级与扬声器的连接方式分类

① 变压器耦合输出电路：这种方式由于效率低，失真大，一般在高保真功率放大器中使用得较少。

② OTL 电路：这是一种输出级与扬声器之间采用电容耦合的无输出变压器方式。

③ OCL 电路：这是一种输出级与扬声器之间不用电容器而直接耦合的方式。

④ BTL 电路：这是一种平衡式无输出变压器电路，又称为桥式推挽功率放大电路，它的输出级与扬声器之间以电桥方式连接。

7.1.2 按功率管的偏置工作状态分类

（1）甲类

又称 A 类，在输入正弦波电压信号的整个周期中，功率输出管一直有大电流通过，需要大容量的电源电路，功率管热量很高，并且容易击穿烧坏。其优点是音质好，失真小；缺点是输出功率和效率低，消耗电量大。

（2）乙类

又称 B 类，功率输出管只导通半个周期，另半个周期截止。也就是说，正半周由一个管子工作，负半周由另一个管子工作，在输出端合成一个完整的波形，其与输入的波形完全相同，用来驱动扬声器系统。一个输入信号由两路分别进行放大是 B 类放大器的特征。B 类放大器的特点是输出功率大，效率高，但失真比较大，不适宜在要求高的场所中使用。

（3）甲乙类

又称 AB 类，即功率输出管导通时间大于半个周期，但又不是一个周期，有较短时间截止。为获得不失真的信号输出，必须采用由两个管子组成推挽放大的电路形式。

7.1.3 按放大器所用器件分类

按放大器所用器件可分为电子管功率放大器、晶体管功率放大器和集成电路功率放大器。

这里顺便提一下，目前市场上的电子管功率放大器比较少。这主要是由于电子管的放大器制作成本高，体积重，耗电量大。但由于电子管电路具有独特的音色，电子管爱好者及一些发烧友仍然喜欢使用电子管功率放大器。

7.1.4 功率放大器在音响系统中起什么作用

功率放大器可对音频信号进行电压、电流综合放大，实现功率放大。功率放大器一般位于扬声器系统前面，它的输出直接送到扬声器系统，用于驱动扬声器系统。由于功率放大器的输入灵敏度一般在 0dB 左右，所以加到功率放大器的输入信号一般取自调音台或接口设备的 0dB 输出信号。而对于像传声器等的低电平输出信号，必须经过前置放大器放大或调音台进行电压放大后才能推动功率放大器。前置放大器、调音台或接口设备输出的都是电压信号，只能输出极小的电流，不是功率信号，所以它们不能用来驱动扬声器系统，必须经过功率放大器将音频电压信号进一步作电压放大，最后对电流和功率进行放大，使其具有足够的功率输出才足以推动扬声器系统工作，辐射声音，也就是推动音箱正常工作。这就是功率放大器的任务。

7.1.5 功率放大器是怎样工作的

功率放大器的工作原理可用图 7-1 所示的 OCL 功率放大器的框图来简要说明。

① 平衡输入、不平衡输入插口：视前级设备是平衡输出还是不平衡输出，选择相应的输入口将信号输入功率放大器。

② 平衡—不平衡转换级：其作用是将平衡输入信号转换成不平衡信号，然后送到放大电路中去。

③ 线路输出隔离级：其作用是将输入到本功率放大器的信号通过有源隔离级后再向外输出。当一路信号要同时驱动多台功率放大器时，采用简单并机方式会降低总的合成输入阻抗，其结果是使得前级设备的实际输出信号幅度降低，也就是各个功率放大器实际得到的输入信号幅度降低。如果采用这种转接方式后，每一路输出信号的负载阻抗都相当于一台功率放大器的输入阻抗，这种功能在大型演出，需要很多台功率放大器推动很多音箱时，优势尤其明显。

④ 音量调节级：它实际上是通过调节音量电位器，控制从总输入信号中取需要的量加到后级放大电路去，使输出电压（功率）为需要的值。

⑤ 输入级：此级的主要任务是起缓冲作用，同时提供一定的电压放大量，并且如果功率放大器出现削波现象时给出削波指示，以便操作者将音量控制旋钮适当调小，这一级往往采

用差分放大器电路形式。

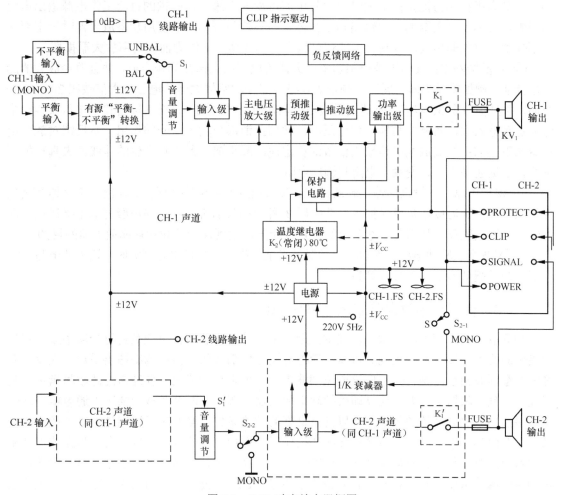

图 7-1　OCL 功率放大器框图

⑥ 预推动级：由于主电压放大级只能提供极小的输出信号电流（一般超不过 5mA），所以本级主要是将主电压放大级提供的微小信号电流进行初步放大，将信号电流放大几十倍到 100 多倍，而对信号电压不仅没有放大，反而稍微有一些降低。这一级采用射极跟随器电路，也就是共集电极电路。

⑦ 推动级：将已经被预推动级放大了的信号电流进一步放大，对信号电流的放大倍数在几十倍到 100 多倍，以便给功率输出级提供足够的信号驱动电流。与预推动级一样，本级对信号电压不仅没有放大，反而稍微有一些降低，这一级也采用射极跟随器电路。

⑧ 主电压放大级：本级提供大的电压放大倍数，对加到本级的电压信号进行放大，整个功率放大器的开环电压放大倍数主要靠本级提供。

⑨ 功率输出级：本级将再一次对信号电流进行放大，与预推动级和推动级一样，对信号电压不仅没有放大，反而稍微有一些降低，这一级也采用射极跟随器电路。本级是整台功率放大器这一通道的最后输出级，其输出电压取决于加到本级的驱动信号电压，而输出电流则主要取决于输出信号电压与负载阻抗的比值。这里说主要取决于的意思是输出电流不能随负

载阻抗的无限减小而无限增大，如果超过本级的电流放大倍数与加到本级的驱动信号电流之乘积，则本级将无力提供；最大输出信号电流也受为本级工作提供的直流工作电源输出电流的限制，实际上更主要的是受输出功率晶体管的参数限制，所以使用功率放大器时一定要注意不使功率放大器超载，否则有可能超过输出功率晶体管的能力而使功率放大器损坏。

⑩ 负反馈网络：其作用是控制功率放大器的电压放大倍数为预定值，并且改善放大器的各项性能，例如降低失真、展宽通频带等。绝大部分功率放大器的电压放大倍数在 20～40 倍之间，并且多数在 30 多倍。所谓负反馈是指取输出信号中的一部分（取自输出电压或输出电流）加到输入端，其相位与输入信号反相，起到抵消部分输入信号的作用。负反馈对放大电路有如下影响：提高放大电路放大倍数的稳定性，减小放大器本身产生的非线性失真和抑制干扰，展宽通频带，改变输入电阻和输出电阻。

⑪ 保护电路：一般包括输出超载保护、输出端直流电位偏移保护、输出功率晶体管过热保护以及开机延迟接通负载保护等。其中后 3 种保护最后都将功率输出级与输出接线柱之间的继电器触点脱开，从而使功率输出级与负载断开，达到保护负载和功率放大器的目的。

⑫ 削波指示驱动电路：本削波指示器是真削波指示，当输出有削波时，输出波形与输入波形比较后驱动指示发光二极管亮。

7.1.6 使用功率放大器应注意哪些问题

功率放大器的使用没有太多的技术问题，主要是要注意所接负载是否符合功率放大器技术指标的要求，接线是否正确、可靠，应绝对避免使功率放大器的输出端出现短路现象，要经常注意削波指示灯是否亮，应该避免削波指示灯出现亮的情况。要经常注意故障指示灯是否亮，一旦故障指示灯亮，应立即关掉功率放大器电源，在断开负载的情况下通电检查。一定要保证功率放大器的通风良好，以便有良好的散热条件，必要时可以用外部的电风扇给功率放大器散热。根据所接负载情况接线和操作后面板相应功能开关，例如在作为立体声功率放大器使用时，将开关打向立体声（STEREO）位置，两只音箱各自接在左右路输出端；当作为桥接单声道使用时，将开关打向桥接单声道（BTL）位置，音箱接在两路功率放大器的红色输出接线柱（+端）间，功率放大器的黑色输出接线柱（-端）空着不接，接音箱红接线柱的导线与左路功率放大器的红色输出接线柱相接，接音箱黑色接线柱的导线与右路功率放大器的红色输出接线柱相接，相位不要接反。

7.1.7 调节功率放大器输出大小的电平调节旋钮的工作原理

功率放大器面板上的电平（LEVEL）调节旋钮用来调节输出信号电压的大小，而不是用来调节功率放大器的电压放大倍数的。因为一台功率放大器一旦设计制造完成后，它的电压放大倍数就已确定下来了，一般功率放大器的电压放大倍数在 30～40。功率放大器的电压放大倍数是由负反馈深度决定的，在功率放大器装配调试完后，其负反馈电阻值就定下来了，所以电压放大倍数也就定下来了。而面板上的 LEVEL 旋钮的作用是通过改变电位器动触点的位置，从功率放大器输入口加到电位器的信号电平中，取出百分之多少来再送入后面的放大电路，将 LEVEL 旋钮顺时针拧到头，也就是最大电平位置，是将输入口的信号百分之百送到后面的放大电路；将 LEVEL 旋钮反时针拧到头，也就是最小电平位置，是没有从输入口取信号送往后面的放大电路，旋钮的其他不同位置是从信号输入口分别提取相应百分比的信号送到放大电路去进行放大、输出，从而调节输出功率的大小（实质上是调节加到负载上的电压大小）。

7.1.8　数字功率放大器的工作原理

数字功率放大器其实就是 D 类功率放大器。传统功率放大器都是模拟功率放大器，也就是说利用模拟电路对信号进行功率放大，放大处理的是连续信号，而 D 类功率放大器是一种数字功率放大器，其功率输出管处于开关工作状态，即在饱和导通和截止两种状态间变化，用一种固定频率的矩形脉冲来控制功率输出管的饱和导通或截止。一般 D 类功率放大器中的矩形脉冲频率（其作用相当于采样频率）为 100～200kHz。每台 D 类功率放大器生产出来后其矩形脉冲的频率就固定为一具体频率了，也就是脉冲周期固定了。矩形脉冲在一个周期内的宽度（或者说占空比）受到音频模拟信号的控制而改变，从而改变了功率输出管在一个脉冲周期内的导通时间，脉冲越宽（占空比越大），功率输出管在一个（采样）脉冲周期内导通时间越长，则输出电压就越高，输出功率就越大。调制波形图见图 7-2。

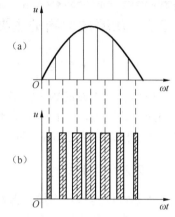

图 7-2　PWM 调制波形示意图

脉冲宽度调制（PWM）是一种对模拟信号电平进行数字编码的方法。数字功率放大器的特点是效率远远比传统的模拟功率放大器高，可以达到 80%甚至达 90%以上。由于 D 类功率放大器比 AB 类功率放大器在功率输出管上损耗的功率小得多，产生的热量也少得多，所以 D 类功率放大器的散热器可以减小，重量可以减轻。数字功率放大器的电源部分采用开关电源，因此整机效率将进一步提高，所以可以设计出输出功率相当大的数字功率放大器。早期的 D 类功率放大器的失真比较大，经过不断改进，目前失真已经降到比较低的水平，可以满足专业音响的要求。但是由于 D 类功率放大器功率输出管的开关频率很高，功率又很大，所以难免会有信号泄漏，这样也就容易引起信息的泄漏，所以在一些需要保密的场合还是以不采用 D 类功率放大器为好。目前一些数字功率放大器产品已经同时具有模拟输入口和数字输入口，既适合模拟信号输入，也可以进行数字信号输入，应用更灵活。

7.1.9　功率放大器可否并联输出

绝大多数情况下，不允许两路功率放大器的输出并联连接，也就是不允许将一台立体声功率放大器的两路输出的红色接线柱相互连接起来、两路输出的黑色接线柱相互连接起来这样使用。由于每路功率放大器的电路是由很多元器件组成的，两路功率放大器的电路元器件很难做到参数完全一致，尤其是晶体管的参数一般离散性比较大，所以两路功率放大器很难做到性能、参数完全一致，比如两路功率放大器的电压放大倍数、频率响应、输出/输入间的相位移等参数可能不同，甚至差异很大，尤其是高频时，两路功率放大器的输出/输入相位移可能相差很多，这样就可能在同一输入信号作用下，一路功率放大器输出是正最大时，另一路功率放大器的输出是接近负最大，造成两路输出信号之间接近反相，这样两路功率放大器之间形成了互为负载的状态，而功率放大器的输出阻抗都很低，一般小于 0.08Ω（也就是阻尼系数大于 100），使得功率放大器接近于负载短路状态，实际输出电压会变得很低，并且很可能造成功率放大器损坏。目前市场上只有极少数型号的立体声功率放大器可以两路并联输出，这样的立体声功率放大器会在使用手册中明确说明可以并联输出。如果功率放大器使用手册中没有明确说明可以并联输出，则原则上是不允许并联输出的。即使功率放大器使用手册中明确说明可以并联输出的那些功率放大器，也只是限于本台功率放大器的两路输出之间并联，而不允许两台同型号功率放大器之间并联输出。

7.2　功率放大器的主要指标

7.2.1　输出功率

指功率放大器的额定输出功率。现代专业功率放大器多为双声道立体声方式，即有两组相同的功放线路，左右两个输出声道。也可接成桥式工作方式，它的峰值功率为额定的 3 倍多。如输出功率为 250W，峰值功率就是 850W 左右。

7.2.2　频率特性

频率特性是指功率放大器对不同频率表现的放大性能，实际上就是测量对高频、中频、低频各频率信号的放大倍数是否均匀。理想的频率特性曲线应是平直的，通常从 20Hz～20kHz 的均匀性在±0.5dB 之内。

7.2.3　失真（THD）

失真是指放大器输入信号与输出信号的波形不完全一样，失去原有的音色。失真有线性失真与非线性失真，优质功率放大器的失真度，一般控制在 0.1%或者更小一些。

7.2.4　信噪比（S/N）

噪声主要是由晶体管（电子管）、集成电路及电阻等元器件产生的。输出信号电压与同时输出的噪声信号电压比，就是信号噪声比，简称为信噪比。信噪比越大，表明混杂在信号中的噪声越小，放音质量就越高。高质量的功率放大器信噪比大都在 100dB 以上。

7.2.5　动态范围

通常，信号源的动态范围是指信号中可能出现的最高电压与最低电压之比，以 dB 表示；而放大器的动态范围则是指它的最高不失真输出电压与无信号时输出噪声电压之比。显然，放大器的动态范围必须大于节目信号的动态范围，这样才能获得高保真的重放效果。目前 CD 唱片的动态范围已达 85dB 以上，这就要求功率放大器的动态范围要更大。

7.3　功率放大器的使用

功率放大器的操作比较简单。专业功率放大器上的操作器件很少，一般只有电源开关和音量控制衰减器这两项。衰减量为零时，进入放大电路的信号最大，这时输出音量也最大。衰减器旋至最左边（关死）时，衰减量为无限大，也就是说进入放大电路的信号为零，放大器无输出。功率放大器的衰减器一般不需要调整，只有在非常必要时才去调整。

功率放大器与扬声器在配接时必须注意两个问题：一个是阻抗的匹配，另一个是功率的匹配。如果两者匹配得合理、精确，就既能保证扬声器声音高质量不失真的重现，给人以美的享受，又能保证扬声器的安全；反之，既达不到好的声音效果，又容易损坏扬声器，特别是扬声器的高音单元。

实际使用时，必须根据实际用途、空间面积、服务对象、档次的高低及经济条件等因素，来选择功率放大器和扬声器。

现代的专业功率放大器，在电路结构上多采用双声道输出，典型输出功率一般有 2×100W、2×150W、2×200W、2×250W、2×300W、2×350W、2×400W 及 2×500W 等。当然，还有更大输出功率的放大器。

功率放大器的输出阻抗通常为 2Ω、4Ω、8Ω 及 16Ω，但应用较多的是 8Ω 和 4Ω。

功率放大器的性能指标很多，例如输出功率、频率响应、失真度、信噪比、输出阻抗及阻尼系数等。其中以输出功率、频率响应、输出阻抗和失真度 4 项指标最为主要。同样，扬声器也有很多技术指标，例如频率响应、输出功率、灵敏度、阻抗、指向特性及失真度等。一般都希望扬声器瞬态特性好，重现声音真实自然，音质好，音色优美。

功率放大器有定阻输出和定电压输出两种形式，双声道输出功率放大器有 3 种连接方式：一是立体声接法，二是并联单声道接法，三是桥接单声道接法。多只同功率、同阻抗的扬声器是通过串并联方式工作的，一般背景音乐都采取这种方式。

功率放大器与扬声器连接时应该注意正负极性，必须正接正，负接负，否则扬声器相位不对，声音会相互抵消，特别是在立体声扩声时会发生声像位置不对的现象。另外，在某种特殊场合下因工作需要，为了能得到更大的输出功率，双声道输出功率放大器完全可以利用桥接的方式来提高功率放大器的输出功率，因为桥接可以使输出功率提高 3 倍多，但桥接的方式只能作为单路输出，而扬声器应该按照功率放大器上面标明的接法去连接。通常桥接时应接在左（L）、右（R）两个声道输出正端上，两个输出负端不用。功率放大器的工作特点是输出电流大，输出电压相对比较小，负载阻抗不同会影响功率放大器的输出功率。只有在功率放大器与扬声器两者达到完全匹配时，即扬声器负载阻抗与功率放大器输出阻抗接近一致时，两者之间才能获得最有效的耦合，功率放大器才能有效地输出所规定的额定功率，这时功率放大器输出功率最高，失真最小。如果负载阻抗过大或过小都将造成不良的影响，使功率放大器产生更大的失真，造成输出功率减小，达不到额定的输出功率。

例如一种功率放大器的指标如下。

立体声：400W，2Ω

320W，4Ω

220W，8Ω

桥接单声道：750W，4Ω

655W，8Ω

通常扬声器是连接在功率放大器输出左右两个声道的正端，两个负端不用。桥接单声道方式可提供双倍输出电压，具有可以适应各种场合的灵活性。

并接单声道：700W，1Ω

665W，2Ω

并接单声道方式可提供双倍输出电流，可以灵活地适应各种情况。扬声器的高音单元容易损坏，损坏原因是多方面的。

其一，是功率放大器与扬声器配置得不合理；其二，是由于扬声器长时间超负载工作，使扬声器音圈过热，接点烧断，甚至烧焦，因为在正常工作条件下，音圈的温度可达到250℃左右，如果温度再升高，必然将音圈烧坏；其三，是由使用者技术素质不高、操作不当造成的，特别是由于回授产生极端刺耳的啸叫声，损坏高音单元；其四，是由于强震动造成的损坏，比如，一个非常大的功率送到扬声器或是突然有强烈冲击力的信号，都会使音箱产生强震动，造成纸盆破裂，使音圈脱离磁隙散开。

关于功率放大器与扬声器的配置问题，为了合理配置必须首先弄清两个问题，一个是音乐信号的自然属性，另一个是功率放大器输出功率的性质。

我们知道，音乐的音符所具有的能量是完全不相等的，它在低音区的能量比在中音区和高音区的能量相对要大得多。一般情况下，高频段的能量要比低频段和中频段的能量低10～20dB，也就是说在一个音箱内，高音单元所需承受的功率相当于低、中音单元的1/10。例如，可以承受100W功率的扬声器系统中的高音单元，实际能承受的功率只有10W。假如高音单元选用能承受20W功率的扬声器，那么系统中的高音单元可达到百分之百的安全。也就是说，该扬声器系统中的各单元的功率容量与音乐信号的能量分布属性是相吻合的。

功率放大器的输出功率，在某些工作条件下并不是绝对的。比如，控制音量电位器调得很大或输入信号特别大时，功率放大器输出功率就有可能超过厂家所规定的输出功率值，因为功率放大器输出功率是在规定总谐波失真的前提下的额定输出功率。如果需要输出更大的功率，那么功率放大器在这种情况下也可以满足，但这时输出电平将会大大增加，造成严重失真。例如，功率放大器的额定输出为10W（20Hz～20kHz，8Ω负载），在失真不大于0.5%时，这个功率放大器可以过载驱动，因为扬声器可以提供40W的输出功率；50W的功率放大器可以提供100W的输出功率，但是这种输出功率的失真正好表现在高音区段。由于过载的功率放大器所产生的输出信号中含有大量的谐波失真，这时失真的谐波成分是比原始信号高几倍的高频谐波，这对扬声器高音单元来讲危害就特别大，由于严重失真，所以扬声器高音单元很容易损坏。

功率放大器在正常工作状态下，信号波形的顶部和底部将保持着十分圆滑的正弦波形，它的平均输出功率是峰值输出的一半。当功率放大器过载驱动时，信号波形的顶部和底部都将被削掉，信号波形接近于方波形状，这时放大器的平均功率接近于峰值功率。也可以这样说，平均功率虽然提升约一倍，但放大器的输出却造成了极大的失真。当出现上述情况时，功率放大器送给高音驱动单元的额定输出功率将加倍，高音单元不可能承受这种超载负荷。这时如果能换上一台输出功率较大的功率放大器，既可以满足所需要的大功率，不会出现削波失真，又能保证扬声器系统所接收的节目信号能保持正常的能量分布，这样，扬声器的高音单元就不大可能被烧坏。

为了保证扬声器的安全，应该牢牢记住，对于那些瞬间很大的信号，要求提供的功率可能是平均功率的10倍以上。所以，在配置声频系统时，要选用额定功率比需要功率大一些的功率放大器。如果功率放大器有足够的储备能量的话，那么对瞬间很大的信号，声音听起来仍很清晰、明亮；否则声音就会发暗，浑浊不清。

另外，在使用时一定要防止大信号的突然冲击，例如，卡座录音机磁带正反向快速倒带产生的尖叫声，或由扬声器发出来的声音又进入传声器而产生的反馈啸叫声，或在工作时随意拔插信号线所产生的"噼啪"声，以及由于建声条件不好或声源质量不佳，均衡器上过分的提升高频而产生的失真，或盲目追求低音强调现场响度气氛，把音量电位器开得很大等，都会损坏高音单元。

总之，为了使功率放大器与扬声器合理配置，一般情况下，功率放大器的输出功率是扬声器的额定功率的 1.5～2 倍为宜。例如扬声器的额定功率是 200W，功率放大器的输出功率就不应低于 300～400W，这样的配置既能保证声音不会失真，又能减少扬声器损坏的可能性。

第 8 章

扬声器系统及耳机

8.1 扬声器的工作原理与主要特性

扬声器又称喇叭，它是把信号电流转换成为声音的一种器件。人们说话的声音和乐队演奏的声音经过传声器变成电能，再由放大器放大，我们所得到的是放大了的电能，而不是声音，必须将电能变成声能，而将电能变成声能的就是扬声器。扬声器中，使用最多的是永磁电动式扬声器，它的构造与动圈传声器的构造相似。在永久磁铁的圆环形隙缝中，放置一个动圈，叫做音圈。音圈与纸盆相连接，并装有布质或纸质的定心支片，定心支片固定在盆架上，纸盆的四周边缘也固定在盆架上，这是为了音圈在磁隙缝中能够保持准确位置。让音圈和纸盆沿着轴心振动，振动时音圈与隙缝内外绝对不能相碰。

当信号电流流过音圈时，根据电动机的原理，信号电流产生的磁通量与永久磁铁的磁通量发生相互作用，使音圈带动纸盆振动而发出声音。

永磁电动式扬声器又可分为两种：一种为直射式，又称纸盆扬声器，它是把声音直接辐射出去；另一种为间接辐射式，又称号筒扬声器（高音喇叭），号筒扬声器的发音头（又称高音头）振膜振动后，声音经过号筒，然后再逐渐扩散出去，所以它是间接辐射扬声器。号筒扬声器也称高音喇叭，它是由一个发音头和号筒组成的，优点是效率高，缺点是不仅频带范围较窄，而且指向性也窄。

扬声器的音圈是绕在一个圆形纸管上的，国内生产的扬声器大都采用圆漆包线作为音圈的导线，而先进的扬声器都采用了特制的方形截面铝合金导线。这种导线加上特别配方的绝缘漆皮，使音圈既轻又密，提高了功率容量，也提高了声音灵敏度。

图 8-1 所示为永磁电动式纸盆扬声器的构造图，图 8-2 所示为号筒扬声器的构造图。

要使用好各类扬声器，就必须了解有关扬声器的主要特性。

1. 额定功率

扬声器是将电能转换成为声能的器件，也就是说它要消耗一些电能，去振动空气产生声音。在单位时间内（1s）加到扬声器上的总电能，就是扬声器的额定功率。额定功率是根据不使扬声器过分发热或者发生过度的机械振动来制定的，否则扬声器就要损坏。这个功率是加在扬声器音圈上的交流电平均功率，对不同的频率也有差异，并且还有瞬时峰值功率的出现，因此，在使用时也应考虑到峰值功率。

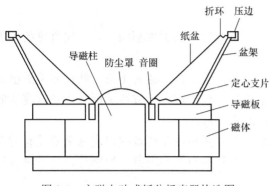

图 8-1 永磁电动式纸盆扬声器构造图

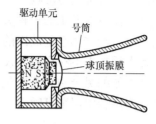

图 8-2 号筒扬声器构造图

2. 效率

从电能转换成声音的过程要消耗一定的能量，扬声器的效率是指电功率的消耗能够转变出来多少声音功率，即输出来的声音功率与输入扬声器的电功率的比值。这个比值越大，说明扬声器能量转变过程中损失越小，即说明扬声器的效率高。

3. 灵敏度

扬声器的灵敏度是比较容易测量的，这种灵敏度是指在消声室对准扬声器中心轴的某一点所测得的声压和加在扬声器上的电压的比值。通常都在距离扬声器中心轴 1m 处测量，这样得到的灵敏度叫做"标准轴向灵敏度"。

采用这种灵敏度来衡量扬声器是不够准确的。假如有两个不同阻抗的扬声器，测得相同的标准轴灵敏度，由于不同的扬声器会消耗不同的电功率，因此，它们虽有相同的灵敏度，但却不具有相同的效率。所以，这种灵敏度只有在阻抗相同的扬声器中才能适用。为了便于比较阻抗不同的扬声器，必须将阻抗的因素也包括在内，即用声压对输入电功率平方根的比值来表示，这样得到的灵敏度称为"绝对灵敏度"。采用绝对灵敏度可以判别扬声器的效率。扬声器的效率和灵敏度是随着频率的变化而变化的，要全面评价扬声器的质量，还必须知道扬声器对它的工作频带内的各种频率的灵敏度。

4. 频率响应

人耳通常听到的声频范围是 20Hz～20kHz，而扬声器却只能重放出其中的一段频带，对于范围以外的其他频率不能很好地重放出来，这一段频带就是扬声器的频率响应范围。我们希望扬声器的频率特性越宽越好，曲线越平直越好。

5. 阻抗

扬声器的阻抗是在扬声器的输入端所测得的阻抗，这个阻抗随着输入扬声器的声频电流的频率而改变，一般扬声器的阻抗是在 400Hz 时测得的。扬声器阻抗是扬声器的一个很重要的技术指标，为了使功率放大器的输出与扬声器正确地相连接，就必须知道扬声器的阻抗值。

6．失真

凡是扬声器不能原汁原味地将原来的声音重放出来的现象都叫失真。失真度的大小对扬声器的质量有很大的影响。

扬声器可能发生的一种失真现象是频率失真，就是扬声器对于某一些频率重放出的声音较强，对另一些频率重放出的声音较弱的不均匀现象。这完全破坏了原来声音响度高低的比例，使人听起来不够真实，改变了原来的音色和气氛。

扬声器的另一种失真现象是非线性失真，这是扬声器在放音中出现原来所没有的新频率成分，即声音中混杂有呼啸、震动、炸裂等不悦耳的声音的现象，特别是大音量时这种现象更为明显。

7．指向性

指向性（方向性）是指扬声器的声音在它四周的分布情况，也就是在发声的各个方向上扬声器的灵敏度如何。因为有这种方向性的存在，听众在偏离扬声器中心轴向不同角度上听到的声音响度是不相等的，声音的频率愈高，两旁的响度会愈减弱。各种不同形式的扬声器都有它不同的指向性，所以在室外广场布置扬声器时必须考虑它的指向性。

8.2　扬声器的分类及其用途

扬声器的用途非常广泛，可以说人们的生活离不开扬声器。家庭里的电视机、收音机、录音机、组合音响、汽车以及家庭影院都有扬声器。在公共场所，如电影院、激光录像厅、礼堂、剧场、公园、车站、码头、火车、地铁、飞机、轮船等处都有扬声器。而扬声器质量的优劣又直接影响重放声的质量。因此，选择声音洪亮、音质优美、失真小及工作可靠的扬声器是我们共同关心和追求的目标。

现代电声技术发展得相当快，但目前为止还没有一种扬声器能达到在整个频带（20Hz～20kHz）内部十分平直的频率特性。造成扬声器输出频率不均匀性的原因是很多的，但是我们可以把不同类型的扬声器，具有高、中、低频率的扬声器组合在一起，成为两单元或三单元，甚至四单元组合成为完整的扬声器系统，发挥各自优点，保证扬声器输出成为一条平直的频率特性。

要使扬声器能够正确地重放声频信号，声音达到优美动听，就要求扬声器必须具有宽广的频率响应特性、灵敏度以及足够的声压和大信号的动态范围。

声频系统中使用的扬声器按用途的不同可分为两大类，一类是监听扬声器，另一类是扩声扬声器。根据扬声器的频率特性又分为超低频扬声器、低频扬声器、中频扬声器、高频扬声器以及全频带扬声器。

监听扬声器主要供制作节目使用，录音师通过监听扬声器可以及时准确地发现和找出节目声音存在的问题和缺陷。监听扬声器安装在电视台、唱片公司、电影制片厂、广播电台、电教室等的调音室、混录室、录音室、标准放音间、审听室、转录室等场所。这些场所大多具有高级监听扬声器。这类扬声器具有极高的保真度和很好的瞬态特性，对节目本身不作任何修饰和夸张，而是原汁原味、真实地反映出原来声频信号的面貌。

专业扩声扬声器系统大多数具有功率大、频带宽、声级高的特点。为了有效地控制声波的辐射，高频单元一般都使用号筒，以增强指向性。在大型的剧场、电影院和大广场，都采用这类扬声器扩声。这类扬声器系统的形式主要分为两种：一种是组合式的音箱一般多是小型的，中低频单元加上一个高音号筒，装在同一箱子里；另一种形式是各个频段分立的，中低频采用音箱形式，高频驱动器则配有指向强的号筒形式。号筒有各种不同的规格，主要是辐射角不同，可以根据不同的辐射角选配不同的号筒，从而使声音均匀到达观众（听众）区。

根据对人声与乐器声频率的分析，频谱能量的分布是：低音和中音分布最大，中高音部分其次，高音部分最小。人声的能量集中在 200Hz～3.5kHz 频率范围，而音乐的频率范围在40Hz～18kHz 之间。超低频扬声器在一般厅堂等扩声场所是不用的，只有电影制片厂的立体声混录棚、立体声标准放映室、宽银幕立体声电影院、环幕立体声电影院、夜总会及迪斯科舞厅使用，因为这些场所需要十分强烈震撼力的声音，只有用超低频扬声器才能实现这样的效果。

这里顺便提一下，目前市场上有一种美国 JBL 依安（EON）新一代扩声系统，其功率放大器与音箱是组合在一起的。依安扬声器的面板为铝合金的，与扬声器支架连在一起，构成相当大的一块散热体。一般音圈所产生的热能只能传感到扬声器的金属支架上，散热能力很差。而依安的扬声器单元可以利用整个面板作为散热体，它的散热能力很强，有极大的优越性。它的另一个特点是，当大功率推动扬声器时，热量自然升高，同时低音单元纸盆的振幅也加大，造成空气对流。功率愈大，则空气的对流量也愈大。空气对流形成了一个自我冷却系统。

依安音箱内装有两组不同输出功率的放大器。输出功率小的一组用来推动双辐射 90×60号筒高音单元，而输出功率大的一组是推动 130W、15 英寸低音单元。这套扩声设备便于携带，具有流动的灵活性，很适合一般中小型会议室、俱乐部、教堂、农村、学校及幼儿园等场所使用。它搬运方便，操作使用极为简单，只要有一只传声器与一个音箱（不需要调音台）相连接，就可以进行讲话、作报告的扩声工作，而且扩声的效果也相当不错。

8.3 电子分频器与功率分频器

电子分频器与功率分频器通称为分频器，是在大功率高质量扩声系统中使用的一种专用设备。从工作原理来分析，分频器是对声频信号按照设定的频段进行分频处理，使各个频段减少干扰、降低失真，使高、中、低扬声器所发声音的层次更好，声音更清晰、更细腻。在20Hz～20kHz 这么宽的人的听觉频带范围内，如果只使用一个扬声器而希望重放出高质的声音是十分困难的，也是不可能的，所以就出现了不同频段的扬声器，如高频、中频、低频及超低频扬声器等，力求在某一频段中使用一种扬声器来进行工作，然后分别用几个不同的扬声器组合起来实现整个频段（20Hz～20kHz）声音重现。当然，高频扬声器、中频扬声器及低频扬声器绝不能直接并联使用，因为高、中频扬声器承受功率较小，而低频扬声器承受功率很大，所以如果并联使用，就必然要烧坏高、中频单元。

分频器根据处理信号电流的大小、电压的高低以及分频电路在系统中所处的位置不同而分成两类：一类为电子分频器（有源网络），由电感、电容及放大电路组成，在功率放大器之前与均衡器的输出端连接；另一类为功率分频器，简称分频器（无源网路），由电阻、电感和电容组成，在功率放大器的输出端与各频段的扬声器相连接。由于功率分频器处理的是高电压、大电流的功率信号，因此只能用电阻、电感与电容网络来进行滤波处理，以达到分频的目的。

电子分频器通常都用在大型演出、广场音乐会以及迪斯科舞厅，它是通过高通、带通、低通滤波器分频放大，把分开的信号电压分别输出，然后接入功率放大器来驱动各处的扬声器。假如要重放两路立体声的节目，至少需要4个功率放大器。

功率分频器是由高、低通滤波器和带通滤波器组成的，如二分频器实际上是高、低通滤波器的组合，三分频器则在中间再加一带通滤波器。它们都是由电感、电容及电阻等元件组成的。电感线圈在频率低时阻抗小，故低频信号容易通过，而高频信号不易通过；电容则相反，频率低时阻抗大，所以低频信号不易通过，而高频信号则容易通过。这样就达到了滤波或分频的目的。图8-3所示为定阻型二分频及三分频分频网络的电路。

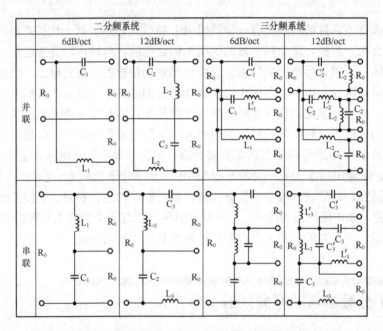

图8-3　定阻型二分频及三分频分频网络电路

在图8-3中，各元件的参数为：

$$C_1 = \frac{1}{2\pi f R_0}, \quad L_1 = \frac{R_0}{2\pi f}, \quad C_2 = \frac{1}{2\sqrt{2}\pi f R_0}, \quad L_2 = \frac{R_0}{\sqrt{2}\pi f}$$

$$C_3 = \frac{1}{\sqrt{2}\pi f R_0}, \quad L_3 = \frac{R_0}{2\sqrt{2}\pi f}, \quad C_1' = \frac{1}{2\pi f' R_0}, \quad L_1' = \frac{R_0}{2\pi f'}$$

$$C_2' = \frac{1}{2\sqrt{2}\pi f R_0}, \quad L_2' = \frac{R_0}{\sqrt{2}\pi f'}, \quad C_3' = \frac{1}{\sqrt{2}\pi f' R_0}, \quad L_3' = \frac{R_0}{2\sqrt{2}\pi f'}$$

式中，f 为低频扬声器与中频（或高频）扬声器的分频频率；f'为中频扬声器与高频扬声器的分频频率；R_0 为扬声器音圈阻抗。

8.4 扬声器箱

为了防止扬声器前后辐射声波的干涉，改善低频特性，同时便于扬声器的安装和固定，通常将扬声器嵌在平面障板上，或安装在箱体里面，以防止前后声波相互抵消现象的发生。

扬声器箱（音箱）主要有封闭式和倒相式两种。

8.4.1 封闭式音箱

通过箱体把扬声器向前后辐射的声波完全隔离开。低频时，音箱相当于一个声顺元件，作用于振膜，使扬声器的低频共振频率提升，这种形式的音箱用于高保真重放时效果很好，但效率较低，适用于小房间。封闭式音箱如图 8-4 所示。

8.4.2 倒相式音箱

它是将扬声器振膜背面辐射的声波通过音箱和倒相孔后，在低频下限之上的某一频率进行倒相，从而与扬声器正面辐射的声波达到同相后辐射出来的一种音箱。这种方式的音箱效率较高，适合于大房间使用。倒相式音箱如图 8-5 所示。

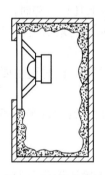

图 8-4 封闭式音箱

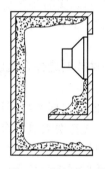

图 8-5 倒相式音箱

8.4.3 箱式扬声器系统的组成

箱式扬声器系统由箱体、扬声器单元和分频器组成，它将不同类型的扬声器组合起来，通过分频网络，使其中每一个扬声器只负担一个较窄频带的重放。通常将这些扬声器放置在各种类型的箱体内。

声频信号的频谱范围很宽，要想将 20Hz～20kHz 的信号以一种扬声器单元来重放是不可能的，因为一般的 12 英寸以上大口径扬声器单元，低频特性很好，失真不大，但超过 1.5kHz 的信号，它的效果就很差了。1～2 英寸的高频扬声器单元重放 3kHz 以上的信号性能良好，但无法重放中频和低频信号，于是，就有了由各种频响特性单元组成的扬声器系统，即由低音（含中低频）和高频（含中高频）两种单元组成的二分频扬声器系统和由低频、中频和高频 3 种单元组成的三分频扬声器系统。

二分频扬声器系统结构简单，造价相对较低；三分频扬声器系统可以减小声音的失真，提高清晰度，改善低频和高频间交叉频段的性能，从而提高了扬声器系统的功率处理能力。

8.4.4 声柱

将几只或几组相同扬声器排成一排装在声箱中就形成了声柱，如图 8-6 所示。其工作特点如下。

① 在距声柱较近的位置上，由于多只扬声器在该点所产生的声压相位差彼此削弱，声压较小，而在远离声柱的位置上，由于各只扬声器在该点产生的声压相位很接近，彼此增强，输出声压较大。

② 在声柱的垂直面上，由于各只扬声器的干涉效应，辐射范围变窄成为一束，增强了指向性；而在水平面上，其辐射方向性和一只普通扬声器相似。

③ 大型扩声系统中声柱的应用是极其广泛的。由于声柱的结构简单，效率较高，指向性强，能量集中，可有效地提高清晰度，防止电声反馈，使距离较远处也能获得足够的声压级。

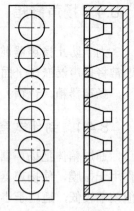

图 8-6　声柱

8.4.5 选择使用扬声器时应注意的几个问题

① 使用多只音箱进行扩声时，应尽量避免串联。因串联使用会对谐振频率 f_0 附近的特性产生不利的影响。如确实需要在功率放大器的一路输出上带上几只音箱时，可采用并联方式，但一定要注意并联后的扬声器阻抗不得低于功率放大器所允许的最低值，以免对功率放大器造成损坏。

② 扬声器的摆放要选择合适的位置和高度，既要达到美观，同时更主要的是不能影响扬声器的正常工作质量。

③ 选择扬声器应根据实际用途、使用场地等多方面考虑，既要满足使用的要求，又不要过于奢侈，避免造成花费大量资金而得不到好效果的情况。

④ 人声和各种乐声是一种随机信号，波形十分复杂，其中语言的频谱范围为 180Hz～4kHz，而各种音乐的频谱范围可达 40Hz～18kHz。平均频谱的能量分布为：低频和中低频部分最大，中高频部分次之，高频部分最小，约为中、低频部分能量的 1/10。人声的能量主要集中在 200Hz～3.5kHz 频率范围内，这些可听声随机信号幅度的峰值比它的平均值大 10～15dB，甚至更高。因此要能正确地重放出这些随机信号，保证重放的音质优美动听，必须选用具有宽广的频率响应特性、足够的声压级和大动态范围的扬声器，同时需要扬声器有高效率的转换灵敏度，以及在输入信号适量过载的情况下，不会受到损坏的可靠性。

⑤ 两个相同声压级的音箱放在一起的合成声压级是：在室内混响声场两倍半径以外的地方约可增加 3dB。例如，1 只音箱是 90dB，2 只音箱是 93dB，4 只音箱是 96dB，8 只音箱是 99dB。如果系统需要达到 99dB 的声压级，这就引出了一个性能/价格比的核算问题。

例如：一个声压级为 90dB 的音箱，单价为 5 000 元，另一种音箱的声压级为 99dB，单价为 2 万元。如果需要达到 99dB 的声压级，需要 8 只声压级为 90dB 的音箱，共需 4 万元；而另一种声压级为 99dB 的音箱则只需 1 只，2 万元就够了。此外，8 只音箱还需用 8 倍的功率推动，更增加了投资成本。

⑥ 在使用过程中，要防止操作不当，使扬声器受到损坏。例如，功率放大器输出功率过

大而造成的损坏；或者是传声器输入信号过大，引起功放过载削波，使失真波形产生大量谐波，损坏了高音单元。再有就是需避免传声器产生强烈的声反馈啸叫，使功率放大器强烈过载而损坏扬声器系统。

现在，大多数歌舞厅使用的音箱都为美国的 JBL、EV、PEAVEY、BOSE 等品牌，它们都是著名的品牌，外观精美、性能良好、结实耐用，是专业电声系统的首选。

8.4.6 什么是扬声器线性数组

传统音箱产生球面声波，如图 8-7 所示，图中以在 $1r$ 远处的面积为 A，则在 $2r$ 处的面积为 $4A$，在 $3r$ 处的面积为 $9A$。离开音箱的距离每增加 1 倍，球面表面积变成 4 倍，单位面积上的能量变成 1/4，因此按照理论计算直达声声压级降低 6dB，也就是符合点声源直达声的平方反比定律。在室外比较大的场所，由于几乎没有混响声场，全靠直达声场，随着离开声源距离的改变，远处的声压级会急剧下降。为了解决这个问题，人们开发出扬声器线性数组，由若干音箱组合在一起，构成扬声器线性数组。

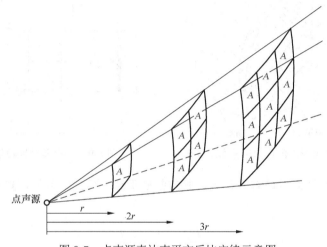

图 8-7　点声源直达声平方反比定律示意图

当然不是简单地将几个一般音箱叠放在一起就能构成扬声器线性数组，因为简单地将一般音箱叠放在一起，上下音箱辐射的声波会产生干涉，尤其是随着频率升高，干涉将逐步严重。组成扬声器线性数组的音箱严格控制音箱的中高频垂直辐射角度，使声波的垂直辐射角度接近于 0°，也就是随着距离的增加，音箱辐射的中高频声波的垂直尺寸几乎不增加，始终保持同样的垂直尺寸。这样，当几个音箱按照设计规则叠放后，各个音箱辐射的中高频声波不会产生相互干涉，而声波在水平方向还保持传统音箱的球面波状态，于是整个音箱组合——扬声器线性数组辐射的声波波阵面呈现水平方向为圆弧状、垂直方向为直线状，类似于一个线声源产生的柱面波声场。如图 8-8 所示，图中以在 $1r$ 远处的面积为 A，则在 $2r$ 处的面积为 $2A$，在 $3r$ 处的面积 $3A$。或者说水平方向的线度与离开声源的距离成正比，垂直方向的线度与离开声源的距离无关，保持一个常数。这样，离开声源的距离增加一倍，其波阵面的面积也增加一倍，单位面积上的声波能量减少一半，直达声声压级只降低 3dB，比传统辐射球面波的音箱降低一半，也就是声能量与距离成反比。

因此在声源需要服务距离很大时，显然用扬声器线性数组是比较好的，例如最远处观众距离音箱 100m，在用传统音箱时，直达声声压级比 1m 处要降低 40dB，而当采用扬声器线性数组时，直达声声压级只比 1m 处降低 20dB，在同样灵敏度和功率情况下声音可以打得更远，所以适合在大的广场等场合使用。这里我们需要再次强调，扬声器线性数组是一类专门设计的音箱产品，而不是用若干个传统音箱叠放在一起就能组成扬声器线性数组的，所以如果准备选用扬声器线性数组作为声源，则一定要选择真正的扬声器线性数组，而不要用普通音箱自己去组建所谓的扬声器线性数组。另外，上面所说理论上垂直方向辐射角为 0°，但是实际上到目前还没有达到这个指标，还是有一个比较小的辐射角度的，因此事实上扬声器线性数组的直达声声压级达不到距离扩大一倍、直达声声压级降低 3dB 这个指标，实际上降低比 3dB 要多一些。还有，有限长度线数组实际上有一个分界距离，在分界距离内接近于柱面波，大于分界距离，有限长度线数组近似辐射球面波，如图 8-9 所示。

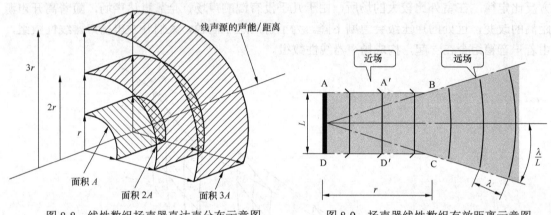

图 8-8　线性数组扬声器直达声分布示意图　　　　图 8-9　扬声器线性数组有效距离示意图

至于分界距离的计算目前有好几种，其实都属于经验公式，例如，JBL 公司的分界距离近似计算公式

$$r = \frac{l^2 f}{690} - \frac{1}{43} \approx \frac{l^2 f}{690}$$

式中，r 为分界距离，单位为 m；f 为频率，单位为 Hz；l 为线数组的长度，单位为 m。

如果假定线数组长度为 2.50m，最高频率为 7kHz，则计算得到分界距离差不多在 63m 左右，在 63m 以内可以近似地认为是柱面波，而 63m 以外则逐渐变为球面波了。

8.4.7　扬声器系统损坏的原因有哪些

扬声器系统（音箱）是整个扩声系统中最薄弱的环节，最容易损坏。如果一套扩声系统，其音箱经常出现损坏的现象，并且确定音箱质量是可靠的，则初步分析可以认为，或者是按照该场地使用要求，音箱的选择不合理，音箱额定功率明显偏小，但是为了达到应有的声压级，实际加给音箱的电功率经常出现超过额定功率的状况而导致音箱被损坏；或者是操作该套系统的音控人员素质有待提高，操作中经常出现信号被严重削波的状况，致使音箱被损坏。如果对扩声系统的设计，尤其是对音箱的选择恰当，加上对扩声系统的使用、操作正确，就能保证音箱安全可靠地使用而不至于经常损坏。

对于一个全频带音箱来说，其中的低频单元、中频单元、高频单元之间的额定功率比例可以根据实际情况来确定。它是通过对大量的节目信号的能量分布进行分析、统计后得出的模拟节目信号能量分布曲线。由此可以看出，整个音箱的额定功率和分频频率确定后，就可以估算出高音单元应该具有多少额定功率了，例如某款三分频音箱的额定功率是 750W，分频点分别是 250Hz、2.6kHz，则从图中可查得 250Hz 以下的低频能量约占总能量的 34%，2.6kHz 以上的高频能量约占总能量的 13%，而中频能量约占总能量的 53%，也就是低频功率约为 255W，中频功率约为 400W，高频功率约为 100W。为了保险起见，扬声器系统设计者一般再适量地增大高音单元的额定功率，这个"适量"是由设计者来掌握的。

一般情况下，如果设计扩声系统时已经按照节目正常使用有效值功率是音箱的额定连续正弦波功率的 1/8 或更小来进行，那么在正常扩声时，由于实际加给音箱的功率只是音箱额定功率的几分之一，所以音箱中各个单元扬声器是安全的，不会损坏扬声器单元。如果信号被削波，将大大增加信号中高次谐波的能量，则有可能使实际加到高音单元的能量远远超过设计者选定的高音单元的额定功率，从而使高音单元损坏，所以说音箱中最容易损坏的首先是高音扬声器单元。高音单元的烧坏基本就是这个原因。至于信号中的直流成分，由于信号是通过功率分频器加到高音单元的，而从图 8-10 中可以看出，一般专业级音箱中功率分频器都通过电容器将信号的高频成分加到高音单元，所以直流电流是加不到高音单元的。可以这样设想，功率分频器中的电容器（和电感器一起）的作用就是使一定频率（分频频率）以上的高频成分能够顺利地加到高音单元，而阻止一定频率（分频频率）以下低频成分进入高音单元，因为信号中的低频成分的能量比高频成分的能量大得多，如果让低频能量加到高音单元，则就会烧坏高音单元，并且功率分频器使得加到高音单元的能量随着信号频率的降低，衰减的量也增大，理论上对直流的衰减量为无穷大，所以高音单元的损坏不是直流电压加到高音单元而引起的，而是由于高频能量超过设计时确定的允许值而造成烧坏高音扬声器音圈导致的。

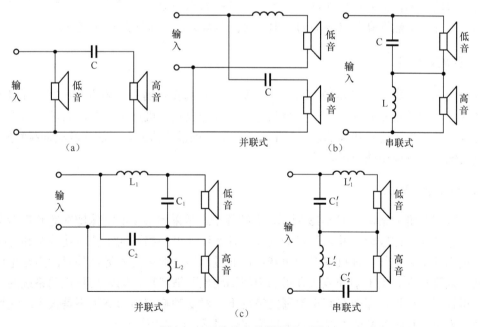

图 8-10　几种功率分频器原理图

8.5 耳机

耳机是将小型电声换能器与人耳相耦合，将声音直接送到外耳道入口处的重放声音器件。它的原理和功能与扬声器基本相同，但两者的声场特性不同。扬声器是置于声场中间自由向四面八方辐射声能的；而耳机则只在一个空腔内形成声压，具有独特的声场特性。

8.5.1 耳机的分类

耳机的种类很多，按照换能原理可分为电动式、静电式、压电式以及电磁式等，按照放声方式可分为密闭式、开放式和半开放式等，按照使用场合可分为立体声耳机和监听用耳机等。

1. 密闭式耳机

密闭式耳机的结构如图 8-11 所示。它的耳垫采用声泄漏尽可能小的材料，耳机后盖也是完全封闭的，耳机发出的声音不会泄漏到外面去，外界的环境噪声也不会进入耳机内。这样既可减少外界环境噪声对耳机的干扰，又可避免耳机对外界环境造成的影响。虽然它的功率很小，但是同样可获得较大的声压，通常在噪声较大的环境中使用。但由于人耳的不规则外形，密闭式耳机常常发生声泄漏现象。为了解决声泄漏对耳机的影响，只有加大头环的压力，使耳机紧压在双耳两侧。这样，虽然提高了隔声能力，但长时间佩戴会产生压迫感和疼痛感。

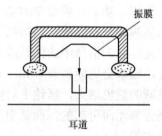

图 8-11　密闭式耳机示意图

2. 开放式耳机

开放式耳机的结构如图 8-12 所示。它的放声方式与扬声器的放声方式相同，耳机壳体是全开放式的，即前后左右都处于全开放状态。这种开放式耳机重量较轻，头环压力小，长时间佩戴也不易产生压迫感和疼痛感。但由于全开放式的放声方式，开放式耳机低频响应较差，灵敏度较低，所以很少被使用。

3. 半开放式耳机

半开放式耳机的结构如图 8-13 所示。它的耳垫通常采用柔软的泡沫塑料等有声泄漏的材料制成。它的重量比较轻，并在耳机的后盖上开有许多内外相通的小孔，使耳机和耳孔之间的气室适当地泄漏空气。耳机辐射的声音可以通过泄漏孔泄漏到外界，外界的声音也可通过泄漏孔进入耳机内。由于半开放式耳机的声泄漏现象不很严重，同时又将振动系统的共振频率设计得较低，所以，即使在有声泄漏的情况下，对低频响应的影响也不是很大。这种耳机的头环压力小，长时间佩戴不易产生压迫感和疼痛感，所以应用广泛。

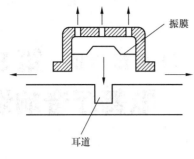

图 8-12　开放式耳机示意图

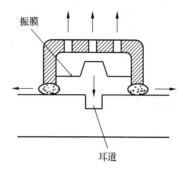

图 8-13　半开放式耳机示意图

8.5.2　耳机的主要性能参数

1．灵敏度

耳机的灵敏度以基准输入声功率在耦合腔内 1kHz 时产生的声压级来表示,通常基准输入声功率为 1mW。

2．频率特性

指在一定输入电压下,耳机的输出声波随频率变化的特性,一般用有效频率范围来表示。

3．阻抗

耳机的阻抗是指耳机输入端的最小阻抗模值,又称耳机的标称阻抗。耳机的阻抗随频率变化的特性,称为耳机的阻抗特性。

4．失真度

是指在规定频率、规定输出声压时,在耦合腔内测得的输出声压的谐波失真的大小。

8.5.3　耳机的选用

在专业电声系统中,耳机的主要任务是用来监听音域宽广的音乐信号的重放,因此要求耳机要有较宽的频带,平坦的频率响应,优美的音色,而对灵敏度的要求却不是很高。一般耳机的频率响应范围在 100～8 000Hz 之间,高质量的耳机的频率响应范围则更宽。

随着现代声频技术的发展,出现了组合式耳机,它是由两个或两个以上的电声换能元件组合在一起的耳机。这种组合式耳机是在一个壳体内同时安装一个低音接收单元和一个尺寸较小的高音接收单元,并配置分频网络,另外,在耳机的壳体上开有若干泄漏小孔,将耳机做成半开放式。在耳机的腔体内填充适当的吸声材料,从而改善了耳机的收听效果。

耳机的品牌很多,常用的有日本的 Sony(索尼)、Panasonic(松下)、Audio Technica(铁三角)等,另外,还有一些世界著名的品牌,如奥地利的 AKG,德国的 Sennheiser(森海塞尔)和德国的 Beyer Dynamic(拜尔动力)等,都是性能非常良好的耳机。

歌舞厅音响设备有它独特的要求，例如传声器大多使用动圈传声器，信号处理设备大多只使用均衡器、压限器和声频激励器，调音台也较简单。

本章将对歌舞厅所用调音台和两种声音效果处理器作较详细的分析介绍。

9.1 歌舞厅用调音台

下面以一种国外品牌的歌舞厅用调音台为例进行介绍。

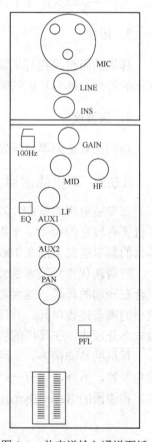

9.1.1 单声道输入通道

单声道输入通道面板如图 9-1 所示。

1. 传声器输入（MIC）

这是一个卡侬型（XLR）插口，它可以接入大动态范围的平衡或不平衡信号，输入的信号电平范围很宽，可以是要求噪声很小的低声讲话，也可以是需要留有很大余量的近距离鼓声。由于它是低输入阻抗的，所以接入专业的动圈传声器、电容传声器能很好地工作。虽然也可以使用便宜的高阻传声器，但是背景噪声电平会有所提升。如果将幻像供电开关打开，该插口可为专业的电容传声器提供合适的直流电压。

2. 线路输入（LINE）

这是一个大三芯（TRS）插口，可连接比传声器输入电平大的信号源，例如合成器、电吉他、电贝司、鼓机或磁带录音机。当使用平衡输入时，噪声比较低，并且可以避免外界的电磁干扰，也可以使用不平衡输入，但要使连接线尽可能短。如果使用了该插口，传声器输入插口就不能接入任何传

图 9-1　单声道输入通道面板

声器。

3. 插入口（INS）

用于压缩器或图示均衡器等处理器信号接入。

4. 增益（GAIN）

增益旋钮用来调整送到调音台其他部分的输入信号电平。当设定得太高时，信号将使通道产生过载失真，信号会被削波，如图 9-2 所示。当设定得太低时，背景噪声电平就会比较明显，信号就将被噪声掩盖掉，而不能将足够大的信号送至调音台的输出端，如图 9-3 所示。

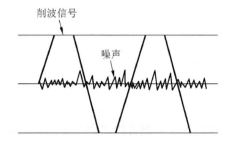

图 9-2　信号电平设定得太高，产生削波失直

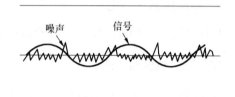

图 9-3　信号电平设定得太低，将被噪声掩盖

5. 100Hz 高通滤波器（100Hz）

按下这个开关，可将 100Hz 以下的信号衰减，从而降低低频信号电平。这种功能在小型调音台上是很少的。利用这一功能，在现场实现扩声时，可减小舞台的低频干扰和传声器喷口效应产生的"扑扑"声。

6. 均衡器（EQ）

均衡器（EQ）可以对音质进行细致的加工处理，特别是在现场实况扩声时，由于场地声学条件的影响，或者传声器布置受到限制，重放声音与原来的声音相差甚远，这时我们可以在突出的频段上进行适当的提升或衰减，以取得满意的效果。EQ 对改善音质起着非常重要的作用，另外还可突出人声或乐器声在整个节目中的地位。EQ 一般分为 3 段：即高频（HF）、中频（MID）、低频（LF）。在使用时，应一边仔细调整 EQ，一边仔细听取声音音质的变化，直到满意为止。

（1）高频均衡（HF）

高频均衡可增加钗、人声和电声乐器的清晰度或穿透力，也可以减小噪声或某些传声器可能出现的失真成分。

（2）中频均衡（MID）

由于人声的能量主要集中在中频范围内，所以使用该段的均衡，可以在现场扩声中获得明显的效果。有些调音台的均衡带有中频扫频功能。在利用这个电位器进行中频均衡时，应仔细地聆听不同频率下提升和衰减给声音带来的变化，找出最佳的设定。

（3）低频均衡（LF）

在用这个旋钮提升低频时，可增加人声的温暖感或使合成器、吉他和鼓声的力度加大，也可以减小哼声、舞台噪声和改善声音不清晰的现象。

7. 均衡器的输入/输出开关（EQ）

EQ 的输入/输出旁路开关，可以使调音师方便地比较在 EQ 前和加入 EQ 后的效果变化。

8. 辅助送出 1（AUX1）

它可以产生一个单独的混合信号，供返送监听和叠加效果使用。送出的信号被混合后由调音台的辅助送出 1 输出口输出，如用辅助送出的信号来激励效果器，最好是使它的电平受通道推拉衰减器控制（俗称推子后，Post-Fade），如果来作为返回或监听信号，则应与推拉衰减器相对独立控制（俗称推子前，Pre-Fade）。一般情况下，调音台上的辅助送出 1 是用开关设定推子前或推子后的。

9. 辅助送出 2（AUX2）

与辅助送出 1 相同，但它总是设定在推拉衰减器之后。

10. 声像电位器（PAN）

可对通道信号起定位的作用，用来控制该通路上被送到左右混合输出通道上的信号电平，在立体声场中，起平滑移动声像的作用。

11. 推拉衰减器（FADER）

推拉衰减器俗称推子，可以对通道上的信号电平进行平滑的控制，同时可以对送到主控部分的各通道信号进行精确的平衡。要想使通道推拉衰减器在推至最大位置时不出现过载，就应很好地设定输入增益的电平。

12. 推拉衰减器前选听（PFL，即推子前选听）

当衰减器前选听开关被按下时，通道上的衰减器前的信号被选送到监听输出或耳机上，而通常的信号源（如混合信号或磁带返回信号）就被切断。利用这个开关，可以监听通道的信号是否正常，而不影响调音台的正常输出。可以用来检查通道上的信号质量或其他方面的情形。

9.1.2 立体声输入通道

立体声输入通道的面板如图 9-4 所示。

1. 立体声输入左和右（STE1，L、R；STE2，L、R）

这些输入口均为三芯的 TRS 接口，它们可接入键盘、鼓机、合成器、磁带录音机或效果单元的返回信号。采用平衡输入方式可保证低噪声并可避免外界的电磁干扰。如果采用不平衡输入方式，就应使连接线尽可能短，以避免引来干扰，使系统增加不必要的噪声。

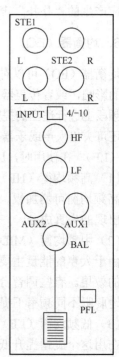

图 9-4　立体声输入通道面板

2．输入电平+4/-10dBu 选择开关（INPUT+4/-10）

大多数专业设备的输入/输出电平为+4dBu，而准专业的磁带录音机或高保真（HI-FI）系统采用的电平为-10dBu。这个开关是为了能与不同的信号源进行匹配，以保证最佳的信号质量。如果不能确定多大的输入电平合适时，可将该开关抬起，使它工作在+4dBu，如果不能取得合适的信号电平（即使推拉衰减器推至最大位置），那么再按下该开关，使它工作在-10dBu。

3．平衡（BAL）

用这个旋钮可设定通道信号分配到左和右混合输出通道的信号量，并用它调整声源在立体声声场中的位置。当平衡旋钮旋至全左或全右时，信号将被分别送到左通道或右通道上。通常将这一旋钮置于中心位置上。

9.1.3 主控部分

主控部分的面板如图 9-5 所示。

1．幻像供电（PHANSTOM POWER）

许多专业用的电容传声器都需要幻像供电。所谓幻像供电是利用传声器的信号线同时传送传声器工作所需的直流电压。当这个开关被打开时，所有的传声器输入就都会带有+48V 的直流电压。应该切记，在使用不平衡输入的传声器时，不要打开幻像供电开关，以免传声器的 XLR 插座 2、3 端上提供的直流电压对调音台造成损坏。

2．条状指示表（条状峰值指示表）

是由 3 种颜色发光二极管组成的条状峰值指示表，用来指示混合信号左右输出的电平大小。对于能导致过载失真的非常大的峰值信号，仪表会发出警告信号。仪表带有快速建立特性，所以对同样响度的信号来说，带有高电平瞬态的信号（如大鼓）的指示读数要比小动态信号（如合成器）的大。通常，当主衰减器在"0"位置时，如果混合信号中含有大比例的高电平瞬态信息，则读数在+6/+9 之间；对于稳定的信号，读数在"0"左右。如果达不到这一电平值，要检查一下输入的设定情况。

3．辅助 1 在衰减器之前（AUX1 Pre）

处在主控部分的这一开关是用来设定通道上的辅助送出 1 是在衰减器之前或是在衰减器之后的。按下这一开关，它将通道上的所有 AUX1 SEND 信号取自衰减器之前，这样辅助 1 送出信号就不受通道推拉衰减器的控制，这时可将信号

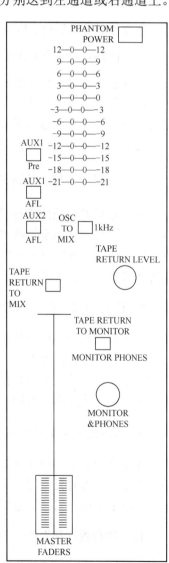

图 9-5　主控部分面板

用于返送或监听。由于这一开关会影响整个调音台上的所有通道，所以使用时应特别注意。将开关抬起时，辅助 1 送出的信号将受通道推拉衰减器的控制，这样的信号比较适合作为效果器的激励信号。

4．辅助送出 1 的衰减器后选听（AUX1 AFL）

如同通道上衰减器前选听（PFL）一样，按下 AFL 开关就可以监听 AUX1 的输出信号，这时 AUX1 上输出的信号将取代原来信号而被送到监听或耳机上。在 PFL 或 AFL 开关被按下时，会有 PFL/AFL 的指示灯提示，这时相应的仪表可以指示被拾取信号源的电平，当抬起开关时，监听返回到原来的监听状态。

5．辅助送出 2 的衰减器后选听（AUX2 AFL）

工作原理与 AUX1 AFL 相同。

6．振荡器接到混合通道（OSC TO MIX）

内部的振荡器产生 1kHz 信号，可以用来进行系统测试或校准磁带录音机。当这一开关被按下时，振荡器开始工作，并将固定频率、固定电平的信号送至混合通道中。切记在现场演出过程中，或者功率放大器开得很大的情况下，不要将这个开关打开。因为突然出现的高电平信号会对人耳和监听设备有不良影响，所以对这一个开关操作时应该格外小心。

7．主推拉衰减器（MASTER FADERS）

主推拉衰减器是用来对最后的混合输出信号电平进行设定的。两个分置的推拉衰减器分别控制左通道和右通道的输出电平。如果输出增益设置得正确，衰减器通常应在"0"标记附近。可以在推拉过程中进行平滑控制，即使输入设定正确，如果发现主衰减器设置得非常低，也应该关小功率放大器，以便使推拉衰减器恢复正常电平。

8．磁带返回电平（TAPE RETURN LEVEL）

磁带返回插口是用来接入磁带录音机的重放信号的。这个电位器可对重放信号送至混合通道或监听通道的信号进行电平设定。在进行扩声时，要将磁带录音机和 CD 唱机进行现场重放，这时也可将这些信号接在磁带返回插口上。因为这些信号源可以保持输入设定不变，因此效果单元的返回也可接入到这个插口上，可以不占用线路输入。

9．磁带返回至混合通路（TAPE RETURN TO MIX）

按下这个开关，可将磁带返回信号直接送给混合通路输出，利用磁带返回电平控制来调整输入电平，这时磁带返回信号将按照主衰减器设定的电平出现在混合通路输出上，同时电平表也指示出同一信号的电平。

10．磁带返回至监听（TAPE RETURN TO MONITOR）

按下这一开关，可将磁带返回信号接到监听或耳机输出上。输出电平可以由磁带返回电平来控制，这时电平表将指示磁带返回信号的电平。

11．监听和耳机电平（MONITOR & PHONES）

用来设定监听的左右输出电平。如果耳机插入耳机插孔时，监听输出被切断。该旋钮可用来设定耳机的监听音量。当耳机被拔出时，监听输出重新恢复。

9.2 架子鼓的拾音

在歌舞厅、俱乐部现场演出主要以现代流行音乐为主，而流行乐队的四大主要组成乐器是电吉他、电贝司、合成器和架子鼓，其中架子鼓的拾音最为复杂。

很多调音师在对架子鼓进行调音时，总是在调音台前忙来忙去，但他们忽略了最重要、最关键的一点，就是架子鼓本身是否已经调整好了。如果声源本身质量太差，那么再好的调音师和再高档的设备也无法获得优美、理想的音质。

1．鼓皮的调整

首先，用鼓钥匙将上鼓皮、下鼓皮调成同一音色。在上鼓皮完全松弛的状态下，调整下鼓皮，用手按住鼓皮中央，鼓皮四周会出现很多皱纹，均匀调整到无皱纹为止，然后再调整上鼓皮，方法与调整下鼓皮时相同。

2．低音鼓的调整

通常是在低音鼓前鼓皮上开一个洞。洞的大小非常关键，开口小了，力度集中；开口大了，缺乏力度。同时，鼓内还要放一些毛毡之类的织物，以软化声音，使声音不至过分生硬，但也不宜太多，否则会缺少力度。通常是将一只能够承受大声压级的动圈传声器伸进前鼓皮的开口里面来进行拾音，传声器与后鼓皮的距离可根据需要灵活调整。

3．军鼓的调整

军鼓在敲击后通常会有余音，要减小余音，可将旧军鼓皮剪一个圈放在军鼓上，并采用两只传声器拾音，一只在上面，另一只在下面。传声器距鼓皮越近，拾取的低音越多；传声器距鼓皮越远，拾取的声音越明亮。下面的传声器主要是用来拾取沙带的声音，因为有时需要拾取这种"沙沙"的声音。

4．通通鼓的调整

用心形动圈传声器拾取通通鼓的声音可减少串音。通常是在两只通通鼓的中间放一只动圈传声器。

5．踩钗的调整

踩钗的拾音可用一只动圈传声器，置于踩钗斜上方 45°的位置，距离在 5cm 以上。

最后，在鼓的上方吊挂两只传声器，它们不是单纯用来拾取吊钗声音的，而是用来拾取整套鼓的声音。两只传声器的间距要仔细调整，距离太小，会影响高音；距离太大，会影响低音。这时，两只传声器距整套鼓（即两只传声器的高度）要远一些，以便拾取的鼓声有立体感。

电吉他、电贝司和合成器通常都采用直接馈入法，即将这些乐器的输出直接接入调音台的线路输入端后进行调音。

9.3 多重效果处理器

9.3.1 多重效果处理器概述

现代电声系统中使用最广泛的声音效果处理设备是多重效果处理器。它集多种声音处理功能于一身，可产生多种特殊效果，是电声系统中不可缺少的重要组成部分。它可以使流行歌手的演唱声音圆润而富有弹性，还可以增加声音的厚度和丰满度，掩盖歌手在演唱中的某些缺陷，同时还可以使吸声特性较强、自然混响时间较短的某些房间或厅堂富有空间感和立体感。多重效果处理器不仅可以代替混响器所产生的效果，还包含各种厅堂的混响效果以外的处理功能，如延时、噪声门、均衡、失真、合唱、变调及重金属等效果。有些高档的效果处理器还带有存储器，用户可将自己修改后的各种参数存入存储器，当再次使用时，只需按使用规则将其从所在的存储器中调出即可使用。有一些效果处理器同时还带有处理 MIDI 信号的功能，在 MIDI 节目制作中起着不可忽视的作用。

9.3.2 多重效果处理器的连接

多重效果处理器在电声系统中的连接方法大致有 3 种。第一种是从调音台的效果送出或辅助送出提取信号送往效果处理器的输入端，然后将效果处理器的输出信号接入调音台的效果返回或辅助返回，这是电声系统中效果处理器最为典型的接法。采用此种方法只需要一台效果处理器就可对所有输入信号施加效果。而每一路输入信号所需要的效果分量可以分别调整。它唯一的缺点是各种信号所需的效果参数不能分别调整。采用这种方式时，如调音台上有空余的输入通道，可将效果处理器输出的信号直接接入调音台空余的输入通道，这样便可以利用输入通道上的均衡器来调整效果处理器的频率参数。不过这时应该特别注意，一定要将调音台用于效果输入的通道上的 AUX 旋钮关闭，以防因反馈而引起自激。第二种方法是利用调音台上的插入口（INS），将效果接入调音台的输入通道。但这种方法必须在需要效果的每一输入通道上都接上一台效果处理器，设备数量会增加，投资会加大。这种方法在扩声中一般不使用，但在专业录音中被广泛采用。这种方式的优点在于，每一路输入的混响效果参数可独立调节，每一路信号可根据自己的实际需要来选择与之相匹配的效果。第三种接法是把效果处理器与调音台的输出端和下级设备的输入端串联起来。这种方法很少使用，因为它无法调整每一输入通道的效果量，参数调好以后，只能用于调音台主输出上送出的混合后信号，而无法分别控制、调整，使用极为不便。以上介绍的 3 种方法中，第一种方法比较适合在扩声领域中应用。

9.3.3 歌舞厅常用的几种效果处理器

1. DIGITECH DSP-16 效果处理器

DIGITECH DSP-16（以下简称 DSP-16）是一种立体声混响设备，它的面板如图 9-6 所示。它包含 128 种程序，可用来产生混响和延迟效果，并可以调整衰减和延迟的时间，三段均衡可以对声音进行精确调整，此外还可以对输入、输出电平和效果的混合量进行控制。

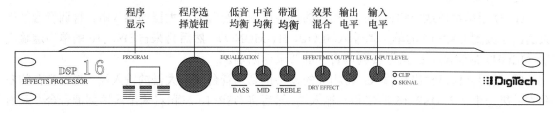

图 9-6　DIGITECH DSP−16 效果处理器面板

DSP-16 的用途非常广泛，可用于家庭和一般演播室，也可用于现场扩声，如声乐、吉他、键盘等的实况声，以及礼堂、大厅、会议室等的扩声场合。

（1）面板控制

① 电源：DSP-16 无电源开关，接通电源后自动开机。

② 程序显示：用 3 位数字来显示选择的程序号。

③ 程序选择旋钮：用于选择程序号、旁通状态和 MIDI 通道，程序用脚踏开关放到 1 选择上。

④ 均衡：低音均衡（倾斜滤波器），12dB 切断/提升，上截止频率为 125Hz；中音均衡（带通滤波器），12dB 切断/提升，带宽为 125Hz～1.5kHz；高音均衡（倾斜滤波器），12dB 切断/ 提升，下截止频率为 1.5kHz。

⑤ 效果混合：调整输出信号从干到湿的比例，中间位置提供 50：50 混合（无效果状态为反时针，最大效果状态为顺时针）。

⑥ 输出电平：将输出电平调整到调音台或放大器的最佳电平，小心不要过载。

⑦ 输入电平：连接好 DSP-16 的输入和输出后将相关设备（放大器或调音台）调到最响，再调整 DSP-16 的输入电平，使红色削波指示灯（CLIP）只是偶尔闪亮。

（2）背板连接

DSP-16 效果处理器的背板如图 9-7 所示。

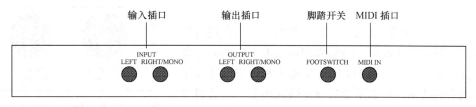

图 9-7　DSP−16 效果处理器背板

① 输入插口（INPUT）：两个单声道 1/4 英寸插口，用于接入相关设备或线路信号。同时使用左边和右边的插口为立体声输入，使用右边的 RIGHT/MONO 插口为单声道输入。

② 输出插口（OUTPUT）：两个单声道 1/4 英寸插口，用于放大器、调音台或效果环路的立体声输出，RIGHT/MONO 插口仅用于单声道输出，也可左和右混合使用以获得最佳单声道声。

③ 脚踏开关（FOOTSWITCH）：1/4 英寸插口用于连接一个标准的单键脚踏开关或

DIGITECH FS 300 脚踏开关。

④ MIDI 插口（MIDI IN）：标准 5 针 DIN 插口，将接收标准 MIDI 程序改变到预置状态。

（3）效果环路

① 使用单声道送出和返回：将相关的设备接到调音台或放大器的输入端，将调音台的效果送出连接到 DSP-16 的单声道输入端（RIGHT/MONO），然后将来自 DSP-16 的单声道输出端（RIGHT/MONO）的信号接到调音台的效果返回端。

② 使用立体声输出和输入：将相关的设备接到调音台或放大器的输入端，将调音台的左和右效果送出接入 DSP-16 的左和右输入端，然后将 DSP-16 左和右输出连接到调音台左和右的效果返回端。

③ 串联立体声输出和输入：将相关的设备插入到调音台或放大器，将调音台左和右主输出接到 DSP-16 的输入端，然后将 DSP-16 的输出接入机座或放大器主输入端。

④ 使用辅助输出和输入（单声道到立体声）：将调音台单声道辅助输出接入 DSP-16 单声道输入（RIGHT/MONO），然后将 DSP-16 的输出接到调音台的输入通道或辅助返回端。

（4）直接连接

① 单声道输入、输出：将相关设备接到 DSP-16 单声道输入（RIGHT/MONO），将单声道输出（RIGHT/MONO）接到放大器单声道输入。

② 单声道输入、立体声输出：将相关设备接到 DSP-16 单声道输入（RIGHT/MONO），然后将 DSP-16 的左和右接到放大器或调音台的输入端。

③ 立体声输入、输出：将相关设备同时接入 DSP-16 左和右的输入端，再将 DSP-16 的左和右的输出端接入放大器的输入端。

④ 立体声输入、单声道输出：将相关设备同时接入 DSP-16 左和右的输入端，再将 DSP-16 单声道输出（RIGHT/MONO）接入放大器的单声道输入。

⑤ 串联立体声输入、输出：将相关设备接入调音台的输入端，再将调音台的左和右主输出接入 DSP-16 的输入，然后将 DSP-16 的输出接到机座或放大器的主输入端。

（5）操作

① 输入电平调整：按要求连接好 DSP-16 以后，将声源设置到最响，然后调整 DSP-16 的输入电平，使红色削波显示灯（CLIP）偶尔点亮。如果红色削波显示灯闪亮得太频繁，可能会出现信号失真。

② 输出电平调整：在 DSP-16 上将输出电平定到所希望位置，为获得最佳效果，将输入和输出电平定为单位增益。单位增益可以通过将 DSP-16 的输入和输出信号调至相同的电平而获得，按上述要求设定输入电平，然后调节输出电平使两个电位器呈镜像对称。例如，输入增益的调

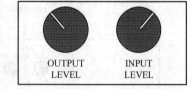

图 9-8 DSP-16 输入、输出电平的调节

节为中心偏右（1 点钟），那么将输出增益调节到左方同样的位置（11 点钟），如图 9-8 所示。

③ 最佳信噪比调整：为了获得最佳信噪比（即声音性能最佳，噪声最小），输入电平必须尽量高，直到红色削波指示灯（CLIP）偶尔闪亮。

（6）效果目录

① 房间混响：预置 1～15 模拟不同尺寸房间的混响，并带有较短的衰减时间。

② 大厅混响：预置 16～30 为大厅类型的混响，模拟大房间或音乐厅，混响衰减和扩散

比房间混响长。

③ 门混响：预置 31～35 是在限定时间长度内结束的混响。

④ 反向混响：预置 36～40 是与正常衰变混响相反的，混响没有衰减，而是增强，增强效果在初始声音之后听到，在此期间，混响逐渐增强，然后切断。

⑤ 特殊混响：预置 41～45 是模拟特殊环境产生的混响，它们包括坦克、停车台、夕阳、阵雨和体育馆。

⑥ 100ms 以下的延时：预置 46～65 是 10～100ms 的延时程序，以 10ms 递增，每组 10 个延时有 0% 和 40% 的再生。

⑦ 1s 以下的延时：预置 66～85 是与预置 46～65 相似的延时程序，但延时时间范围为 200ms～1s。

⑧ 速度延时：预置 86～95 是以一定速度重复输入信号的延时程序，范围为 40～160 拍/分。

⑨ 多拍子延时：预置 96～105 为延时程序，它们有 4 个独立的延时线，用于使输入信号重复。为了使这些程序获得最好效果，DSP-16 应该用于立体声，因为延时在左中右是来回重复的。

⑩ 多效果预置：预置 106～127 是将混响和延时结合起来的程序，程序在小房间、短延时到大房间、长延时之间改变。

⑪ 旁通：这个程序是将所有效果旁路，输入信号被直接送到输出口。

（7）DSP-16 效果预置单（见表 9-1）

表 9-1　　　　　　　　　　　　　　　　DSP-16 效果预置单

Programs 1～15 Room Reverbs			Programs 31～35 Gated Reverbs	
	Room	Pre-delay		Decay
Program No.	Size	Time	Program No.	Time
Stage/club Reverbs			31	100ms
1	Small	0ms	32	200ms
2	Small	30ms	33	300ms
3	Small	60ms	34	400ms
4	Medium	0ms	35	550ms
5	Medium	30ms		
6	Medium	60ms		
7	Large	0ms		
8	Large	30ms	Programs 36～40 Reverse Reverbs	
9	Large	60ms		Reverb
			Program No.	Time
Studio Reverbs			36	100ms
10	Small	0ms	37	200ms
11	Medium	30ms	38	300ms
12	Large	0ms	39	400ms
13	Small	30ms	40	500ms
14	Medium	0ms		
15	Large	30ms		

Programs 16～30 Hall Reverbs

Program No.	Room Size	Pre-delay Time
16	Small	0ms
17	Small	20ms
18	Small	40ms
19	Small	60ms
20	Medium	0ms
21	Medium	20ms
22	Medium	40ms
23	Medium	60ms
24	Large	0ms
25	Large	20ms
26	Large	40ms
27	Large	60ms
28	X-Large	0ms
29	X-Large	30ms
30	X-Large	60ms

Programs 41～45 Special Reverbs

Program No.	Program Name
41	Tank
42	Parking Terrace
43	Afterglow…
44	Shower
45	Gym

Programs 46～65 Delays up to 100 ms

Program No.	Delay Time	Feedback
46	10ms	0%
47	10ms	30%
48	20ms	0%
49	20ms	30%
50	30ms	0%
51	30ms	30%
52	40ms	0%
53	40ms	30%
54	50ms	0%
55	50ms	30%
56	60ms	0%
57	60ms	30%
58	70ms	0%
59	70ms	30%
60	80ms	0%
61	80ms	30%
62	90ms	0%
63	90ms	30%
64	100ms	0%
65	100ms	30%

Programs 96～105 Multi - tap Delays

Program No.	Description
96	Back and Forth
97	Wait，Back & Forth
98	Right，Center，Left
99	Galloping 16ths
100	3 Right，1 Left
101	Right，Left，Center
102	3Left，1 Right
103	Right，Fast Left，Mid
104	Fast Right Left，Mid
105	In & Out

续表

Programs 66～85 Delays up to 1 Second Delay		
Program No.	Time	Feedback
66	200ms	0%
67	200ms	40%
68	300ms	0%
69	300ms	40%
70	400ms	0%
71	400ms	40%
72	500ms	0%
73	500ms	40%
74	600ms	0%
75	600ms	40%
76	700ms	0%
77	700ms	40%
78	750ms	0%
79	750ms	40%
80	800ms	0%
81	800ms	40%
82	900ms	0%
83	900ms	40%
84	1s	0%
85	1s	40%

Programs 86～95 Tempo Delays	
Program No.	BPM
86	40
87	50
88	60
89	72
90	80
91	90
92	100
93	120
94	140
95	160

Programs 106～115 Multi - effects Delays/ Room Reverbs		
	Delay	Room
Program No.	Time	Size
106	250ms	Small
107	500ms	Small
108	750ms	Small
109	250ms	Medium
110	500ms	Medium
111	750ms	Medium
112	250ms	Large
113	500ms	Large
114	750ms	Large
115	750ms	X- Large

Programs 116～127 Delays/ Hall Reverbs		
	Delay	Room
Program No.	Time	Size
116	250ms	Small
117	500ms	Small
118	750ms	Small
119	250ms	Medium
120	500ms	Medium
121	750ms	Medium
122	250ms	Large
123	500ms	Large
124	750ms	Large
125	750ms	Cathedral
126	750ms	Arena
127	750ms	Canyou

Program 128 ByTass

（8）DSP-16 主要技术参数
- 总效果数：16；
- 总预设程序数：128；
- 处理器：20bit VLSI；
- 信噪比：90dB；
- 带宽：20Hz～16kHz；
- 总谐波失真：在 1kHz 小于 0.08%；
- LED 显示：程序号；
- LED 指示器：信号、削波；
- MIDI：程序变化。

2．DIGITECH DSP-18 效果处理器

（1）面板控制

图 9-9 所示为 DIGITECH DSP-18（以下简称 DSP-18）效果处理器的面板图，其控制部分及所控制的效果程序如下。

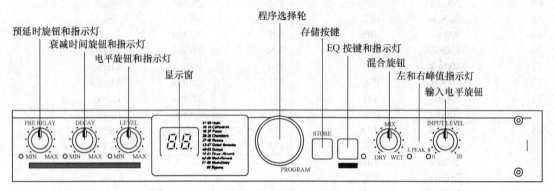

图 9-9　DIGITECH DSP-18 效果处理器面板

① 立体声混响程序：混响是由房间的各表面反射回来的声波产生的，利用混响效果可以模拟出实况或录音场所的空间环境感。这样可以将一个在很小的空间内录到的声音，利用大厅的混响程序进行处理，使听者感到声音是由大厅的环境中产生的。可选择的 6 个不同的混响类型分别是教堂（Churches）、大厅（Halls）、板混响（Plate）、会议厅（Chambers）、房间（Rooms）和门混响（Gated）。其中，预延时旋钮用于控制预延时，即设定混响被听到之前所经过的时间，衰减时间旋钮用于控制混响衰减时间，电平旋钮用于控制混响信号的电平值。

② 立体声延时程序：延时效果可产生信号的加倍效果，延时信号是在原始信号之后，被延时信号通常被再送到延时模块产生重复，即进行反馈。DSP-18 中所有的延时程序都是真正的立体声延时。其中，预延时旋钮用于控制听到延时信号之前的时间间隔，衰减时间旋钮用于控制将输出信号送回到延时输入端的百分比，电平旋钮用于控制延时信号的电平。

③ 延时/混响程序：包含了延时/混响效果，混响是大厅混响。其中，预延时旋钮用于控制听到延时信号前的时间间隔，衰减时间旋钮用于控制混响衰减所经历的时间，电平旋钮用于控制延时和混响之间的比例。

④ 调制/混响程序：这个程序是混响加上 4 种调制效果之一的程序，调制效果包括：合唱、镶边、颤音和失谐。其中，预延时旋钮用于控制合唱、镶边或颤音的调制速度，或者控制失谐效果的失谐量；衰减时间旋钮用于控制混响衰减所需的时间长度；电平旋钮用于控制调制效果与混响之间的比例。

⑤ 调制/延时程序：这个程序是延时与 4 种调制效果之一的组合效果，调制效果包括：合唱、镶边、颤音和失谐。其中，预延时旋钮用于控制合唱、镶边或颤音的调制速度，或控制失谐效果的失谐量；衰减时间旋钮用于控制听到延时信号前经历的时间；电平旋钮用于控制调制效果与延时效果之间的比例。

⑥ 参数均衡 EQ：这个程序都包括参数均衡，可以改变效果的整体音质。均衡对于信号没有影响，通过按下 EQ 按键就可以进入或退出 EQ。其中，预延时旋钮用以选择每段的中心

频率，LED 所显示的数字反映的是 EQ 实际所用的中心频率；衰减时间旋钮用于控制 EQ 频段的宽度；电平旋钮用于控制频段的提升和衰减的量值。

⑦ 程序选择轮：用来选择所需要的各种效果程序。

⑧ 存储按键：可用来存储用户所修改的效果程序。

⑨ EQ 按键：按下 EQ 按键可进入参数均衡。预延时旋钮、衰减时间旋钮和电平旋钮将分别用于调整它们所对应的参数均衡的各种参数。

⑩ 混合旋钮：用来调整信号的干/湿比例，即 DSP-18 送出信号中效果信号与原始未处理信号之间的比例。

⑪ 左和右峰值指示灯：用来显示信号的峰值，如指示灯闪亮过于频繁，则信号可能失真。

⑫ 输入电平旋钮：用来控制输入 DSP-18 信号的电平。为了获得最佳信噪比，输入电平应该设置得尽量高，直到峰值指示灯偶尔闪亮。

⑬ DSP-18 旁路状态：转动程序选择轮，直到显示窗显示出 00，这时将所有的效果完全旁路，输入的信号被直接送到输出端。

⑭ DSP-18 的初始化状态：执行这个功能将会永久消除所有的用户编程数据。

（2）背板连接

DSP-18 效果处理器背板如图 9-10 所示。它们的接口声频连接如下。

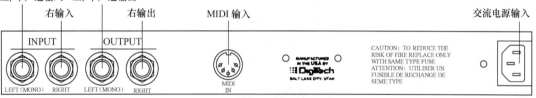

图 9-10　DSP-18 效果处理器背板

DSP-18 有两个声频输入，当左（LEFT）和右（RIGHT）输入都使用时，可取得真正的立体声信号通道。左输入可用在单通道应用场合，当仅使用左输入时，输入信号被同时分配到左右两个输入通路上，因而两边所处理的是相同的信号。MIDI 输入用来接收程序改变命令，可对用户更改程序进行遥控。

（3）DSP-18 主要技术指标

● A/D 转换：18bit，128 倍过采样；

● D/A 转换：20bit，64 倍过采样；

● 采样频率：46.875kHz；

● 工作电平：+4dBu；

● 最大电平：输入为+18dBu，输出为+14dBu；

● 阻抗：输入为 24kΩ，输出为 51Ω；

● 频率响应：20Hz～20kHz，+0，-3dB；

● 信噪比：大于 90dB；

● 总谐波失真：小于 0.04%（1kHz）；

● 内存容量：厂家 99 个预置，用户 99 个设定。

（4）DSP-18 效果预置表（见表 9-2）

表 9-2   DSP-18 效果预置表

序号	房间		效果项目	说明
1	大厅	大	明亮	大厅可能是最常用的一种混响。它尤其适合处理室内音乐作品中的声学真乐器（钢琴、弦乐、木管乐、长号角）
2			温暖	
3			暗淡	
4		中	明亮	
5			温暖	
6			暗淡	
7		小	明亮	
8			温暖	
9			暗淡	
10	教堂	大	明亮	它是非常强的混响，特别是低频段，尤其适合处理歌剧管风琴，它也可用来使弦乐或合成器加衰减的音色更丰满
11			温暖	
12			暗淡	
13		中	明亮	
14			温暖	
15			暗淡	
16		小	明亮	
17			温暖	
18			暗淡	
19	板混响	大	明亮	板混响比其他混响声单薄一些，但较明亮。衰减时间也比教堂的短，板混响适合处理人声和鼓声
20			温暖	
21			暗淡	
22		中	明亮	
23			温暖	
24			暗淡	
25		小	明亮	
26			温暖	
27			暗淡	
28	会议厅	大	明亮	会议厅混响有助于给干声增加真实感，它可产生自然的空间特点，不会过量成干扰原始声
29			温暖	
30			暗淡	
31		中	明亮	
32		中	温暖	
33		中	暗淡	
34		小	明亮	
35			温暖	
36			暗淡	

序号	房间		效果项目	说明
37	房间	大	明亮	房间混响用来使干的采样或合成声富有生机。例如鼓采样，它会为近距拾取的鼓声加合适的房间反射
38			温暖	
39		中	明亮	
40			温暖	
41		小	明亮	
42			温暖	
43	门混响		长衰减	短的混响过程，可用于小房间
44			短衰减	
45			线性长衰减	未衰减的混响突然切断，适合鼓，使其较平滑
46			线性短	
47			反向	反向声效果
48	立体声延时	大	明亮	真正的立体声延时，有延时时间和反馈参数
49			温暖	
50			暗淡	
51	立体声乒乓延时		640μs	真正立体声延时，产生声音的前后（左右）跳变
52			640μs–三连音	
53			640μs–切分三连音	
54	串接延时和混响		立体声 300μs/0%反馈→混响	它将立体声输入送至延时器，然后再送到大厅混响。其中延时时间、混响衰减和效果平衡可调校
55			立体声 300μs/5%反馈→混响	
56			立体声 300μs/15%反馈→混响	
57			立体声 300μs/25%反馈→混响	
58	双效果延时和混响		左：600μs/0%反馈　右：混响	左输入送至延时，右输入送至混响
59			左：600μs/5%反馈　右：混响	
60			左：600μs/15%反馈　右：混响	
61			左：600μs/25%反馈　右：混响	
62	–串接–调制和混响		立体声　失调→混响	立体声输入送至调制效果，再送至大厅混响，平衡控制（第三参数旋钮）顺时针转动，用以选择失谐、合唱、镶边或颤音作为单一效果
63			立体声　浅的合唱→混响	
64			立体声　深的合唱→混响	
65			立体声　浅的镶边→混响	
66			立体声　深的镶边→混响	
67			立体声　浅的颤音→混响	
68			立体声　深的颤音→混响	
69	–并接–调制和混响		立体声　失调+混响	左和右输入送至调制和大厅混响，如串接效果处理大小，可选用并接效果
70			立体声　浅的合唱+混响	
71			立体声　深的合唱+混响	
72	–并接–调制和混响		立体声　浅的镶边+混响	左和右输入送至调制和大厅混响，如串接效果处理大小，可选用并接效果
73			立体声　深的镶边+混响	

续表

序号	房间	效果项目	说明
74	-双效果- 调制和混响	左：失调　　右：混响	左输入送至调制效果，右输入送至大厅混响。当连接到调音台的两路辅助送出时，DSP-18相当于两台效果器
75		左：浅的合唱　右：混响	
76		左：深的合唱　右：混响	
77		左：浅的镶边　右：混响	
78		左：深的镶边　右：混响	
79		左：浅的颤音　右：混响	
80		左：深的颤音　右：混响	
81	-串接- 调制和延时	立体声　失调→延时	立体声输入送至调制效果，再至延时效果，这种混合效果可增加空间感，而无混响的变厚感觉。最大延时为640ms
82		立体声　浅的合唱→延时	
83		立体声　深的合唱→延时	
84		立体声　浅的镶边→延时	
85		立体声　深的镶边→延时	
86		立体声　浅的颤音→延时	
87		立体声　深的颤音→延时	
88	-并接- 调制和延时	立体声　失调→延时	左和右输入送至调制和延时效果。最大延时时间为640ms
89		立体声　浅的合唱→延时	
90		立体声　深的合唱→延时	
91		立体声　浅的镶边→延时	
92		立体声　深的镶边→延时	
93	-双效果- 调制和延时	左：失调　　右：延时	左输入送至调制效果，右输入送至延时。当它接在调音台的两路辅助送出，DSP-18相当于两台效果器。最大延时为980ms
94		左：浅的合唱　右：延时	
95		左：深的合唱　右：延时	
96		左：浅的镶边　右：延时	
97		左：深的镶边　右：延时	
98		左：浅的颤音　右：延时	
99		左：深的镶边　右：延时	
100	旁路		

　　除了上述这两种效果处理器，歌舞厅常用的效果处理器还有 Yamaha EMP-100、R-100、REV-100、DIGITECH DSP-256、ART 423，档次更高一些的还有 Yamaha SPX900、SPX900 及 SPX1000 等。

第10章
扩声系统

10.1 扩声的作用与要求

扩声设备是指在输入声频信号的同时向听众传送信息并保证具有高清晰度、自然真实感和声像一致的电声换能设备和放大设备。扩声设备的种类很多，但它们的工作原理基本上是相同的。

扩声的用途非常广泛，扩声的内容也极为丰富，有语言、音乐、戏剧、曲艺及电影等。

扩声分为室内扩声与室外扩声两大类。室内扩声对室内音质的要求相当高（如音乐厅、电影院、剧院、厅堂等），受房间混响时间、回声干扰以及某些声音的缺陷影响较大。室外扩声（体育场、广场、车站、码头、飞机场）的特点是反射声极小、无回声干扰，但扩声区域大，条件较为复杂，扬声器放置的最佳位置较难确定，受环境的噪声干扰也比较大，所以音质受到各种条件的影响，很难与室内相媲美。

在整个扩声过程中，不论是电声转换，扩声环境的声学特性，还是对各种声音的加工处理；不论是向观众区分配声能，还是对音质调整控制，都与声学理论紧紧联系在一起。

扩声系统有单声道重放系统、双声道立体声重放和多路立体声重放系统等。虽然扩声系统的种类很多，但它们的原理是相同的。

扩声系统的作用主要表现在以下几个方面。

① 扩声的目的是为了加强观众席的响度（这里主要指直达声），使节目信号的声压级高于背景15dB以上，以获得高清晰度的音质。如果直达声较弱就会被混响声及噪声掩蔽，而降低了清晰度。自然声源能量是有限的，在室内容积大、观众人数多以及声学条件不能满足的情况下，必须借助扩声系统。

② 通过扩声系统来改善厅堂剧场的音质也是一个重要目的，在一定程度上可以弥补厅堂、剧场的声学缺陷，当然弥补的范围是有限的。

③ 从艺术角度来看，音乐、戏剧、舞蹈等文艺演出，都需要借助扩声系统来美化修饰音色和加大音量、增强响度，而且还可以更好地渲染节目演出的气氛以感染观众。

在任何地方进行演出扩声时，音响师都要事先做两项工作，一项是艺术设计，另一项是技术设计。

艺术设计要考虑节目的演出内容、形式和人数多少等，以解决用多少传声器，用什么样的传声器，传声器的设置安放等问题。技术设计要考虑用什么样的扩声设备，220V电源供电情况如何，电压是否稳定，用多少音箱，音箱的设置安放等问题。传声器越少越好控制，扬声器越多越会产生声音的互相干涉与重叠，而且还可能增加频率的峰谷值，降低声音的质量。

扩声系统通常由声源（包括电唱机、激光唱机、激光视盘机、录音磁带卡座、专业 6.25mm 录音机、电声乐器、键盘、合成器、录像机、调谐器等）、传声器、调音台、声音处理设备、功率放大器及扬声器系统等组成。有的设备与调音台和功率放大器组装在一起，使用起来更为方便，但发生故障修理起来就很困难。若没有声音处理设备，只使用一般简单的扩声系统也可进行正常工作，但无法达到高质量的扩声效果。要提高声音质量，使观众满意，就必须配备完整成套的声音处理设备——包括均衡器（EQ）、混响器、延时器、压限器、激励器、降噪器、陷波器、变调器、杜比解码器、环绕声处理器、电子分频器及控制器等。当然，声源设备、声音处理设备及传声器数量的多少，应要根据工作的性质和实际需要而定，不然会造成很大的浪费。

扩声的基本任务就是要保证在剧场、礼堂、音乐厅、电影院、会议室、歌舞厅、车站、公园等场所都能使声音听得清楚、听得好。要做到这一点，关键在于以下几个方面。

首先必须适当控制和处理好室内的混响时间。有许多地方声音听不清楚，往往是由于混响时间太长、声功率不够、扬声器分布得不合理和安装的位置不恰当等原因造成的。同时还必须使观众（听众）席有足够的直达声，这就要求尽量减小扩声系统的声反馈，使功率放大器音量开到足够响的程度而不会引起啸叫，而且要求扬声器发出的声音尽量有效地射向听众席上，使射向房顶和舞台等其他部位的声音尽量减小。这对混响时间较长的厅堂更为重要。

另外，整套扩声设备要有较高的技术指标，能够达到高保真度的要求，而且还要求整个扩声系统具有好的可靠性和稳定性。厅堂声场分布要均匀，避免回声或噪声的干扰，使观众无论坐在什么位置上，声音的响度感觉都差不多，观众都能听清楚。

要做好各类扩声，不仅仅是个设备问题，在某种程度上也涉及是否能够正确地使用、操作和维护设备的问题。音响师必须熟悉所使用设备的功能和系统的连接。日常维护工作也很重要，它是保证扩声工作正常的重要一环。同时，音响师还应具有较高的艺术修养和音乐素质，这样才能做好扩声工作。

10.2 室内扩声系统

电影院、剧场、厅堂、歌舞厅、体育馆等场所的扩声效果，包括声场的均匀性、声音的响度和音质等，虽然与建筑声学、扩声设备有关，但在很大程度上也取决于扬声器的选择、组合和布局。选择扬声器首先要考虑它的用途，然后再考虑使用的环境和扬声器的数量。

由于房间的体形不同，扬声器的布置很难有一个统一标准，所以要按实际情况来决定。一般是根据扬声器声能的分配方式与观众区的划分来布置扬声器，大体有集中方式、分散方式及集中与分散相结合的混合方式。

① 集中方式是将扬声器集中放置在舞台口两边或两侧的上方 2m 左右的位置，这种方式很适合一般厅堂剧场。

② 分散方式是除舞台两边的扬声器外，其他的扬声器都挂在四周墙壁上或部分扬声器挂在房顶上。这种方式所用扬声器输出功率较小，可以照顾所有观众区声音响度的均匀性。在使用很多扬声器时，要注意避免扬声器声音相互之间的干扰。

③ 混合方式可以充分发挥和运用集中与分散两种方式的优点。在声场中某些声音不够响的区域，可以适当地增补一些辅助扬声器来弥补响度的不足，这时利用号筒式指向性强的扬声器，效果特别明显，在较大的剧场扩声中都采用这种方式。立体声电影院扬声器的布置就是最典型的集中与分散相结合的混合方式，即把左、中、右及超低频扬声器都集中放置在银幕的后面，而环绕扬声器都挂在左右及后面墙上。

对于家用扩声系统，一般人都不大注意扬声器的摆放位置，只要求声音响亮而缺少追求美好声音的愿望。其实扬声器的摆放位置是极其重要的，关系到提高声音效果的问题。通过改变扬声器与后墙或侧墙的距离，可以控制低频；通过改变扬声器与听声人的距离，可以降低房间产生的谐振影响；通过调整聆听高度及角度可以改善音色的平稳度；通过改变扬声器的角度可以增加空间感；将扬声器与后墙保持一定距离，可以增加声场的深度（扬声器距后墙越远，声场深度越大）。

扬声器的音色平衡度随着聆听高度而变化，但只是高频和中频变化，不会影响低频。当人耳与扬声器的高频单元处于同一高度或位于两个单元的交叉轴位置时，扬声器音色会更加优美动听。扬声器的高频单元一般都距地面 1m 左右，以适合大多数人的聆听高度，而以左右扬声器为底边的三角形顶点处聆听的高频最多，同时也还要注意直达声与反射声的比例。扬声器越靠近后墙或侧墙低频成分就越多，在重放音乐时更具有深沉而厚实的感觉。房间周围墙壁对扬声器的整体音色平衡有很大影响。还必须注意，三角形聆听的位置要比左右扬声器的距离稍大一些。另外，在听立体声音乐时，左右两个扬声器相距越近声像会越窄，距离越远声像会越宽。

10.3 扩声系统设备连接的意义与要求

10.3.1 连接的意义

随着电子技术的飞速发展，我国的电子元器件及音响设备的质量有了很大的提高。音响设备要按严格的国家或国际标准进行生产，每种设备都有详细的技术指标说明书。由于每一类设备都是按统一标准生产的，因此各厂家的同类产品是可互换的，这为用户提供了更多的选择余地，由不同厂家生产的设备组合而成的音响系统随处可见。于是，音响系统的配接，即各设备间的连接就成了扩声工作中经常遇到的一个重要的问题。

扩声系统设备的连接包括机械配接和电气配接，放大器与扬声器间的配接，放大和输入设备的配接，传声器、扬声器的配接等。

扩声系统电气配接又包括 3 个部分：一是阻抗的配接，指前级扩声设备的输出阻抗与所连接的后级设备输入阻抗之间的配接；二是电平配接，指系统中各配接端子间的电平关系；三是平衡状态，指系统设备输入、输出端子的平衡和非平衡状态。

扩声系统设备之间的连接（包括配线及管线的设计和施工），是决定扩声设备优劣的重要因素之一。如果此项实施不当，即使使用优质的设备，也会出现机振、杂音、干扰、音量不

初级音响师速成实用教程（第3版）

足或音质不良等许多问题，甚至会造成放大器等设备损坏。

显而易见，只有正确掌握扩声系统设备的连接，才能充分发挥扩声设备的效能，保证扩声系统正常工作。

10.3.2 连接的基本要求

1．信号电平要满足要求标准

两种设备连接以后，它们之间的信号电平一定要适当。如果前一设备输入到后一设备的信号电平过大，就可能会使后一设备产生非线性失真；相反，如果前一设备输入到后一设备的信号电平过小，则会降低音响重放系统的信噪比。因此，当前一设备输入的信号电平过大时，要使用后一设备的衰减电路把输入的电平降低；如果前一设备输入的信号电平过小，则应在后一设备中将输入的电平进行提升。调音台主要靠使用不同的输入插孔或 PAD 转换按键及增益旋钮来解决输入信号电平过大或过小的问题，而其他设备（诸如效果处理器、激励器等）则主要靠调整其各自的输入电平旋钮来实现，信号电平过大时向左旋一些，信号电平过小时向右旋一些。

2．输出和输入阻抗要匹配

阻抗的匹配问题，主要集中在音源与调音台、功放与音箱之间。其他专业音响设备由于标准统一，基本上没有匹配严重失调的问题。

专业调音台在设计上已经考虑了其前端设备同其相连时的阻抗匹配问题。一般而言，只要将传声器连接到 MIC 插孔，将前端非传声器设备（如 VCD 机、LD 机等音源设备）连接到线路（LINE）插孔就可以了。大型的专业调音台的传声器接口都为卡侬接口，而线路接口均为 6.25mm 直插接口。诸如 VCD 机等音源设备绝对不能够连接到传声器插孔中，而传声器视其情况有时可以使用线路插孔，比如，当使用的传声器为非平衡高阻抗（2kΩ）且灵敏度较高的传声器时，但最好不要这样使用（缺连接线应急时可使用），因为这也是不符合阻抗匹配原则的。调音台的线路输入一般有几十千欧。

另外值得注意的是功率放大器同音箱的阻抗匹配问题，这一问题在选购设备时就必须考虑到。功率放大器的额定输出阻抗一般在 4～16Ω 这一范围内，而音箱的输入阻抗也多为 4Ω、8Ω、16Ω 这 3 种。虽然有的功率放大器的说明书中提到它对 4～16Ω 这一范围的音箱都适用，但这是有前提条件的，或者说是非标准的。因此，这类说明书中又加了一个推荐输出阻抗。这个所谓的推荐输出阻抗才是真正意义上的最佳输出阻抗，选择设备时，应以这一阻抗来考虑设备的选择。如果用一台功率放大器推动一对音箱，选择时，功率放大器的输出阻抗必须同音箱的输入阻抗相同；如果是考虑用一台功率放大器推动多对音箱，则在选择时，应考虑到多对音箱是如何连接的，它们连接以后的等效输入阻抗是多少，这时选用的功率放大器的所谓推荐输出阻抗应该与等效输入阻抗相等才行。当然，这种以一台功率放大器推动多对音箱的做法，还必须考虑到功率放大器和音箱的输出功率的匹配问题。

3．线路连接方式要合理配接

设备间相接的线路有平衡式与不平衡式两种。所谓平衡式，是指声音信号用两芯屏蔽传输线传输，两根芯线对地的阻抗是相等的；所谓不平衡式，是指用两芯屏蔽传输线传输，但有一根芯线接地，等同于单芯屏蔽线。当平衡输出与不平衡输入相接时，应加匹配变压器。VCD 机、DVD 机、电唱机等的线路输入或线路输出多为不平衡式，专业用传声器输出、调音台传声器输入、专业录音机等则多为平衡式。平衡式可以防止因线路长而受电场干扰。功率放大器的输出为低阻抗不平衡式，它可接 4～8Ω 的扬声器，或接 4～40Ω 的耳机。不论是平衡式还是不平衡式，连接时都要可靠接地，因为不良的接地会引起感应噪声。有关连接的具体问题将在后面论述。

4．频率范围要与音源频响相一致

音响设备相接时应考虑频率范围的协调问题。如果在整个音响系统中有一台设备的频率范围很窄，则整个音响系统的频响就要变坏。因此，由各种设备组合起来的音响系统必须保持高低音的平衡，既不能把频响特性很差的设备插入其中，也不应把在性能上大大优于其他设备的设备插入。例如，若把一对特优的音箱接在一般音响系统中，不但不能提高声音质量，反而会暴露该系统的缺点，把不该重放出来的噪声也重放出来，因此要考虑频率的互补性。在音响系统中，低音与高音固然重要，但也不能忽视中间音。过去在处理频响特性上曾有这样的经验，即高低声频率相乘应等于 800kHz，比如高端到 20kHz 时，低端应在 40Hz 截止；高端到 8kHz 时，低端要在 100Hz 截止，依此类推。这样配合，其频响特性均匀，声音悦耳。当然这不是绝对的，根据不同节目还要进行必要的频率补偿。要保证音响系统高质量放音，首先要求功率放大器的频响要比其他设备宽，其次要求扬声器系统频响宽且均衡。

10.4 接插件与连接线

10.4.1 接插件

1．接插件的种类

在扩声系统中，常见的接插件主要有以下几种。

① 卡侬（Cannon）插头：即 XLR 型插头，它是专业音响系统中常用的一种连接插件，分为公插与母插，主要用于传声器信号这类平衡信号的传输。卡侬插头有 3 个端，国际上通常规定 1 端为屏蔽层（接地），2 端为信号正端（热端或高端），3 端为信号负端（冷端或低端）。卡侬插头的特点是接触紧密可靠、屏蔽效果好。

② 6.25mm 插头：也称直插，其中二芯直插主要用于非平衡信号的传输连接，如设备间短距离信号传输及扬声器系统的连接；三芯直插可与卡侬插头对应使用，用于平衡信号的传输连接。

③ 针形插头：即 RCA 型插头，又称莲花头，是一种常见的非平衡传输接插件。

2．专业扩声设备间插头的常见连线标准

专业扩声设备间插头的常见连线标准如图 10-1 所示。其中：图 10-1（a）为阴阳卡侬插头的

平衡连接，图 10-1（b）为大三芯插头与卡侬插头的平衡连接，图 10-1（c）为大二芯与卡侬插头的非平衡连接，图 10-1（d）为大三芯与大三芯插头的平衡连接，图 10-1（e）为大二芯与大二芯插头的非平衡连接，图 10-1（f）为大二芯与莲花插头的非平衡连接，图 10-1（g）为莲花与莲花插头的非平衡连接，图 10-1（h）为特殊接线 INS 和 DIN 连接，图 10-1（i）为 MIDI 连接。

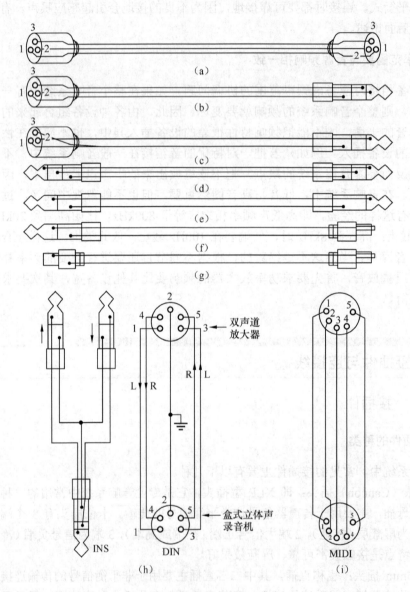

图 10-1　插头连线标准

3．常用接插件结构尺寸

（1）三针式自由端接插件

三针式自由端接插件主要用于传声器的连接，其外形如图 10-2 所示，有关尺寸如表 10-1 所示。

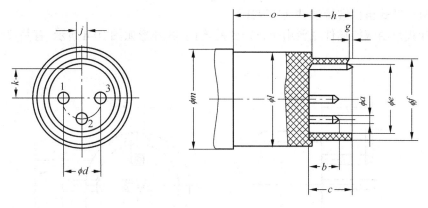

图 10-2　三针式自由端接插件

表 10-1　　　　　　三针式自由端接插件尺寸

尺寸代号	ϕa	b	c	ϕd	ϕe	ϕf	g	h	j	k	ϕl	ϕm	o
最大（mm）	1.50	8.5	9.3	7.05	12.4	13.6	1	9	2.4	5.20	16.5	18	
最小（mm）	1.46	7.5	8.8	6.95	12.1	13.1		8.5	2.2	4.80			15

（2）三孔式固定接插件

三孔式固定接插件主要用于音响设备的连接，其外形如图 10-3 所示，有关尺寸如表 10-2 所示。

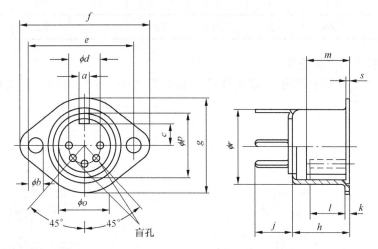

图 10-3　三孔式固定接插件

表 10-2　　　　　　三孔式固定接插件尺寸

尺寸代号	a	ϕb	c	ϕd	e	f	g	h	j	k	l	m	ϕo	ϕp	ϕr	s（金属）	s（塑料）
最大（mm）	2.7	3.3	4.5	7.05	22.3	29	19	12.6	8	1			11.8	14.0	16.2	1.3	3.4
最小（mm）	2.5	3.2		6.95	22.1			11.9			8.7	9	11.6	13.8		1.0	3.0

（3）两插针式自由端接插件（YCJ2P）

两插针式自由端接插件主要用于扬声器的连接，其外形如图 10-4 所示，有关尺寸如表 10-3 所示。

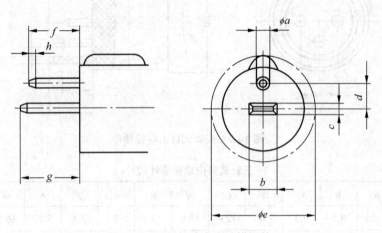

图 10-4　两插针式自由端接插件

表 10-3　　　　　　　　　　　　　　两插针式自由端接插件尺寸

尺寸代号	ϕa	b	c	d	ϕe	f	g	h
最大（mm）	1.5	4.5	1.535	3.55	16	8.5	9.5	1.3
最小（mm）	1.46	4.3	1.465	3.45		8.0	9.0	0.8

（4）两插针式固定接插件

两插针式固定接插件用于音箱的连接，其外形如图 10-5 所示，有关尺寸如表 10-4 所示。

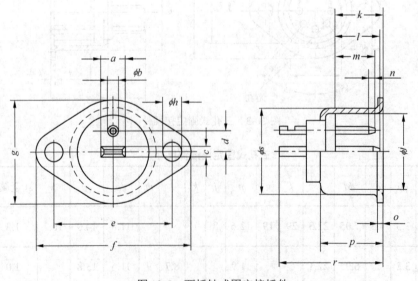

图 10-5　两插针式固定接插件

尺寸代号	a	ϕb	c	d	e	f	g	ϕh	ϕj	k	l	m	n	o	p	r	ϕs
最大（mm）	4.5	1.50	1.535	3.55	22.3	29	19	3.3	14.0	10.0	9.5	8.5	1.3	1.3	12.6	20	16.2
最小（mm）	4.3	1.46	1.465	3.45	22.1			3.2	13.8	9.5	9.0	8.0		1.0	11.9		

表 10-4　　　　　　　　　两插针式固定接插件尺寸

（5）两芯和三芯插头及插座

插头和插座的分类及外形结构如图 10-6～图 10-10 所示。其中图 10-6 所示为卡侬式插头、插座；图 10-7 所示为两芯和三芯插头、插座，要求配合直径为 6.3mm，耐压为 250V，绝缘电阻为 100MΩ，寿命为 10 000 次。图 10-8 是其插头的尺寸图，图 10-9 是其插座尺寸图，图 10-10 是一种插孔式自由端接插件尺寸图。

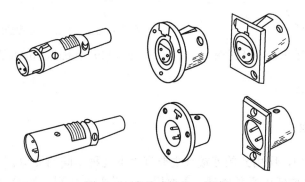

图 10-6　卡侬式插头、插座

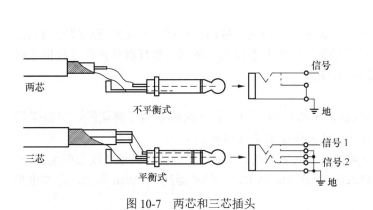

图 10-7　两芯和三芯插头

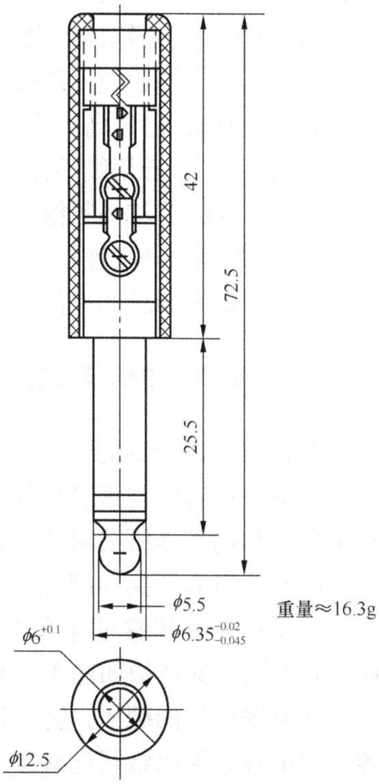

图 10-8　两芯及三芯插头尺寸图

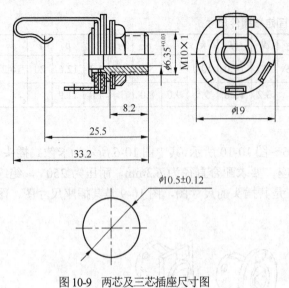

图 10-9　两芯及三芯插座尺寸图　　　　图 10-10　插孔式自由端接插件（卡侬式插头）尺寸图

10.4.2　连接线

1．连接线的类型

在扩声系统设备中，所用到的连接线主要有以下几种不同的类型。

① 传声器线：也称低电平传输线，主要用于传送零点几到几毫伏的低电平传声器信号。它具有两根芯线及屏蔽层。

② 声频线：也称标准电平传输线，主要用于传输各种声频设备之间电平在 1V 左右的信号。声频线有一根芯线及屏蔽层。

③ 音箱线：也称高电平大电流传输线，用于连接功率放大器与扬声器系统，俗称"金银线"、"喇叭线"。音箱线不需要屏蔽层。

④ 高频线：也称高频传输线，又称高频电缆，主要用于无线传声器的天线与调谐器间的连接。

⑤ 电源线：是指连接 220V 或 380V 市电所用的连接线。一般要求电源线能承受的电源容量为功率放大器总功率的 3 倍。

2．连接线的结构及参数

在扩声系统设备的连接中，由于各设备都是按统一标准生产的，在配置连接线时的工作就主要集中在音源与调音台间，以及功率放大器与音箱间。所以这里仅就传声器（包括无线传声器）和扬声器所采用的配线进行介绍。

（1）传声器插头的配线

不平衡传声器接法用单芯屏蔽线，平衡传声器用两芯屏蔽线和四芯屏蔽线。可以采用 HLVV 电缆，其结构如图 10-11 所示，有关参数如表 10-5 所示。

传声器引线的配接，要注意尽可能远离其他馈线。如配线平行靠近其他馈线会引起振荡、哼声或串音，因此希望配线距 AC 220V 线在 1m 以上，与扬声器线距 60cm 以上，距中电平（−20～0dB）线在 30cm 以上。

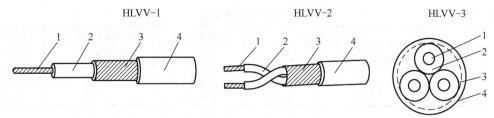

1—铜束绞线芯；2—聚氯乙烯绝缘；3—铜线缠绕屏蔽；4—聚氯乙烯护套

图 10-11　HLVV 线的结构

表 10-5　　　　　　　　　　　　　　　HLVV 电缆的参数

| 型号 | 芯数×标称截面（mm²） | 线芯结构 | | 电缆最大外径（mm） | 计算重量（kg/km） | 20℃时直流电阻（Ω/km） | 20℃时绝缘电阻（MΩ/km） | 试验电压（V） |
		根数/直径（mm）	外径（mm）					
HLVV-1	1×0.035	7/0.08	0.25	1.7	1.78	≤553	≥2	DC100
	1×0.06	7/0.1	0.33	1.8	5.23	≤358		
	1×0.08	7/0.12	0.40	1.9	5.75	≤252		
HLVV-2	2×0.035	7/0.08	0.25	2.4	8.14	≤553		
	2×0.06	7/0.1	0.33	2.7	9.82	≤358		
	2×0.08	7/0.12	0.40	2.8	12.00	≤252		
HLVV-3	3×0.035	7/0.08	0.25	2.5	9.24	≤553	≥2	DC100
	3×0.06	7/0.1	0.33	2.8	11.98	≤358		
	3×0.08	7/0.12	0.40	2.9	13.56	≤252		

（2）扬声器的配线

室内扩声系统可采用 SBVPV 聚氯乙烯电缆，其结构如图 10-12 所示，有关参数如表 10-6 所示。

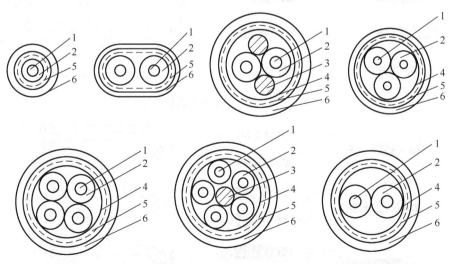

1—镀锡铜线芯；2—聚氯乙烯绝缘；3—聚氯乙烯填芯；4—聚乙烯薄膜或聚酯薄膜；
5—镀锡铜线屏蔽；6—聚氯乙烯护套

图 10-12　SBVPV 聚氯乙烯电缆结构

表 10-6　　　　　　　　　　　SBVPV 电缆的参数

芯数×截面（mm²）	线 芯 结 构		电缆最大外径（mm）	20℃时线芯直流电阻（Ω/km）	计算重量（kg/km）
	根数/直径（mm）	外径（mm）			
1×0.12	7/0.15	0.45	2.9	≤155	14.70
2×0.12（椭圆）	7/0.15	0.45	2.9×4.3	≤155	22.08

10.5　平衡连接与非平衡连接

在扩声系统中，大部分设备既有平衡输入与平衡输出的电路，也有非平衡输入与非平衡输出的电路。这里仅就平衡连接、非平衡连接的方法，以及平衡与非平衡转换方法作介绍。

10.5.1　平衡连接

所谓平衡连接，是指由两根导线组成的传输线，在平衡时两根导线在同一横向面上的电压值大小相等，对地极性相反。例如，平衡输入或平衡输出端分别为 XLR 插座（插头），上有 3 个端子，标号为 1、2、3。其中，2 号为热信号端（正极），3 号为冷信号端（负极），1 号为接地信号端。其意义是平衡信号的传输为某一信号源输出级提供了两条信号线，传送相同电压，但相位相反，若在传输过程中串入噪声，因其对地的电压大小相同，都会以同样的相位出现在两条线上，在输入、输出级后会相互抵消，最后只剩下声源信号。所以说平衡连接具有抗噪声能力强的特点，适合于专业设备和长距离设备以及弱信号之间的连接。平衡连接方法如图 10-13 所示。

图 10-13　平衡连接图

接插件的平衡式连接线如图 10-14 所示，Y 形平衡的连接线如图 10-15 所示。

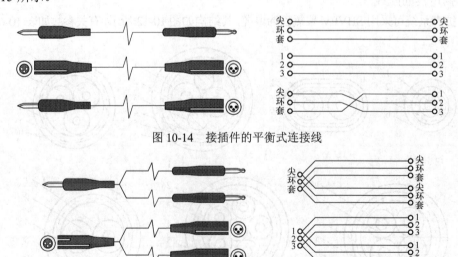

图 10-14　接插件的平衡式连接线

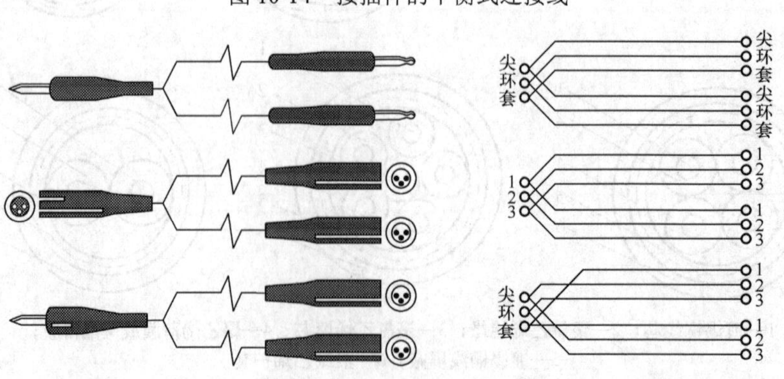

图 10-15　Y 形平衡的连接线

10.5.2 非平衡连接

非平衡连接一般是在非专业和家用声频设备中使用的主要连接方法，输出一般选用 RCA 插座和大二芯插座。非平衡连接通常用于几米的短线且噪声较小的地方，也可用于强输出信号，如功率放大器和扬声器之间的连接。非平衡连接的声频信号接在 RCA 的中心接线上，外面的一层为接地屏蔽层。也有些非平衡信号线采用两芯屏蔽线，将屏蔽层和其中一芯连接共同作接地屏蔽层用。不平稳的信号线附近有强磁场和电源在一起时，磁场会在信号中感应出噪声信号。非平衡的连接方法如图 10-16 所示。

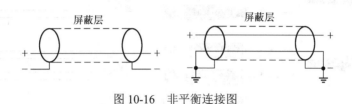

图 10-16 非平衡连接图

接插件的非平衡连接线如图 10-17 所示，Y 形非平衡连接线如图 10-18 所示。

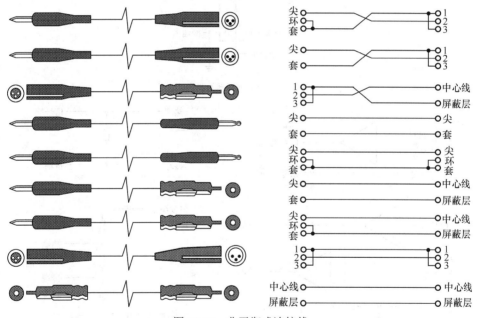

图 10-17 非平衡式连接线

10.5.3 平衡与非平衡的转换

在一些要求不很严谨的场合中，信号的非平衡端子与平衡端子之间还是可以直接馈接的。其接线方法是：平衡端的热端接非平衡端的信号热端，平衡端的冷端接非平衡端的地端，而平衡端的地端接信号馈线的屏蔽层即可。

但是，就严谨的高标准要求而言，平衡与非平衡端口之间必须经过一专门的转换器才能相互连接。转换器一般有变压转换器、半电压转换器以及差分放大转换器 3 种，其电路原理如图 10-19 所示。

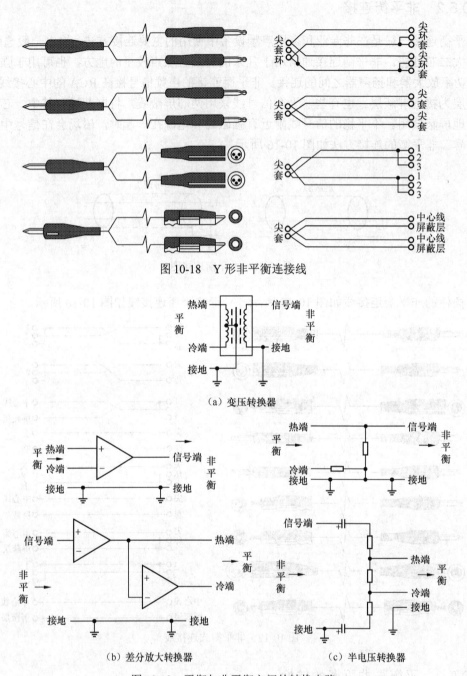

图 10-18　Y 形非平衡连接线

（a）变压转换器

（b）差分放大转换器　　　　　　　（c）半电压转换器

图 10-19　平衡与非平衡之间的转换电路

10.5.4　平衡和非平衡输出

1．什么是平衡输出

如果一台设备的输出信号端的两端都不直接接地，是按照信号热端（也称高端，同相端）和信号冷端（也称低端，反相端）两个端子输出的，这种输出方式称为平衡输出。
图 10-20 所示是所谓电子平衡输出方式，这种方式是将前面电路的不平衡输出同时加到
两个运算放大器中去，其中一个运算放大器（IC₆ₐ）接成比例运算放大器电路，其电压
放大倍数为 1；另一个运算放大器（IC₆ᵦ）接成跟随器电路，其电压放大倍数是 1。这
样两个运算放大器的输出是相位相反的。对于整机电路来说，图 10-20 中的平衡输出电
路中，运算放大器 IC₆ₐ 的输出信号（1 脚）是与输入到整机的输入信号同相位的，所以
是同相输出端（热端、高端），接卡侬插座的 2 脚或大三芯插座的顶（T）；运算放大器
IC₆ᵦ 的输出信号（7 脚）是与输入到整机的输入信号反相位的，所以是反相输出端（冷
端、低端），接卡侬插座的 3 脚或大三芯插座的环（R）；卡侬插座的 1 脚或大三芯插座
的套（S）接地。实际上相对"地"来说，每时每刻，同相输出端和反相输出端的输出
信号总是大小相等、极性相反的，或者说是相位相反的，这种输出信号就属于差模信号。
平衡输出也可以通过一只音频变压器来实现，见图 10-21。音频变压器的输入绕组接前
面设备的不平衡电路输出端（就是接一个信号端和一个地端），而音频变压器的输出绕
组按照平衡输出的方式两个头都不接地，音频变压器输出绕组的一个头作为同相输出端
（热端、高端）与卡侬插座的 2 脚或大三芯插座的顶（T）相连接，变压器输出绕组另外
一个头作为反相输出端（冷端、低端）与卡侬插座的 3 脚或大三芯插座的环（R）相连
接。

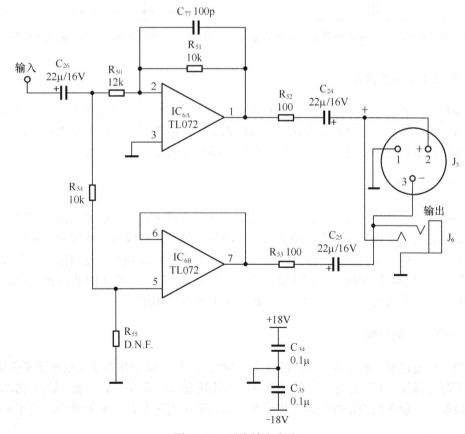

图 10-20　平衡输出电路

2．什么是非平衡输出

图 10-22 中的输出部分（图的右半边）属于非平衡输出，电路的输出信号端是由一个信号输出端（U_o）和一个信号地端构成的，就称为非平衡输出方式。另外如果从图 10-20 的平衡输出电路中只是用卡侬插座的 2 脚（或大三芯插座的 T）和 1 脚（或大三芯插座的 S）之间输出信号也是非平衡输出，或者说从卡侬插座的 3 脚（或大三芯插座的 R）与 1 脚（或大三芯插座的 S）之间输出也属于非平衡输出，不过这两种非平衡输出的输出信号正好相位相反，其中卡侬插座的 2 脚（或大三芯插座的 T）输出的是同相信号，卡侬插座的 3 脚（或大三芯插座的 R）输出的是反相信号。一般具有平衡输出和非平衡输出两种输出方式的设备，其非平衡输出时均取同相输出的方式，也就是采用卡侬插座的 2 脚（或大三芯插座的 T）和 1 脚（或大三芯插座的 S）之间的输出信号。

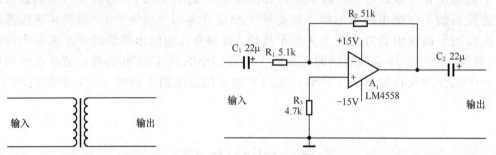

图 10-21　用于平衡输入、输出的音频变压器示意图　　图 10-22　非平衡输入、非平衡输出电路示意图

3．什么是非平衡输入

图 10-22 中的输入部分（图的左半边）属于非平衡输入，电路的输入信号端是由一个信号输入端（U_i）和一个信号地端构成的，就称为非平衡输入方式。这种输入方式，信号实际只送到运算放大器的一个输入端，另外一个输入端被（通过电阻）接地了。

4．什么是平衡输入

图 10-23 所示的输入部分（图的左半边）属于平衡输入，电路的输入信号端是由一个同相输入端（热端、高端）和一个反相输入端（冷端、低端）构成的，就称为平衡输入方式。图中同相端（也称高端、热端）信号经由大三芯插头的 T 通过插座、电阻加到差分放大器的同相输入端（+端），反相端（也称低端、冷端）信号经由大三芯插头的 R 通过插座、电阻加到差分放大器的反相输入端（−端），大三芯插座的 S 与地相接。

5．什么是平衡传输

平衡传输是指前一级设备的输出端是平衡输出的，后一级设备的输入端也是平衡输入的，用一根平衡传输线（双芯屏蔽线）将这两台设备连接起来就构成平衡传输，如图 10-24 所示。

如果前一级设备的输出端与后一级设备的输入端中有一个是非平衡的埠，则不能构成平衡传输。

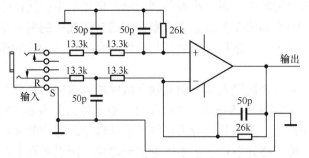

图 10-23 平衡输入转非平衡输出电路示意图

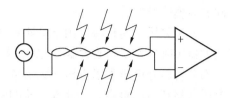

图 10-24 平衡传输电路示意图

6. 什么是非平衡传输

非平衡传输是指前一级设备的输出端是非平衡输出的，后一级设备的输入端也是非平衡输入的，或前一级设备的输出端与后一级设备的输入端中有一个埠是非平衡埠，则只能构成非平衡传输。如图 10-25 所示，非平衡传输时，前级设备与后级设备的连接只有一个信号端和一个地端，其中信号端应该是同相输出端，没有反相输出端。

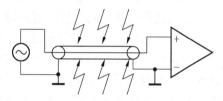

图 10-25 非平衡传输电路示意图

7. 平衡传输有什么优点

平衡传输能抑制由于周围空间存在不需要的电磁场信号，而使传输导线产生感应电压所形成的噪声信号。扩声现场的空间总是存在着不少扩声不需要的电磁场，例如我们可以在现场接收到电视台、广播电台的节目信号，能接收到手机信号等都说明空间存在电磁场，另外电源线也会产生电磁场向空间辐射，尤其是动力电源线、灯光电源线等都能向空间辐射比较强的电磁场，高压传输线也产生很强的电磁场向空间辐射。音响系统设备的音频信号传输线处于这些存在不需要的电磁场的空间，传输线就能产生感应电压，这些感应电压属于非扩声节目的噪声电压。音频信号传输线越长，则产生的感应电压噪声也越大。音响系统中的有些音频信号传输线可能比较长，例如传声器线从舞台走到音控室可能需要 30m 长，传声器接收声信号转换成的有用电信号是比较小的，可能只有零点几毫伏，而 30m 长的传输线感应的噪声信号电压比较大，几乎可以与有用电信号的大小相比较，这时就会使信噪比变得很小，在重放声中听到有用的节目信号外还能明显听到噪声信号，这样就使扩声质量降低，甚至到不能容忍的程度。为了解决这个问题，可以采用平衡传输的方式来提高信噪比，具体地说就是减小重放声中的噪声信号大小。

事实上扩声现场空间的电磁场分布是不均匀的，假定使用双芯屏蔽线作为平衡传输的连接线，一般来说用于传输音频信号的双芯屏蔽线外径不是很大（例如外径不大于 6mm），所以我们可以将整根双芯屏蔽线（例如 30m）看成是由非常多的小段双芯屏蔽线构成的（也就是微分法），可以将这些非常多的小段双芯屏蔽线中的每一小段双芯屏蔽线内的两根小段信号传输线（例如一小段红色信号芯线，一小段白色信号芯线）看作处于相同的空间，也就是这两根小段信号芯线处于同一干扰电磁场内，那么这两根小段信号芯线所感应到的噪声信号电压必定是每瞬间大小相等、极性相同的，这种信号属于共模信号。虽然整根屏蔽线中的各个小段处于不同的空间，也就是处于不同的电磁场中，每一小段的感应噪声电压也不相同，但是各小段双芯屏蔽线累积起来构成整根 30m 长双芯屏蔽线，那么整个双芯屏蔽线中的两根信号芯线（红色芯线和白色芯线）所感应的噪声信号累积起来也是每一瞬间大小相等、极性相同的共模信号。

如果采用平衡传输，由于音响设备如果有平衡输入口，则其输入级的放大器应该是差分放大器（或称为差动放大器）。差分放大器的感应噪声电压（共模信号）输出理论上为零，输出为节目信号电压乘以电压放大倍数。理论上，平衡传输时可以将由于传输导线感应的噪声电压抑制到零，事实上差分放大器的两半边电路元器件参数不可能完全对称，所以实际上差分放大器不可能将共模信号完全抑制掉。一般调音台、接口设备和功率放大器等音响设备都有一个技术指标"共模抑制比"，一般音响设备的共模抑制比可以做到 50～60dB，也就是可以将共模噪声信号减小到原值的 1/316～1/1 000，或者说可以将由于传输导线感应的噪声电压引起的信噪比降低又反回来提高 50～60dB。

但是如果前一级设备的输出端是非平衡口，则其中一根信号线（例如白色芯线）被接地了，那么这根线接到后一级设备的输入端，就将差分放大器的一个输入端接地了，因此感应产生的噪声电压对差分放大器而言变成了非共模信号，因此对感应的噪声电压和输入的节目信号一样进行放大，就谈不上对感应的噪声电压进行抑制了，所以不能提高信噪比了，其实这种情况本身就不是平衡传输，而是非平衡传输了。另外，平衡传输只能抑制由于传输线接收外界电磁场引起的噪声电压，对于输入到设备的节目信号中本身存在的噪声信号没有抑制功能，要想减小这种噪声需要采取其他手段。

8. 为什么动圈传声器与调音台连接时平衡传输更重要

图 10-26 是动圈传声器与调音台输入通道连接电路示意图。

由于动圈传声器的灵敏度很低，一般为 1～2mV/Pa，而一般讲话的声压级比较低，正常讲话在距离讲话人的口 30cm 处的声压级大约不到 70dB，通常在 68dB 左右，也就是只有 0.05Pa 声压，那么对于灵敏度为 1～2mV/Pa 的动圈传声器而言，传声器的输出电压在 0.05mV～0.1V 之间，说明有用信号幅度非常小。如果传声器到调音台的传输线比较长，例如 30m，则由于传输线接收周围空间电磁场而感应到的噪声电压几乎可以和有用信号相比拟，信噪比可能会很低，所

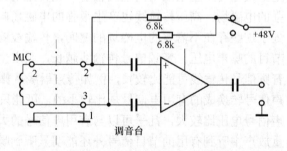

图 10-26 动圈传声器与调音台输入通道连接示意图

以平衡传输就显得更为重要。另外，电容传声器工作时需要加幻像电源，而动圈传声器工作时不用加幻像电源，当这两类传声器同时在一台调音台上工作，并且调音台只有一个幻像电源总开关，各输入通道没有单独的幻像电源开关时，所用动圈传声器必须是平衡输出的。从图 10-26 中可以看出，图中点画线左边表示动圈传声器和传声器线部分，右边是表示调音台输入通道部分的第一级放大电路，与通道传声器输入口（母卡侬插座）2 脚相连的标有"+"号的是差分放大器的同相输入端，与通道传声器输入口（母卡侬插座）3 脚相连的标有"−"号的是差分放大器的反相输入端，调音台内的（+48V）幻像电源通过两个阻值各为 6.8kΩ

的电阻器分别加到调音台通道输入插口（母卡侬插座）的 2 脚和 3 脚。当动圈传声器是平衡输出时，传声器输出插头的热端（公卡侬插头的 2 脚）及冷端（公卡侬插头的 3 脚）与调音台输入通道传声器输入插口的母卡侬插座连接后，由于幻像电源在插座 2 脚、3 脚的电位相等，所以没有直流电流流过动圈传声器的音圈，动圈传声器正常工作。当动圈传声器是不平衡输出时，公卡侬插头的 3 脚与接地的 1 脚相通，接到调音台输入通道后造成输入通道传声器输入口的母卡侬插座的 3 脚也接地了，3 脚永远是地电位，而 2 脚有一个+48V 幻像电源通过一只 6.8kΩ 的电阻器加来的直流电压，所以在没有给传声器加声信号时，动圈传声器音圈内有一个大约 7mA 的直流电流从 2 脚通过音圈流向 3 脚，音圈中有了直流电流流过，通过电磁作用，在磁场力作用下，将音圈（和振膜）推离正常位置而偏向磁隙的一边，使音圈静态时就不在磁隙中间位置（如果传声器极性正确，则直流电流使音圈将振膜向外推），那么可能使动圈传声器在有声波作用时产生严重失真。如果音圈导线的直径以 0.025mm 计算，截面积接近为 $5 \times 10^{-4} mm^2 = 0.000\ 5mm^2$，按照流过 7mA 电流计算，电流密度相当于 $14A/mm^2$，很可能将动圈传声器的音圈烧坏。

9. 非平衡传输的特点是什么

非平衡传输时由于只有一个信号端和一个信号地端，而信号地端是直接接地的，所以即使还用双芯屏蔽线作连接线，虽然理论上红色芯线和白色芯线感应到的是大小相等、极性相同的共模噪声信号，但是由于白色芯线被与地相连接了，所以最终白色芯线的电压总是为零。这样，两根芯线的噪声电压就不是大小相等、极性相同的共模信号了，而是红色芯线有噪声信号电压，白色芯线噪声信号电压为零的差模信号了，所以由于连接导线受周围电磁场感应而产生的感应噪声电压不能被差分放大器抑制，所以不能改善信噪比。

10. 音响系统中平衡传输连接线常用什么插头座

音响系统中平衡传输连接线常用三芯卡侬（XLR）插头座、大三芯（TRS）插头座等，具体用什么插头，要根据具体设备的插座来决定。

11. 音响系统中非平衡传输连接线常用什么插头座

音响系统非平衡传输连接线常用大二芯插头座、莲花插头座等，具体用什么插头，要根据具体设备的插座来决定。

12. 音响系统中什么情况下需采用屏蔽线

音响系统中，从音源一直到功率放大器输入口为止的所有传输线都应该采用屏蔽线，而功率放大器输出到扬声器系统的连接线则不用屏蔽线。因为到功率放大器输入口为止的传输线，每根传输线的终端负载都是设备的高输入阻抗口，除了调音台的传声器输入口的输入阻抗在 3kΩ 以下外，其他所有输入口的输入阻抗均为 10kΩ 或以上，都是传输低电平、小电流的电压信号的，为了提高信噪比，需要屏蔽外界电磁场对传输芯线的干扰。由于结构所致，屏蔽线的屏蔽层和芯线之间有分布电容存在，并且随着线的长度增长，电容量也增大（不同屏蔽线的分布电容大小是会有差异的，可以按照每米 100pF 来粗略估算），但是在传输线不是非常长的情况下，分布电容引起的高频衰减不至于影响很大，所以对音质的影响在容许范围之内，但是每根传输线还是不宜太长，太长了会使高频衰减太多。由于扬声器系统的输入阻抗很低，一般为 8Ω、4Ω、16Ω，并且绝大多数是 8Ω，需要加给扬声器系统的功率较大，所以功率放大器输出的是高电平、大电流信号，需用截面积较大的传输线（通常称为音箱线），例如护套线、双绞线、并行线等。一般情况下，周围电磁场所引起的干扰噪声信号造成的信噪比下降比较小，所以可以不用屏蔽线传输。

13．音响系统中对传输线长度有何要求

音响系统中的传输线长度是越短越好，在满足按照规范走线的长度要求后，不要再留下过多的富裕量。因为传输线越长则导线电阻越大，导线上的信号电压降也越大，并且感应到的噪声信号也越强。对于屏蔽线而言，分布电容也增大，高频衰减也越大。

14．音频线缆的用途

音频线缆在音响系统中用于设备之间的信号传输。对其要求是能远距离、高效率、宽带响、小失真地传输音频电压信号、功率信号。

15．常用音频线缆的种类和特点

在音响设备之间的连接线，均使用在 20～20 000Hz 的音频频率范围内，所以传输音频信号的电缆线称为音频线。

在音响系统中，从声源到调音台，再到接口设备，一直到功率放大器的输入端为止，传输的都是音频电压小信号，一般采用带屏蔽层的多股铜芯线传输，其外皮为塑料、橡塑或橡胶的绝缘层，属于音频屏蔽电缆，俗称话筒线。在功率放大器和音箱之间由于传输的是大功率的电信号，流过传输线的电流比较大，一般采用大截面积的多股铜线，其外皮为塑料、橡塑或橡胶的绝缘层，有时甚至要用带铠甲的电缆，通常将这种用于功率放大器与音箱连接的传输线叫做音箱线。

16．音频屏蔽线缆的分类和特点

音频屏蔽线缆可从不同角度加以分类。

① 按线缆外径分类，音响系统中常用的话筒线外径有 3mm、4mm、4.5mm、5mm 和 6mm 等几种，线外径不一定是整数，可能小数点后面还有数字。目前音响系统中，多使用 4～5 类型的线缆。

② 按线缆外绝缘层材料，可分为塑料型、橡胶型和橡塑型。音响系统中，多数采用橡塑型，因为塑料型虽价格便宜，但随环境温度降低而变硬、变脆，使用不可靠。而橡胶型柔软，不变形，使用方便，绝缘性能好，但价格贵，一般在要求较高的场合使用。在专业型的音响系统中，多采用橡塑型，这种线缆价格适中，性能良好，使用方便。

③ 按使用性，有单芯屏蔽线缆和多芯屏蔽线缆，例如双芯线缆、三芯线缆、五芯线缆及七芯线缆等。

④ 按屏蔽层的组成可分为编织型屏蔽层和卷绕型屏蔽层，按屏蔽层的材料有铜质和铁质之分。

17．屏蔽电缆线的性能特点

在音响系统中，用得最多的是二芯屏蔽橡塑线缆和三芯屏蔽橡塑线缆。线缆中每芯线又由多根细铜线构成。根据不同的使用场合，线芯中的细铜线的根数和线径都有不同规格，有7 根、12 根和 6 根等不同数量，细铜线的直径为 0.1～0.2mm 不等。在选用时，细铜线直径大、股数多的线缆每米长的电阻小，能量损耗小，但价格贵些，这就要求音响师按使用要求选择厂家生产的不同规格的音频线缆。图 10-27 是双芯屏蔽线的结构图，最外面是绝缘护套，绝缘护套起着电绝缘作用，防止漏电，音频电流

图 10-27　双芯屏蔽线结构图

沿线缆芯中的铜线组流动，在每根芯线外皮有一层绝缘层，外皮绝缘层还起保护内线不受外伤和机械碰损的作用。屏蔽层通常采用金属编织状和直绕式。在使用时，将金属屏蔽层接地，旁路干扰信号。

18．传输线线芯中细铜丝的直径大小是否对音质有影响

传输线线芯中的每根细铜丝直径不能太大，因为信号在导体中传输时有所谓集肤效应，也就是当信号频率过高时，可能出现电流主要集中在导体表面传输，而导体中心附近很少有电流通过的现象。但是考虑到音频电缆线中流过的信号频率不算太高，音频范围只有 20Hz～20kHz，如果进一步提高要求，认为比 20kHz 频率还高的信号谐波虽然人耳不能听到其单频（纯音）信号，但是作为谐波，在与 20kHz 以内的基波、谐波合成的波形中对听感会有影响，那么我们将音频电缆传输的信号频率提高到 20kHz 的 5 倍，即 100kHz 的频率。通过理论计算可得到对音频电缆线线芯中每股细铜丝直径的要求。

对于导线在高频下产生集肤效应，可以通过穿透深度 Δ 来说明对信号传输的影响。其计算公式为

$$\Delta = \sqrt{\frac{2}{\mu\omega\gamma}}$$

式中，Δ 的单位为 mm；ω 是铜线的磁导率；γ 是铜线的电导率。

经计算可知，对于 100kHz 的信号，由于集肤效应而限制的穿透深度为 0.209mm，也就是单根导线的直径可以达 0.4mm，而在传输 100kHz 的信号时，仍然不受集肤效应影响。而我们一般采用的音频电缆是由多根细铜丝组成一股导线的，每根细铜丝的直径远远比0.4mm 小得多，一般在 0.1～0.2mm 之间，所以一般的音频电缆完全能满足 100kHz 以上频率信号的传输。

19．常用双芯屏蔽音频电缆有哪些型号

目前常用的双芯屏蔽音频电缆有 RVVP 2 × 0.3、RVVP 2 × 0.5 等型号。这里的 RVVP 是音频电缆的型号，2 × 0.3 表示在一根电缆中有 2 根自身带绝缘皮的多股细铜导线组成的芯线，0.3 表示每一根芯线的总有效截面积为 $0.3mm^2$，RVVP 2 × 0.3 每千米长度导线的电阻在 60Ω左右，RVVP 2 × 0.5 每千米长度导线的电阻在 36Ω 左右。

20．常用双芯屏蔽电缆的分布电容大概多大，对传输信号是否有影响

音频电缆屏蔽层与芯线之间，以及芯线与芯线之间具有分布电容存在，各种牌号不同生产商的线缆质量不同，分布电容大小也不同。不同型号音频电缆单位长度分布电容的数值可以从厂家的产品技术数据中查到，如果不要求十分精确的话可以这样估计，大概每米长度分布电容在 100pF 左右，一般芯线与屏蔽层之间的分布电容超过 100pF/m，而芯线与芯线之间的分布电容不到 100pF/m。可以看出，线缆越长，分布电容越大，其容抗值就越小，频率越高的音频信号就更容易损耗在线缆上。因为分布电容的容抗对于交流音频信号来说，可看成并联了一只电容器，其容抗值大小随频率变化，这样信号电压传输时，高频信号损失随频率升高而增加。频率越高，线缆越长，分布电容越大，高频损失越严重，所以选用线缆时，要以绝缘电阻大、分布电容小的为宜，最重要的是在可能的情况下，尽可能不要使用太长的电缆线。

21．对音箱线有何技术要求

音箱线俗称喇叭线。专业扩声中音箱线不使用带屏蔽的线，因为从功率放大器输出的音频电信号为大功率、高电平信号，比外界干扰信号强得多，所以不需要对线加以屏蔽；扬声器的阻抗往往很低，例如 4Ω、8Ω 和 16Ω，其中 8Ω 阻抗最普遍，这样低的负载阻抗，传输线本身的电阻就会影响传输效率。另外，由于功率放大器与音箱之间有线连接，所以在实际使用时，系统的阻尼系数是额定负载阻抗与功率放大器内阻抗加上连接线缆阻抗的比值，这很明显，连接线缆也就是音箱线，要求其阻抗值愈小愈好；否则会减小系统阻尼系数，使得音箱的阻尼状态减弱。所以应该根据实际需要音箱线的长度选用导线的有效截面积，线的长度越长，则线的有效截面积就应该越大。具体计算方法是可以认为 $1mm^2$ 截面积的音箱线电阻为 18Ω/km，当截面积增大时每米长的电阻就减小，可以按照比例来推算，例如 $2mm^2$ 截面积的音箱线电阻为 9Ω/km，$4mm^2$ 截面积的音箱线电阻为 4.5Ω/km 等。

22．对音频传输线缆是否还有其他要求

除了前面所说音频传输线的知识外，在音响工程中，不管是话筒线，还是音箱线，除了上述的在技术指标上要选择合理外，线材、线质也要选择，同时线缆外径要和接插件的内孔径相符，线质线材要柔中有刚，既柔软，又要有强度，机械性能好，抗拉，抗外伤，绝缘性能好。线外皮除了强度要求，还要耐酸、碱。

10.6 接地

10.6.1 接地方式

为保证安全，设备的金属外壳应当妥善接地。所谓妥善，一是接地电阻应尽量小，二是不能因为接地而引入干扰噪声。所以音响系统不能与舞台灯光、照明、动力设备等共用地线

系统。这样做的目的是防止发生公共阻抗干扰。此外，设备接地时应采用一点接地，或称为"星"形接地的方式，如图 10-28 所示，而不能像图 10-29（a）、（b）那样接成链形或环形。接成链形，会发生公共阻抗干扰；接成环形，不仅会发生公共阻抗干扰，还会产生"地环路"。因为当空间中的交变电磁场（主要是工频电磁场）穿过"地环路"时，按照法拉第电磁感应定律就会在环路中激发出感应电动势，形成干扰。

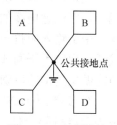

图 10-28　星形接地

检验设备接地是否正常的方法很简单，就是在设备接地线中串入一节干电池和一个小电珠，如图 10-29（c）所示，看小电珠是否发亮。如果发亮，说明有多点接地或有地环路存在。

当设备互连用的信号电缆的屏蔽层接地时，应注意尽量避免或减小地环路电流的影响。一般对平衡输入、输出，只将屏蔽层在一端接地就可以避免由于互连而形成地环路。由于输入阻抗大于输出阻抗，故屏蔽层通常在输入的一侧接地，这样感应噪声电平较低。当输入、输出都是不平衡的时候，则应将屏蔽层两端都接地，这样虽会产生地环路电流，但该电流不流经负载，如图 10-30 所示。

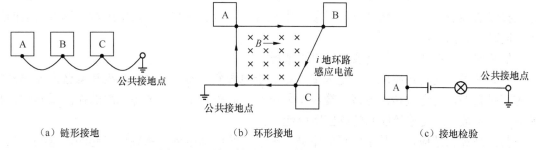

（a）链形接地　　　　　　　　（b）环形接地　　　　　　　（c）接地检验

图 10-29　链形接地、环形接地及接地检验

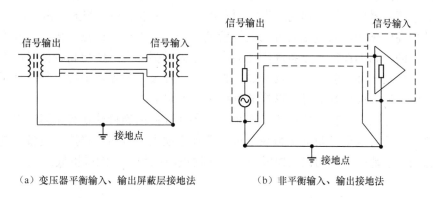

（a）变压器平衡输入、输出屏蔽层接地法　　　　（b）非平衡输入、输出接地法

图 10-30　平衡与非平衡输入、输出接地法

此外，在工程布线时，为减少干扰，应将传输距离较长的、连接传声器的电缆和连接音箱的馈线穿入金属管道，并且不应与电力线平行。

10.6.2　妥善接地所采取的措施

在扩声系统中，欲做到接地线都汇成一点，通常是很难办到的。因此，在实际工作中，应采取以下措施妥善处理接地。

① 传声器与前置放大器到功率放大器之间的所有连线应该采用金属编织的屏蔽线，对于平衡电路可用双芯屏蔽电缆线，而对不平衡电路则用单芯屏蔽电缆线，屏蔽本身同时可作地线。但应注意电缆的屏蔽层接地时，尽量避免或减小地线间环路电流的影响。对于平衡式设备，由于输入阻抗一般大于输出阻抗，故屏蔽层一般在输入的一端接地，这时感应噪声电平较低。而对不平衡式设备，则应将屏蔽层两端都接地。当然这两种方法并非不变，要妥善接地需做反复试验后确定。

② 为减小谐波失真及信号噪声比对扩声系统的影响，连线的屏蔽应该很好地与各设备的金属机架一件一件连接起来，然后一点接地。接地点一般可以选择在信号电平最强的环节，通过试验找出干扰最小的一点。通常只能一点接地，因为多点接地有时会增加干扰，所以不宜采用。

③ 连接线最好选用多股绞合线，这是因为连接线需要经常移动，选用多股线不易折断。同时采用绞合线可以增强抗干扰能力，而且选用屏蔽编织线对频率很高的干扰有一定抑制作用。

④ 功率放大器与扬声器之间可以不用屏蔽线，因为功率放大器输出电平很高，但必须注意连接线的线径。在连接线较长时必须采用绞合，以减少分布电容及电感对功率放大器的影响，同时注意扬声器的极性。

屏蔽层一旦接地不当，将会出现以下情况。

首先是严重交流声感应，它绝大多数是由于电源变压器、电动拉幕机和舞台调光等器材感应而引起的，再通过传声器或电缆线串入电路。此外则是由于电源滤波的扼流圈漏磁、整流器波纹系数差或是连接线间的感应所引起的。

其次是高频感应，它是由附近的中波、短波无线广播电台或高频炉引起的。这些高频信号在扩声设备周围会产生很强的电场，当它们串入调音系统后，扩声系统中的三极管、二极管和集成电路等元器件会将其解调成为低频干扰信号，影响扩声系统的正常工作。

最后是超高频感应，它是由附近的晶闸管调光器以及雷达、调频广播电台和电视台等超高频信号引起的，它们在扩声设备周围也会产生较大场强。当这些超高频信号串入调音系统后，如果设备中某一环节受到非正常解调，将形成"吱吱"的噪声干扰信号。严重情况时会把这些视频信号解调成伴音节目，影响扩声系统的正常工作。

如果遇到上述情况，首先应检查扩声系统设备间互接或连接地线有无问题以及屏蔽线是否妥善接地，必要时应更换新的屏蔽线或重新选择接地点。对固定式扩声设备，为排除各种干扰信号感应，接地端最好用铜板构成地网，接地电阻应为 $1\sim2\Omega$ 或更低。

10.7　匹配

在扩声系统中，设备间的连接和匹配是经常碰到的问题。如果连接不当，或者匹配不好，轻则会使系统指标下降，重则会导致设备和系统不能正常工作。

关于设备间互连所涉及的匹配问题，主要表现在两个方面，一是阻抗匹配，二是电平匹配。现就这两个问题分别介绍如下。

10.7.1 阻抗匹配

1. 阻抗匹配的意义

扩声系统中的阻抗匹配与功率值要求的阻抗匹配不同。一般的网络传输，为取得最大功率，要求输出阻抗与负载阻抗（后级设备的输入阻抗）的模值完全相同，其目的是为取得最高的传输效率，而对传输信号的质量要求不太高。但是，在厅堂扩声系统中，对传输信号质量的要求是第一位的，因为它属于小信号的电压传输，而且是"定位"传输。信号源的内阻应小于后级设备的阻抗，这对提高信号质量有很重要意义，一般要求信号源输出阻抗与负载阻抗之比应满足 1：10 的比例。

其实，在扩声系统中，几乎所有设备都采用跨接方式，即设备的输出阻抗设计得很小，输入阻抗却很大。这是由于在系统中，除非信号作远距离传输，一般都当作短线处理，而且信号电平低，要求信号能高质量地传输，且负载的变化基本不影响信号的质量。因此，只有将信号源设计为一个恒压源，或者说负载远大于信号源内阻抗时才能满足上述要求。这实际是电路中的恒压传输方式。信号源内阻低，信号源消耗的功率就小，输出同一电平值时要求信号源的开路输出电压也较低。最主要的是要求信号源内阻低，这样可以加大信号的有效传输距离，改善传输的频率响应。

事实上，专业音响设备的阻抗都是按上述原则设计的，设备互连采用跨接方式，这就是音响设备的阻抗匹配。在对扩声系统进行设计时，一般不必考虑阻抗问题。但当一台设备的输出端需要连接多台设备时，即一个信号源驱动几个负载时必须采用有源或无源声频信号分配器，以满足设备阻抗匹配的要求（若为两台设备，一般可直接并在前级设备的输出端）。

现代声频功率放大器的输出阻抗都很小（指定阻式功率放大器，以下若无特殊说明均为指定阻式功率放大器），以使功率放大器能适应扬声器阻抗的变化，从而达到优良的瞬态响应。许多优质功率放大器的阻尼系数都在数十以上，有的达到几百（阻尼系数定义为负载阻抗与功率放大器内阻抗之比）。

实际上，功率放大器与音箱是按照功率放大器标称的输出阻抗和音箱标称的输入阻抗来连接的。功率放大器的输出阻抗有 4Ω 和 8Ω 两种，既可接 4Ω 音箱，也可接 8Ω 音箱。接 4Ω 音箱时，功率放大器的输出功率较 8Ω 时大。两只 8Ω 音箱可并接在功率放大器输出端，此时为 4Ω 工作状态。必须注意，音箱并接时阻抗会减小，其并联等效阻抗不得小于功率放大器标称的最小输出阻抗（有些功率放大器还标有 2Ω 阻抗），否则会造成功率放大器负载过重而无法正常工作。

此外，功率放大器的 4Ω 输出与 8Ω 输出对传输线的阻抗要求是不一样的。当采用 4Ω 负载阻抗时，所要求的传输线阻抗比 8Ω 的要低（为其 1/2）。在高质量的扩声系统中应考虑适当的储备，4Ω 输出时的传输阻抗不得超过 0.2Ω（不计放大器内阻），若传输线长度小于 100m，则要求其截面不小于 9mm^2。要减小其截面，需用 8Ω 输出来代替 4Ω 输出，或者在传输线截面减半情况下，才用 4Ω 输出，这时线缆截面积可减半。由于只允许传输线有 0.2Ω 的阻抗，因此还应要求传输线两端的接触电阻更小。选用可靠性高和接触面大的接插件也相当重要。

2. 设备配接的阻抗比

（1）传声器与调音台配接的阻抗比

扩声系统中应用的传声器主要包括电容式传声器和动圈式传声器。对于电容式传声器，其内阻与负载阻抗之比应大于 1∶5。一般此阻抗比越大，总谐波失真越小。表 10-7 列出了 CR1-5 电容传声器接不同负载时对输出信号总谐波失真的影响。

表 10-7 　　　　　　阻抗比对 CR1-5 电容式传声器总谐波失真（%）的影响

阻抗比 条件	1∶1	1∶3	1∶5	1∶10	1∶∞
输入电压相当于 122dB 声压级	0.47	0.20	0.15	0.08	0.05
输入电压相当于 122dB 声压级	14.5	1.75	0.70	0.36	0.15

根据 IEC 268—15《声系统设备互连的优选配接值》的要求，传声器的负载阻抗应为输出阻抗 5 倍以上。在 SJ 2112—1982《厅堂扩声系统设备互连的优选电器配接值》中，关于传声器部分如表 10-8 所示，它与 IEC 268—15 是一致的。

表 10-8 　　　　　　传声器优选配接值

传声器（输出）	调音台（传声器输入）	优 选 值		
		电容式传声器	驻极体传声器	动圈式传声器
额定阻抗	额定信号源阻抗	200Ω平衡	200Ω平衡	200Ω平衡
额定负载阻抗		1kΩ	1kΩ	1kΩ
—	输入阻抗	≥1kΩ平衡	≥600Ω平衡	≥600Ω平衡
额定输出电压*	额定信号源电动势	1.6mV	1mV	0.2mV
最大输出电压**	超载信号源电动势	1.6V	1V	0.2V

注：*所给的值相应于 0.2Pa（声压级为 80dB）声压。
　　**所给的值相应于 100Pa（声压级为 134dB）声压，又考虑到高于传声器灵敏度 6dB。

（2）系统设备间配接的阻抗比

在整个扩声系统中，调音台是一个承前启后的中心设备，各设备与调音台间均有一个阻抗匹配的问题。实验证明，负载阻抗越大，总谐波失真越小。表 10-9 是对某两种（A 与 B）调音台在 17dB 输出时测量的阻抗比与总谐波的关系。

表 10-9 　　　　　　阻抗比对调音台输出总谐波失真（%）的影响

阻抗比 条件		1∶1	1∶3	1∶5	1∶10	1∶∞
A	第 9 路	11.0	0.27	0.18		0.10
	第 10 路	16.0	0.50	0.37		0.25
B	第 2 路	15.0	0.78	0.52	0.37	0.18
	第 11 路	12.5	0.64	0.42	0.29	0.14

一般当负载阻抗为输出阻抗 10 倍以上时就可以认为负载处于开路状态。一般选负载阻抗为输出阻抗 10 倍以上，但在多台功率放大器并机使用时允许阻抗比有所降低。

10.7.2 电平匹配

1. 电平匹配的意义

为保证扩声系统的正常工作并达到高质量的传输，各级电平配接必须正确无误。声音信号在扩声设备间通过时要经过许多环节，为了使信号在各环节能正常通过，必须控制通过各处的信号电平，其中包括各级设备的额定工作电平和各级设备的最大输入或输出电平以及最小输入或输出电平。

一般常碰到输入信号太弱、后级放大器的灵敏度太低的情况。如果这时将信号源直接与后级放大器相接，就会因信号太小无法保证放大器正常工作。要解决这个问题必须在放大器前面增加合适增益的前置放大器，以提高输入信号的电平。如果输入信号的电平为-60～-70dB（600Ω），而线路输入电平为0dB（600Ω），那么它们的实际电平差有60～70dB。这时，即使功率放大器和扬声器功率都很大，扬声器能发出的声音也很微弱。要获得足够响度，只有在传声器与线路之间增加前级放大部分，放大增益为60～70dB最为合适。

但有时也会碰到不是输入信号太弱而是输入信号太强的情况，这时，整个扩声系统会产生过载失真。显而易见，电平匹配在设备连接中也同样重要。如果匹配不好，将会出现激励不足，或者因过载而产生失真。这两种情况都会使系统不能正常工作。

在扩声系统设备中，一般都规定了额定输出电平或额定输入电平、最小输出电平或最小输入电平、最大输出电平或最大输入电平，它们通常按有效值计算。要做到电平匹配，就是不仅要在额定信号状态下匹配，而且在信号出现尖峰时也不发生过载。优质系统峰值因数至少应按10dB来考虑（峰值因数定义为信号电压峰值与有效值之比，以分贝表示）。

这里所说的电平，一般是指电压电平（B_u）。所谓电压电平，是一个电压与一个参考电压U_0之比的常用对数乘以20，单位为dB，即

$$B_u = 20\lg\frac{U}{U_0}$$

其中，参考电压可以是不相同的。按照IEC规定，最好以1V为参考电压，也可以以1mV或1μV为参考电压，其对应电压电平的单位分别记为dBV、dBmV、dBμV。

此外，还经常使用dBm，即以在600Ω电阻负载上产生1mW功率时的电压为参考电压，也就是以0.755V为参考电压。但dBm只限于负载为600Ω时的特定情况，这是需要注意的。有些厂家在负载不是600Ω时，仍将电平以dBm表示，这是不确切的。有些厂家常将dBm用dBs或dBu表示，在阅读产品说明书时需加以注意。

如果电平不能直接匹配，就应采取适当的变换方法，使电平达到匹配，如采用变压器，或者电阻分压网络。当然，在变换时也同样应考虑到阻抗匹配问题。

总之，现代扩音系统设备都是按标准设计的，只要在设备选型和系统调音时加以注意，即可满足电平匹配的要求。

2. 从传声器到扬声器的系统配接电平值

（1）峰值因数

峰值因数是指信号峰值与有效值之比，通常用dB表示。对节目信号（语言、音乐）来说，

由于随机性影响，在一些短暂瞬间，节目的峰值会比有效值高出许多倍。

扩声系统中的各级电平通常按有效值考虑，然后加上一定量的峰值因数。若峰值因数留得太高，则对配接设备的性能要求高，成本昂贵；若峰值因数留得太低，设备在传输节目时往往会被削波，对音质不利。对于音乐，扩声峰值因数一般按10dB考虑，对于现代的"流行音乐"、"摇滚乐"需有20～25dB的余量。

（2）传声器的输入、输出电平

传声器接收的是声源的声音信号，包括语言和音乐信号。语言信号的声压为0.2～1Pa，音乐信号声压级上限可到130dB以上，而传声器最大输出电压应与节目源的动态上限相对应。国内外常用的电容式传声器U-89、U-87、U-47、CR1-3、CR1-5等，其灵敏度为8～10mV/Pa，双回路动圈式传声器灵敏度较低，如CD21-1为0.6mV/Pa。根据SJ 2112—1982及IEC 268—15规定，专业用传声器最大输出电压按输入声压级为140dB计算，传声器额定输出电压一般按输入声压为0.2Pa（声压级为80dB）折算。

（3）调音台的输入电平

为了适应不同输入信号电平的强弱变化，调音台上通常将传声器输入与线路输入结合在一起，使输入端既能输入传声器信号又可输入录音机放声信号。

调音台输入电平分为-70dB、-40dB、0dB 3挡。当使用0.6mV/Pa的双回路动圈式传声器时，0.4Pa的声音就有$0.4 \times 0.6 = 0.24$mV，即-70dB的电平产生。调音台配接不同灵敏度传声器时的电平选择位置如表10-10所示。

表10-10	不同灵敏度传声器的电平选择位置				
传声器灵敏度（mV/Pa）	0.6	1	3	10	40
调音台输入电平（dB）	70～64	66～60	50～40	46～40	36～30
调音台电平选择位置（dB）	-70	-60	-50～-40	-40	-30

当使用灵敏度较高的电容式传声器时，要通过调音台的输入衰减器对电平作适当调整。通常，音乐扩声时衰减为30～40dB，这样当节目源声级较高时就不至于产生限幅。

为了保证系统传声器输入信号不受限制，调音台的输入必须具有一定"容量"，通常称它为"输入过激励"，其上限需与传声器的最大输出电压相对应。一般调音台具有30～35dB的输入过激励能力，即最大输入信号电平在-35dB左右。

（4）调音台输出电平

调音台的额定输出电平通常设计成0dB，最大输出电平为20dB。0dB是中间电平，它对应-70dB输入（调音台增益70dB）。当节目源的较强信号进入系统时，输出端0dB以上还有20dB的余量，通常称它为动态余量。调音台的下限输出电平是噪声电平，它决定了整机的信噪比。一般噪声电平为-54dB。

（5）功率放大器的输入电平

功率放大器输入灵敏度通常设计在-12～0dB之间，而调音台输出的0dB是中间电平，因此要求功率放大器输入端有一定的"输入过激励"能力。功率放大器在额定电平输入时有满功率输出，而功率放大器的输出功率余量有限，这样在功率放大器输入电平过大时可用衰减器调节电平。通常功率放大器设有衰减器，亦可自制衰减器。功率放大器衰减器在-6dB挡，衰减量大于20dB，亦可以作连续衰减，当输入端信号电平变化幅度较大时，可以通过调音台调节输出电平，或由放大器衰减器调节，最终在功率放大器输出端获得所需功率。

（6）功率放大器的输出电平

在扩声系统中，调音台的输出信号经功率放大器反馈给扬声器系统，在额定输入电平条件下，功率放大器可获得满功率输出。功率放大器的功率余量是不大的，一般为 2dB 左右。为了保证功率放大器所配接扬声器系统的安全，要求功率放大器的额定输出功率应当与所配接的扬声器系统的额定功率相当。实际上，功率放大器的输出功率尚有一定余量，扬声器系统在额定功率以上也有一定功率余量，两者基本应当相对应。

综上所述，整个系统的电平是这样的：节目源电压级按-80dB 进入系统，系统传声器的额定输出电压按此换算。最大输出电压按 140dB 声压级考虑，包括对传声器灵敏度留有 6dB 余量，调音台额定输入电平按-70dB 考虑。节目源声压级变化时，根据传声器的输出电压调节调音台输入衰减和增益，使其额定输出控制在 0dB 左右。最大输出电平在 20dB 以下，调整功率放大器输入衰减，根据观众厅声场的需要，控制反馈给扬声器系统的输入功率，以获得满意的试听声压级。在此级联中，对与调音台相连的录音机及其他辅助设备输入端的超载信号源电动势必须满足不低于 20dB 的要求。

10.8 相关设备间的配接方法

10.8.1 音源与调音台的配接

音源设备有平衡输出和非平衡输出之分，平衡输出为卡侬插口或大三芯插口，非平衡输出多为莲花插口（RCA），应根据输出方式来制作连接线。如采用+4dB 电平的信号输出和调音台输入端连接，应采用卡侬和 6.3mm 标准插头平衡转非平衡的连接线，或者采用大三芯转大二芯的连接线；如采用-10dB 电平的信号输出和调音台输入端连接，应用莲花口和 6.3mm 插头之间的非平衡连接线。录音机通常采用莲花插头和莲花插头的连接线与调音台上的 TAPE IN 端口连接。传声器输出电平较低，通常要用平衡连接线插入到调音台的 MIC IN 端口。

专业的音源设备有+4dB 电平输出的，可采用平衡转非平衡连接线与调音台上的立体声输入端口连接。非专业的音源设备输出电平为-10dB 的，可采用莲花和 6.3mm 插头连接线与调音台立体声输入端口连接。录音机可通过-10dB 电平的输出信号莲花插头和调音台上的 TAPE IN 莲花插口连接（也有部分调音台采用 6.3mm 插座），将调音台上的 TAPE OUT 莲花插口和录音机上的声频输入插口连接，如图 10-31 所示。

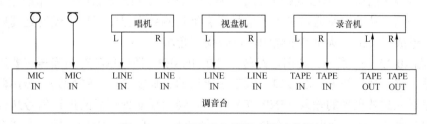

图 10-31　音源设备与调音台的连接图

10.8.2　调音台与其他设备的配接

调音台在与其他设备配接时，应当视情况的不同而进行灵活有效的运用。例如在没有信号分配器的特殊情况下要推动 4 对以上的音箱进行音乐的重放，使用常规的配接方法是不行的。为了应急，只能使用非常规的配接方法来保证演出的正常进行。若使用的调音台有 4 个编组输出通道，那么就可以使用编组输出去推动两对音箱，编组输出通道的第一路和第二路可分别作为一对音箱的左右输出通道，第三路和第四路可分别作为另一对音箱的左右输出通道，这样就解决了两对音箱的推动问题。而调音台的主输出则可经过双通道的房间均衡器推动另外两对音箱，从而解决了 4 对音箱的重放推动问题。如果还有其他的音箱需要推动，则可以使用监听输出通道解决一对音箱的重放。同时，如果调音台有多路辅助输出通道的话，亦可使用辅助输出通道来解决其余音箱的推动问题。当然，这时在调音台上的操作调整就必须视调音台输出信号配接的情况作出相应的变化。

调音台输出信号灵活配接的前提条件是调音台必须有足够多的各种各样的输出接口，这样的调音台可以肯定是专业调音台。"巧妇难为无米之炊"，没有这样的前提，灵活配接是谈不上的。

尤其要强调的是，对多对音箱的推动最好还是采用信号分配器来解决，采用以上所述的办法是不得已而为之，有许多的局限。相对调音台、功率放大器等设备而言，电子分频器是价格较低的设备，千万不能因小失大，得不偿失。

10.8.3　效果器的配接

在扩音系统中，大多数周边设备都采用串接的配接方法，但效果处理器（简称效果器）则通常有 4 种配接方法。

① 如图 10-32（a）所示，将信号从调音台的辅助发送插口（AUX SEND）送入效果器的输入插口（INPUT）中进行效果处理加工，再从效果器的输出插口（OUTPUT）将信号送到调音台的辅助返回插口（AUX RET），通过两个旋钮来控制其电平的大小，并将其送入 L、R 母线。这是常用的一种配接方法。就效果器而言，通常使用一入一出的工作方式，一入两出也行，但很少使用。

② 如图 10-32（b）所示，信号从辅助发送插口送出后进入效果器的输入插口，处理后从输出插口取出信号，送入调音台任何一路的线路输入插口。此时，从线路输入口进入到调音台的信号可看作是一个新的音源，它是经过效果器进行了混响和延时处理的声音信号，可以通过推子来控制其音量的大小。这种配接方法的好处是可以对调音台的输入音源中需要进行效果处理的多路通道同时起作用。比如，若调音台的第一、第二路接的是传声器，希望对第一、第二两路声音都进行效果处理，则将第一、第二路的 AUX1 旋钮打开即可（AUX1 SEND 连接到效果器输入插口）。但必须强调的是，从效果器返回到调音台的那一路通道中的 AUX1 必须关闭，否则，从这一路通道进来的信号又会被送到效果器中，再次经过处理后又会被送入调音台，形成正反馈，从而产生啸叫，以致损坏音箱。

③ 如图 10-32（c）所示，使用单路传声器的 INSERT 插口单独对演唱传声器进行混响效果声的处理。这个插口是大三芯接口。大三芯接口的尖是发送端（SEND），传声器的信号从这个点取出送入到效果器的输入（INPUT）插口。经效果器处理后的声音信号从效果器的输出插口（OUTPUT）送入到调音台的 INSERT 插口的环后返回（RET）。插头金属套是公共地线。这样可以对两只演唱传声器进行混响效果的处理。两只传声器的两个送出（SEND）信号

进入效果器左、右输入；效果器的左、右输出送入到调音台两路传声器的返回环接点。

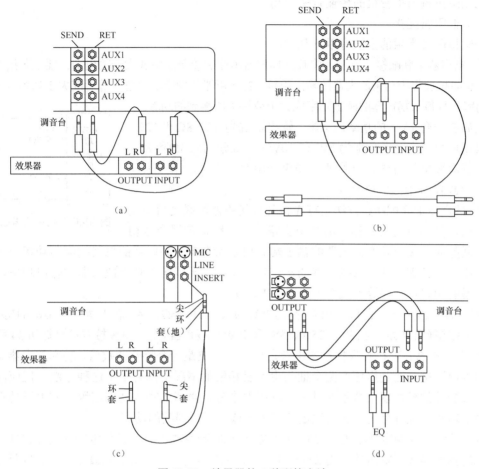

图 10-32　效果器的 4 种配接方法

④ 如图 10-32（d）所示，将效果器配接到整个音响系统中（相当于串联），即调音台母线输出（MASTER OUT）到效果器进行效果处理后的声音信号不再返回到调音台，而是向下继续输入到压限器或房间均衡器中。这样的配接会将所有的声频信号都进行效果处理。这种方式在歌舞厅中一般不会选用，但在进行环境音乐的制作中可选用。

此外，在扩音系统中对信号进行效果处理的数字延时器与效果器的接法相同，常采用与调音台并联的方式。压限器可以并在调音台上，也可以串接在调音台输出通道，通常并联方式用得较多。

10.8.4　功率放大器与扬声器的配接

大家知道，根据功率放大器的结构不同，其输出一般有两种形式，即定阻式和定压式。因此，在功率放大器与扬声器配接时，应按照功率放大器的输出形式进行。

1. 定阻式配接

定阻式功率放大器是采用变压器来决定其输出阻抗的。变压器抽头不同，得到的阻抗也不同，一般有 4Ω、6Ω、8Ω、12Ω、16Ω、32Ω、100Ω、125Ω、150Ω、200Ω、250Ω、500Ω

等。其中32Ω以下的通称为低阻抗输出，100Ω以上的通称为高阻抗输出，而且高阻抗输出扩音机比低阻抗输出扩音机的传输效率要高。

（1）低阻抗配接

低阻抗配接常用的方法有以下几种。

① 扬声器串联配接：方法是将几只扬声器串联后接至功率放大器输出端。要求各扬声器串联后的总阻抗应等于功率放大器的输出阻抗，各扬声器的额定功率总和等于或大于功率放大器的输出功率，且每只扬声器的额定功率应大于或等于所得到的功率。

例如有一台 15W 的功率放大器，输出阻抗为 4Ω、8Ω和 12Ω，有两只扬声器额定功率分别为 5W 和 10W，阻抗分别为 4Ω和 8Ω。按扬声器串联配接方法，可将两只扬声器串联后接至功率放大器的 0、12Ω端，如图 10-33 所示。

② 扬声器混联配接：方法是首先将几只扬声器串联之后构成一条支路，然后再将与此相同的几个支路（各支路扬声器个数相

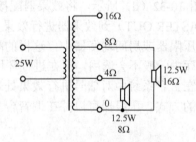

图 10-33　扬声器串联配接

等）并联起来，接至功率放大器的输出端。要求所有支路并联后的总阻抗应与功率放大器输出阻抗相等，各支路并联后扬声器的额定功率总和大于或等于功率放大器的输出功率，且每只扬声器的额定功率应等于或大于所得到的功率。

例如有 4 只扬声器，它们的阻抗分别为 3Ω、5Ω、8Ω和 16Ω，接在输出功率为 50W 的功率放大器上，分别选择额定功率为 15W、25W、5W 和 10W 的扬声器即可。其配接方式如图 10-34 所示。

③ 分头配接：若在几只扬声器组合之后其总阻抗是一个特殊的数值，功率放大器又没有这样的输出阻抗，而利用任意两个抽头也不易相配的情况下，可采用这种方法。但应注意的是，分头配接的扬声器个数不能过多。同样要求各扬声器的额定功率应等于或大于功率放大器的输出功率，且每个扬声器的额定功率大于或等于所得到的功率。

例如，将一只额定功率为 12.5W、阻抗为 8Ω的扬声器和另一只额定功率为 12.5W、阻抗为 16Ω的扬声器接至输出功率为 25W 的功率放大器，可将 12.5W、16Ω的扬声器接至功率放大器的 0、8Ω端，将 12.5W、8Ω的扬声器接至功率放大器的 0、4Ω端，如图 10-35 所示。

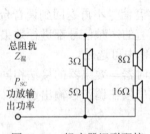

图 10-34　扬声器混联配接　　　　　图 10-35　扬声器分头配接

此外，当扬声器的额定功率小于功率放大器输出功率时，为了使功率放大器正常工作，保证扬声器的安全，可以采用接假负载的方法按分头配接法进行配接。这里的假负载，可以看作是一定功率和阻抗的扬声器，只不过是用于消耗功率而已。通常称这种配接为假负载配接法，这里不再赘述。

（2）高阻抗配接

高阻抗配接与低阻抗配接一样，也有串联、并联等多种方式。所不同的是，高阻抗输出时，

各扬声器是通过线间变压器与功率放大器相连的。线间变压器的初级阻抗是通过计算得到的，而次级阻抗即为扬声器的额定阻抗，通过变压器进行阻抗变换，从而达到阻抗匹配的目的。

① 线间变压器初级串联配接：方法是将几个线间变压器初级串联接至功率放大器输出端，次级分别接各自扬声器。要求各线间变压器初级串联后的总阻抗应等于功率放大器的输出阻抗，线间变压器初级串联后的总功率等于或大于功率放大器输出功率，且每个扬声器的额定功率应等于或大于所得到的功率。

例如，有一台输出功率为 30W、输出阻抗为 500Ω 的功率放大器，采用两个线间变压器初级串联接至功率放大器输出端，而次级分别接额定功率为 25W 和 5W 的扬声器。由于 25W 扬声器所接线间变压器初级阻抗通过计算为 417Ω（即 $25 \div 30 \times 500 \approx 417Ω$），5W 扬声器所接线间变压器初级阻抗为 83Ω（即 $5 \div 30 \times 500 = 83Ω$），故将两个线间变压器初级串联后接至功率放大器 0、500Ω 端即可，如图 10-36 所示。

② 线间变压器初级并联配接：方法是将几个线间变压器初级并联后接至功率放大器输出端，次级分别接各自扬声器。要求各线间变压器初级并联后的总阻抗应等于功率放大器的输出阻抗，线间变压器初级并联后的总功率等于或大于功率放大器的输出功率，且每个扬声器的额定功率应等于或大于所得到的功率。

例如，将上述线间变压器串联配接改为并联配接，由于 25W 的扬声器所接线间变压器初级的阻抗为 600Ω（即 $30 \div 25 \times 500 = 600Ω$），5W 扬声器所接线间变压器初级的阻抗为 3kΩ（即 $30 \div 5 \times 500 = 3\,000Ω$），显然并联后总阻抗为 500Ω。由此将两个线间变压器初级并联后接至功率放大器输出 0、500Ω 端，就构成了线间变压器初级并联配接，如图 10-37 所示。

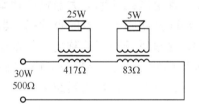

图 10-36 线间变压器初级串联配接

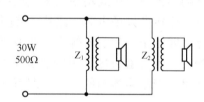

图 10-37 线间变压器初级并联配接

此外，当扬声器所得到的总功率远小于功率放大器额定输出功率时，也可以采用假负载的方法，用以代替线间变压器和所接的扬声器，按线间变压器并联配接方法进行配接，这里不再赘述。

③ 线间变压器初级混联配接：方法是先将线间变压器初级串联构成一条支路，然后再将与此相同的几个支路（各支路线间变压器个数相等，亦即所带扬声器个数相同）并联起来接至功率放大器输出端。要求线间变压器串并联后的总阻抗应等于功率放大器的输出阻抗，串并联后的总功率大于或等于功率放大器的输出功率，且每只扬声器的额定功率大于或等于所得的功率。

例如有 4 只扬声器，其额定功率分别为 15W、5W、25W 和 10W，采用线间变压器混联配接方法，接至输出功率为 35W、输出阻抗为 500Ω 的功率放大器输出端。通过计算可得线间变压器混联后的总功率为 55W，15W 扬声器所接线间变压器初级阻抗为 1 031Ω，5W 扬声器所接线间变压器初级阻抗为 344Ω，25W 扬声器所接线间变压器初级阻抗为 561Ω，10W 扬声器所接线间变压器初级阻抗为 225Ω，这样将 15W 和 5W 扬声器所接线间变压器串联构成一个支路，将另两个扬声器（25W 和 10W）所接线间变压器构成另一支路，二支路并联后总阻抗近似为 500Ω，接于功率放大器输出端即可。其配接如图 10-38 所示。

2. 定压式配接

功率较大的功率放大器，在电路中都装有深度负反馈回路，因此它的输出电压基本上不随负载的增减发生变化，可以看作是一个定值，称为定压式功率放大器。

定压式功率放大器的基本公式为

$$U = \sqrt{P \times Z}$$

式中，U 为扩音机输出电压；P 为扩音机额定功率；Z 为扩音机输出阻抗。

在配接时，只要扬声器所得功率总和不超过功率放大器额定输出功率，就可以按照接电灯的方法，将扬声器一只只连接起来。也就是说各扬声器采用并联的方法连接于功率放大器的输出端。但此时应注意功率放大器输出电压和扬声器的承受电压，它们之间需要通过线间变压器连接，如图 10-39 所示。这时的线间变压器为电压变压器，各引线端用电压来标示。

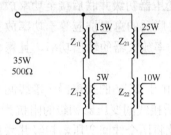

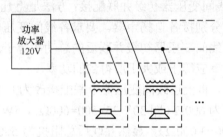

图 10-38　线间变压器初级混联配接　　　　图 10-39　定压式配接

由于扬声器与定压式功率放大器配接比较简单，且定压式功率放大器输出功率一般比较大，可以连接多只扬声器。此外，市面上还有已经配好线间变压器的吸顶扬声器或小型扬声器箱（即音箱，为了与前述专业音箱有所区别，这里用扬声器箱称之）与定压式功率放大器配套。使用者只需说明所要定压式功率放大器的输出电压（通常是 120V 或 240V）和吸顶扬声器或扬声器箱的功率，即可购得配套产品。目前背景音乐系统大多采用这种连接方法。

顺便指出，采用背景系统的设计方法，还可组成校园等场所的有线广播系统和会议室等场所的扩声系统。有线广播系统一般使用小型扬声器箱并适当配置高音喇叭（即号筒式高音扬声器），室外应使用防雨扬声器箱。会议室扩声系统应使用中高音吸顶扬声器，以满足语言清晰度的要求，并使用前述小型调音台的连接方式。目前市面上还有专门的会议音响系统配套设备可供使用。

在饭店、商场等场所，背景音乐系统通常还会和消防等报警系统连接，组成安全示警系统。关于这方面的内容，有兴趣的读者可参考有关产品及资料。

10.9　扩声系统设备连接举例

10.9.1　音乐厅扩声系统的连接

音乐厅主要用于交响乐、轻音乐、民族乐等音乐节目的演奏，对扩声系统的要求很高，为了保证具有理想的音乐重放效果，音响设备均应采用高档次的专业级产品。

图 10-40 所示为音乐厅扩音系统各设备间连接的实例，现就各设备的配置情况介绍如下。

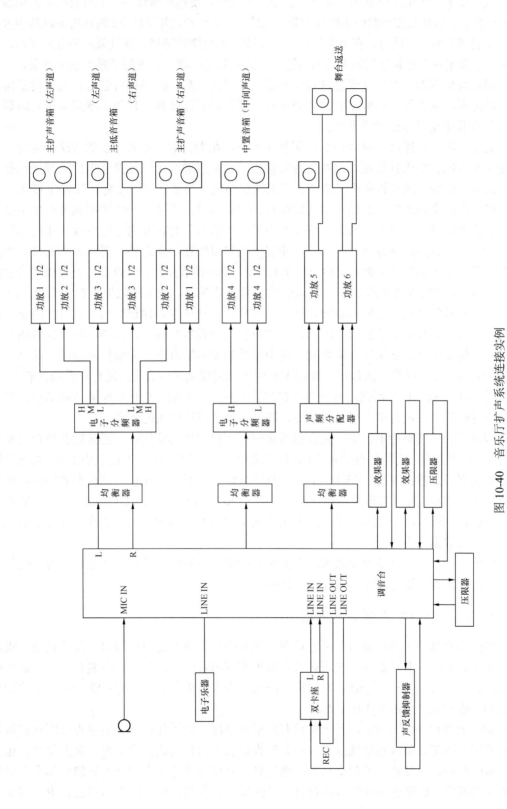

图 10-40 音乐厅扩声系统连接实例

大家知道，音乐厅一般都是用于大型乐队演奏的，使用乐器较多，并且要按不同乐器和声部进行拾音，这样就需用到较多的传声器。因此，调音台应选用24～32路或更多路数的大型调音台才能满足要求。同时，在多数情况下还要配以声反馈抑制器，并且采用多台效果器，其目的是为了满足对弦乐和管乐等不同乐器进行不同的效果处理，以得到更好的演出效果。

通常音乐厅的控制室（或称调音室）设在厅堂的最后，距离舞台较远。为了便于传声器等设备连接，应在舞台前后左右的适当位置布置传声器连接器，使传声器或电子乐器等设备通过传声器连接器转接到调音台上。

关于压限器的连接，图 10-40 中采用了两台压限器并联在调音台上的方法，可对不同声源设置不同的参数进行处理，但对调音台输出后的扩声通道无法设置噪声门限等处理参数，它比较适合于输出通道较多而又想节省压限器的系统。当然，也可以将压限器串接在扩音通道，即接在均衡器之后，其输入的是均衡和补偿的信号，不会使一些频率成分产生不必要的压缩。这种接法可以对扩声通道设置噪声门限，但它对所有声源的处理参数（压缩比等）是相同的，调整时应特别注意，尤其是不能将弱信号限制在门限之外。需要指出的是，当系统工作信号动态范围很大（例如交响乐演奏），而又不好调节控制，或调音人员难以在过量的输入信号电平时跟随调节的情况下，为避免均衡器过载失真，应将压限器串在均衡器之前。

功放与音箱的连接是扩声系统设计的重要环节。音乐厅在建筑结构上是有严格要求的，一般比较宽，且长度不是很大。因此，主扩声音箱应设置在舞台口两侧，并根据音箱传声的指向性，使左右声道音箱有一定角度，使中前排的中间听众席产生最佳听音区。此外，为了得到较好的立体声效果，通常还在舞台下正中央布置辅助扩声音箱，使扩声系统具有左、中、右 3 个声道。辅助扩声所需信号一般取自调音台的编组输出，也可由矩阵或辅助输出提供。有些调音台还专门设有单声道（MONO）输出，供单声扩声通道使用。

同时，为了使舞台上的演出人员能够实时听到自己的演奏情况，还必须在舞台上设置监听音箱，专业上称之为舞台返送音箱（音箱产品中有专门的带有一定倾斜度的舞台返送音箱）。舞台返送音箱应按需要设置在舞台上，并且面向演出人员，以使每一位演奏者能清晰地听到整个乐队的演奏。每只音箱的功率一般为150～250W，选用4～6只（根据乐队规模和舞台大小），总功率不计入扩声功率，并为单声道传送。所需信号同样可由调音台的编组、辅助、矩阵或单声道输出提供。

此外，为了得到好的音响效果，在扩声系统中，还需使用其他信号处理设备，例如扩展器、动态噪声处理器等，此处不再一一列举。

10.9.2　剧院扩声系统的连接

剧院通常是一个多功能专业演出场所，既有音乐歌舞类等节目演出，又有话剧、戏曲类节目演出。因此，要求扩声系统应兼备音乐扩声和语言扩声的功能，既要有一定的音乐动态范围，又要有一定的语音清晰度。其扩声系统设备也大多采用高档次的专业音响设备。图 10-41所示为一般剧院扩声系统连接实例。

剧院的体积一般比较大，且大多设有两层观众席。为了保证观众能够有好的听音效果，主扩声左右声道音箱（包括纯低音音箱）应设置在舞台口两侧，除保持一定夹角外，还应有一合适的仰角，以使楼上的观众基本上能听到主音箱的声音。为得到更好的立体声效果及语音扩声清晰度，通常还在舞台口的眉沿上方安装中置音箱，使主扩声具有左、中、右 3 个声

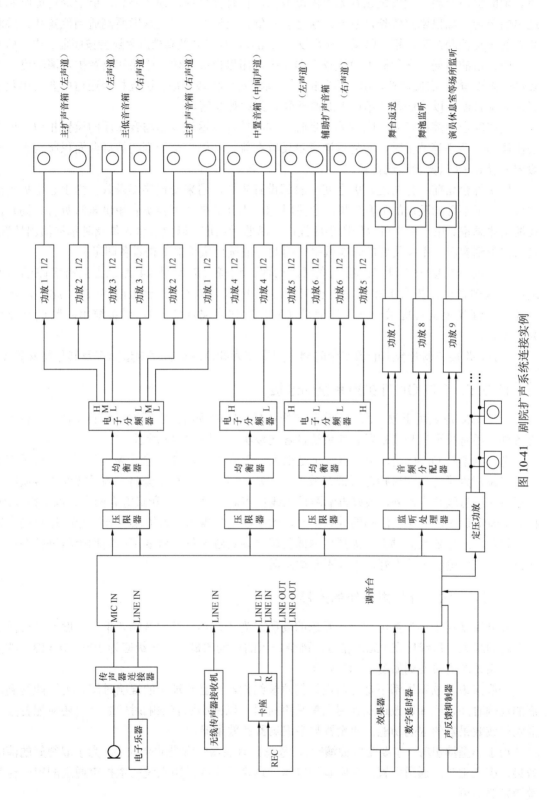

图 10-41 剧院扩声系统连接实例

道。辅助扩声音箱一般安装在耳光室内侧或摆放在耳光室内，使一层和二层观众均能听到其送出的声音。如果剧院较长，且一二层之间较低，还应在一层观众席两侧适当位置和二层观众席前安装辅助扩声音箱，以保证听音效果。此外，有些大型高档剧院还会按照前、中、后及左、中、右的布局，在顶棚上设置扬声器系统，用以提高立体声效果和语音扩声清晰度（本实例中未设置）。需要注意，由于剧院的扩声音箱设置比较分散，因此扩声通道中要使用数字式房间延时器，以确保各音箱送出的声音同时到达观众席。

当在舞台上演出音乐、唱歌等节目时，剧院的舞台返送音箱与音乐厅的设置相似，但在演出舞蹈、话剧等节目时，应将返送音箱设置在舞台两侧。由于剧院的舞台面积比较大，一般要配置 6～8 只舞台返送音箱。

剧院舞台正前下方与观众席之间一般都设有乐池，用来安置伴奏乐队。由于它距离观众较近，为了不影响观众的听音效果，应使用 50～100W 的小型监听音箱供乐队听音。同时，在演员休息室、化妆室等后台场所还应提供一路监听通道，以便后台人员及时掌握演出情况。它只需听到实况，不需要好的音响效果，因此一般选用廉价的低档设备即可。

剧院的音控室一般设在二层观众席最后面。调音台应使用 24 路以上且有多路输出通道的大型调音台，舞台上和乐池内也应安装传声器连接器（舞台上应暗装）。此外，调音台还应为灯光控制台提供一路声控信号（应为立体声混合信号），以备演出时制造声控灯光效果。

此外，并接在调音台上的数字延时器主要用来为歌声或语言声制造回声及其他特殊效果。

10.9.3　卡拉 OK 厅扩声系统的连接

卡拉 OK 厅是用于顾客面对面进行自娱自乐演唱的场所。它所需配备的设备除扩音系统设备外，还有投影机和监视器。其系统设备连接实例如图 10-42 所示。

考虑到卡拉 OK 厅的场地一般都不是很大，音箱选用 1～2 对全音域音箱即可。对于其他设备来说，为了方便调音师监听调音效果，常常还需一对监听小音箱。为了方便顾客演唱，除配备两只有线传声器外，最好再配两只无线传声器。同时，音源最好有两个，以交换使用，提高放音的速度。为了使演唱的效果更好，效果器是必需的。为了保护卡拉 OK 厅里的音箱不受损坏，压限器也必须有。如果厅内的传输频率特性不好，就要用房间均衡器进行补偿。如果厅内的传输频率特性好，可以不要均衡器。

10.9.4　歌舞厅扩声系统的连接

歌舞厅是用于小型演出和跳舞娱乐的场所。为了达到良好的音响效果，一般要求在演出时声场的最大声压级应在 95dB 左右，跳舞娱乐的声场的最大声压级应为 100～105dB。歌舞厅扩声系统的连接实例如图 10-43 所示。

一般来说，歌舞厅都不是专门设计的建筑结构，不会有理想的混响时间。为了能得到所需的混响时间，除加以改造及使用大量吸声材料，以减小原有混响时间之外，还应配备数字混响器或效果器的混响功能，即设置数字混响器和效果器。

用于小型演出时（主要是歌曲演唱），考虑到有些演唱者是业余歌手，为了取得好的演唱效果，应在主扩声通道配置一台听觉激励器（通常只需在扩声系统的主扩声通道配置一台听觉激励器即可）。

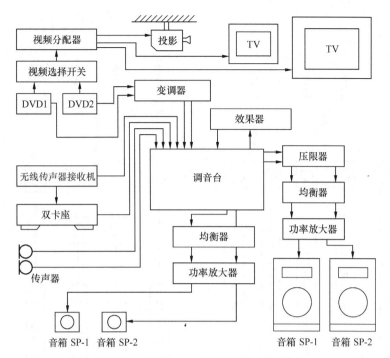

图 10-42　卡拉 OK 厅扩声系统连接实例

调音台的输入通道应在 16 路以上，并有多个输出通道，以方便对演出扩声和跳舞娱乐扩声的控制。同时还应提供一路作为灯光控制台的声控信号。

就声源设备而言，除配置卡座和 CD 机外，还应配置 LD、VCD 或 DVD 机。因此，除扩声系统外，还应配置一套视频重放系统，将 LD、VCD 或 DVD 机视频信号通过大屏幕投影和彩色电视机播放出来。当然，作为乐器拾音，传声器是必不可少的。通常，还要配置一到两套无线传声器供主持或演唱使用。

此外，为了较好地实现观众自娱演唱的卡拉 OK 功能，还应在扩音系统中配置可对音乐进行变调处理的变调器，将它串接在 DVD（或 VCD）机与调音台之间。

关于功率放大器与音箱的配置，在演出时与剧院类似，用于跳舞娱乐时将音箱设置在舞池四周。其中，主音箱包括纯低音音箱和可连接电子分频器的中高音音箱，将它们设置在舞台（或称歌坛）两侧，既作为演出主扩声音箱，也作为跳舞娱乐主扩声音箱。

至于演出用辅助扩声音箱，一般采用一组（两只）二分频或三分频音箱（不必使用电子分频器），吊装在观众席两侧。如果厅堂很宽，还可以在舞台口上方设置中置音箱（图 10-43 中未画出）。用于跳舞娱乐时的辅助扩声音箱应吊装在舞池上方，使用内置二分频音箱即可。演出时应关闭这组音箱，即关闭相应的扩声通道，以满足演出时对声像的要求。

10.9.5　迪斯科厅扩声系统的连接

迪斯科厅主要是供跳迪斯科舞之用。为了具有震撼的动感和强烈的节奏感，通常要求最大声压级比歌舞厅的最大声压级要大，一般为 105～110dB，同时也使用较多的纯低音音箱。

图 10-44 所示为迪斯科厅扩声系统的连接实例。迪斯科厅基本上是在原有建筑上改造的。但应注意的是，应选择空间较高的厅堂，否则会有压抑感。

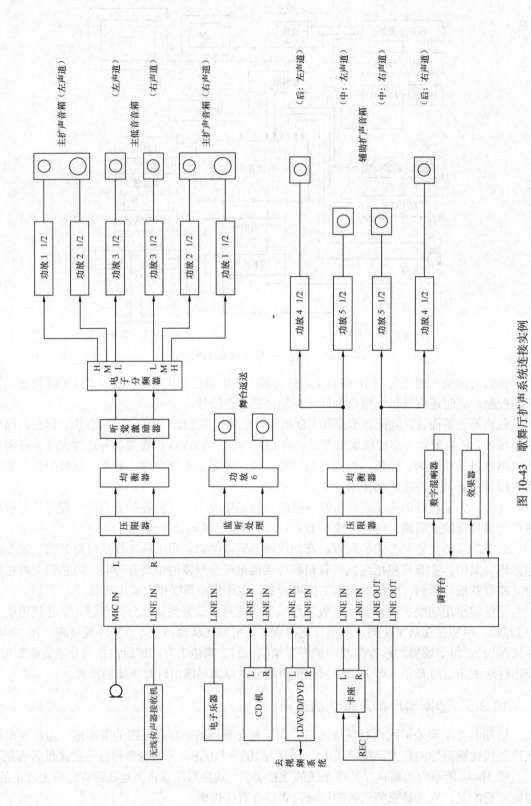

图10-43 歌舞厅扩声系统连接实例

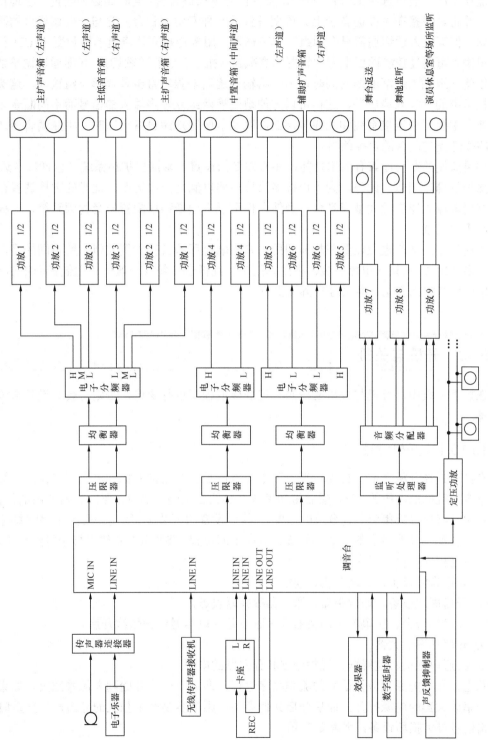

图10-44 迪斯科厅扩声系统连接实例

迪斯科厅一般可选用 12 路左右的调音台作为主控调音台，同时还必须配置一台迪斯科调音台，并将其串接在主控调音台上。该调音台是一种专用调音台，它与一般调音台的基本原理相同，但其输入通道通常只有两组立体声输入，用来连接立体声电唱机和变速 CD 机，而且两组输入可通过控制面板上专门设置的衰减器（推子）进行"软切换"（即通过调整切换推子可以使一组输入逐渐变弱的同时使另一组输入逐渐增强，直至替代那一组输入，这类似于视频技术中的"淡入淡出"），这样可以方便地变换两组立体声输入的信号而不间断音乐。主控调音台主要用来连接有线和无线传声器，以及卡座等声源设备。同时，主控调音台还应提供一路作灯光控制台的声控信号。

如果欲使迪斯科厅兼有演出功能，还必须专门设置一套演出扩声系统（包括舞台返送），其连接与歌舞厅相似。此外，为了连接多只传声器以满足演出需要，此时的主控调音台应选用具有更多输入通道的大型调音台。当然，也可以为迪斯科厅配置一套视频系统，这样可以加强娱乐的气氛。

迪斯科厅的音箱也应设置在舞池四周，它与歌舞厅的音箱设置相似。所不同的是，迪斯科厅应多使用 2～4 只（也可更多，视规模而定）纯低音音箱（一般应比主低音音箱功率小）作为辅助低音扩声音箱，并吊挂在舞池上方。

10.10　开机与关机

在扩声系统中，开机与关机应按照一定规律或程序进行操作，否则将会对设备造成一定的损害。

10.10.1　开机过程

在扩声系统开机之前，首先检查一下电源电压是否在正常的标准电压下工作，一般误差范围不应超过标准电压的 10%，然后将功率放大器的音量电位器放在平时正常使用的位置（一般为最大刻度位置或稍旋回几分贝的位置）。其他设备的调节旋钮均放在适中位置（即系统原已调好的位置），调音台上的音质补偿旋钮放在中间位置，调音台的总输出推子打到最小位置。

开机过程应按以下顺序进行。

① 开启音源设备，如录音机、视盘机等。

② 开启周边设备，如效果器、激励器等并联设备。

③ 开启调音台、压限器、均衡器等串联设备（以信号流程依次开启）。

④ 开启功率放大器。

⑤ 接通电视机、监视器、视频分支和分配器的电源。

总之，开机的原则应按信号的流程顺序进行，即从小信号开始到大信号结束。如果先将声频功率放大器的电源打开，而后开启其他设备，则很容易产生强大的冲击声。严重时，会因冲击信号过大损坏设备，尤其是音箱。

10.10.2　关机过程

扩声系统的关机过程基本上就是其开机的逆过程，也就是应按以下顺序进行。

① 关闭功率放大器的电源开关。

② 关闭电视机、监视器电源开关。

③ 关闭均衡器、压限器、调音台等设备的电源。

④ 关闭其他周边设备，如效果器、激励器等设备的电源。

⑤ 关闭音源设备，如录音机、视盘机等设备的电源。

■■■■■■ **第 11 章**
灯光基础

11.1　光的基本属性

11.1.1　光的本质

光是物体受到激发而产生的一种电磁辐射。能够辐射光的物体称为光源。光源有热光源和冷光源两种。热光源是由热能激发后发光的，例如白炽灯；冷光源是由化学能、电场能或光能激发而发光的，如日光灯（即荧光灯）。

可见光的波长为 780～380nm（纳米，即 10^{-9}m），即由红、橙、黄、绿、青、蓝光到紫光。人眼对黄绿色光最敏感。

11.1.2　色温

物体所呈现的颜色，除与物体本身的物理特性有关之外，还与照射它的光源密切相关，物体在外界光源照射下，会有选择地吸收、反射或透射光源中的一部分色光。反射或透射的光使它呈现某种颜色。例如，在阳光下红花吸收了阳光中除红光外的其他色光而反射红光，使它呈现红色，如果光源是绿色光，则红花无红色反射，因而呈现黑色。所以，光源不同，物体呈现的颜色也会不同。同是白色光源，但它们包含的光是有差别的，因而物体受不同白光照射呈现的颜色也会不同。

一个白色光源，例如太阳光、白炽灯、荧光灯等，它们所包含的各种颜色成分相差很大，可用色温来表示它们之间的差别。色温以热力学温度 K（开尔文，简称开）为单位，例如钨丝灯的色温为 2 854K。

11.1.3　光的基本单位

① 光通量：指光源在单位时间内辐射的可见光能的量，以 lm（流明）为单位。
② 发光强度：光源在单位立体角（即球面度）内辐射的光通量，单位是 cd（坎德拉）。
③ 照度：被照射的单位面积上所得到的光通量，单位为 lx（勒克斯）。

11.2　常用电光源和灯具

常用电光源包括白炽灯、卤钨灯和气体放电灯等。

11.2.1　白炽灯

白炽灯以钨丝作为灯丝，当通过电流后因钨丝温度升高到 500℃以上而发光。白炽灯灯泡内充有惰性气体，以减小钨丝受热蒸发。白炽灯是使用最多的光源。

11.2.2　卤钨灯

在白炽灯内充入一定量的卤素就形成卤钨灯。卤素可与蒸发到灯泡玻璃壳上的钨原子化合成卤化钨气体，灯丝附近的卤化钨气体则由于灯丝的高温又分解为卤素和钨原子，钨原子就会回到灯丝上，而卤素又会与玻璃壳上的钨原子再化合。如此反复进行，可使卤钨灯的寿命比白炽灯提高 3～4 倍，并且使发光强度更高。

11.2.3　气体放电灯

气体放电灯有荧光灯、冷光灯、金属卤化物灯、镝铊灯和氙灯等。

1．荧光灯

在荧光灯的长条形灯管的两端安装有灯丝，管壁涂有荧光粉，管内充入汞和一些惰性气体。荧光灯的启动，需要镇流器和启辉器配合。镇流器是一个绕有线圈的铁芯，启辉器是一个充有氖气的辉光放电管，内有一 U 形双金属片作为动触片，靠近它有一静触片。不加电压时动、静两电极不接触。当两电极间加有电压后，氖气辉光放电，产生热量使 U 形双金属片受热膨胀而伸直，与固定静触片闭合。闭合后两极间电压降为零，辉光放电停止，两个静动触片断开。荧光灯的电路图如图 11-1 所示。

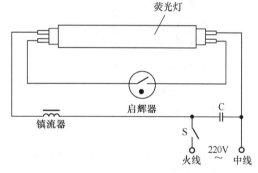

图 11-1　荧光灯电路图

荧光灯的启动过程是这样的：当接通荧光灯电源后，电源电压经过灯管两端灯丝加在启辉器的动静触片间，使启辉器中的氖气辉光放电并产生热量，U 形双金属片动触片受热伸胀与静触片接触，镇流器、灯丝和启辉器形成串联电路，灯管内汞汽化并充满灯管。因这时启辉器两端无电压，启辉器动静触点分离，电路电流突然中断，镇流器产生一个脉冲高电压并加于灯管两端，使灯管内惰性气体弧光放电，汞蒸气也开始放电，辐射出紫外线，使荧光灯管管壁上的荧光粉发出光来。镇流器这时则起到限制电流的作用，使灯管亮度稳定。

2．冷光灯

将荧光灯管弯曲或对折减小长度，以高频电子整流器代替镇流器即形成冷光灯。冷光灯有全光谱输出、寿命长的优点。

11.2.4 灯具

灯具是对光源所发出的光进行再分配的器具。按使用场所来分类，灯具有室内灯具和室外灯具；按用光方式来分类，灯具有聚光灯、泛光灯和效果灯。

如图 11-2 所示，聚光灯是一种硬光型灯具，它可形成明显的阴影，常用来作主光、造型光和逆光等。泛光灯是一种软光型灯具，常用来作为辅助光、天幕光等，如图 11-3 所示。

效果型灯具是用来形成各种效果的，例如可用作投影幻灯、声控灯、束射灯及电脑灯等。

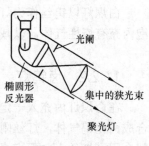

图 11-2　聚光灯

对灯具来说，一个代表它的光学性能的重要参数是它的配光曲线，就是灯具的发光强度 I 与某点至光源连线和光轴线夹角 α 之间的关系曲线。图 11-4 所示为聚光灯的配光曲线。

图 11-3　泛光灯

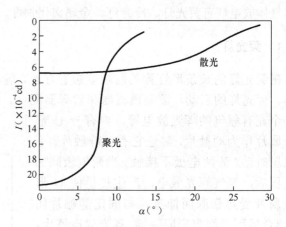

图 11-4　聚光灯的配光曲线

11.3　声控彩灯

歌舞厅灯光可以利用电子琴等声音来控制几种彩色灯光的变换。下面介绍两种电路。

11.3.1　SL322 集成电路电子琴声控彩灯

这种彩灯控制的电路图如图 11-5 所示。电子琴演奏的音乐信号经驻极体传声器拾音后，由 VT_1、VT_2 放大加至 SL322 集成电路 1 脚。由 2～7 脚分别引出 6 组触发信号，每组可连接 3～5 只 15W、220V 彩色灯泡。其中一组可连接白炽灯，用作舞厅休息时照明使用，其他各组可用彩灯，排列方式可随意决定。这个电路可在电子琴演奏时，使彩灯随音乐而变化。本电路是与 220V 交流电相接的，应注意绝缘和安全。如果需要扩大彩灯组数，可将输入接至 SL322 的 8 脚或 16 脚，由 10～16 脚引出，连接彩灯，变压器次级改为 12V。

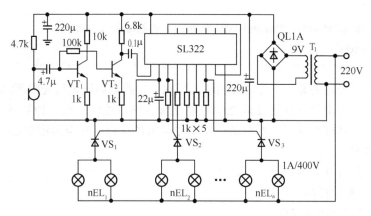

图 11-5 SL322 集成电路电子琴声控彩灯电路图

11.3.2 分频式音乐彩灯

分频式音乐彩灯电路图如图 11-6 所示。将电子琴输出的音乐信号输入变压器 T_1 初级，次级利用 R、C、L 组成 3 个无源滤波网络，分为高、中、低音信号，分别由 VT_1、VT_2、VT_3 3 只晶体管放大后，由 T_2、T_3、T_4 3 个变压器输出，触发晶闸管电路，使 3 路彩灯按音乐的高、中、低音使彩灯变化闪光。3 路彩灯每路功率为 200W，可连接 13 只 15W 灯泡。如果要扩充功率，可采用 3A/400V 晶闸管，使每路能带动 600W 彩灯，调整 RP_1、RP_2、RP_3，可使 3 路彩灯闪光均衡，并使闪光灵敏度适当。

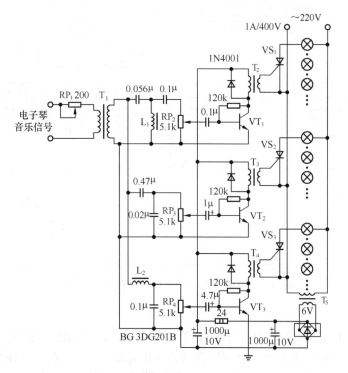

图 11-6 分频式音乐彩灯电路图

11.4 调光设备

调光就是调节光源的亮度，使它有明暗的变化，一般是通过调整光源所加电压来实现的。现在的调光设备都是用晶闸管进行调光的。晶闸管也称可控硅，是一种半导体器件，它在工作时损耗非常小，具有重量轻、寿命长、不产生热量的优点，在电路图中通常用 VS 表示，其符号如图 11-7 所示。

晶闸管调光器具有下列优点。

① 可实现计算机控制。

② 控制台可以远离调光柜。

③ 调光设备体积小、重量轻。

④ 调光曲线可以任意改变。

图 11-7 晶闸管的符号

⑤ 可以存储大量的灯光效果数据。

但晶闸管调光台对其他设备会产生干扰，应采取措施来加以抑制。

下面举一个 HDL-10016 型光控台的例子。

HDL-10016 型光控台的特点是功能较多，操作简便，造价较低，故障率低。其整机由两部分组成：控制部分和硅箱部分，控制部分的面板图如图 11-8 所示，它包括手控、程控及声控 3 个单元。

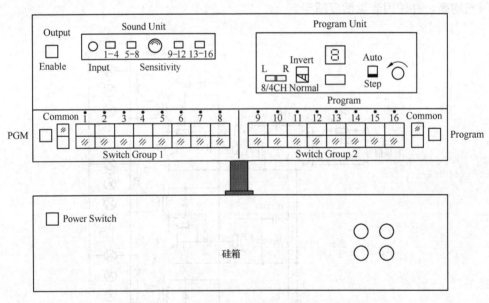

图 11-8 HDL-10016 型光控台控制部分的面板图

（1）手控

采用轻触式开关，分为两组，每组有 8 个锁存键，8 个清除/点控键，1 个集点控制键（Common），1 个集点清除键和 1 个程序接通键（Program）。它的操作方法如下。

① 按下允许输出键（Output Enable），使 16 路控制信号输入硅箱。

② 按下锁存键，对应的指示灯发亮，表示该回路接通，保持 220V 电源输出接通该路。

③ 如果这时按一下清除/点控键，对应回路的输出将消失，再按一次键，对应该回路的输出有点控功能。

④ 在有锁存输出时，按下集点清除键，所有锁存会立即消失。这时，如果按一下集点控制键，就可对全部输出回路有点控作用。

⑤ 将程序键接通，相应的指示灯发亮，所选的程控规律即加入对应的开关组上。再按一下此键，指示灯熄灭，程控消失。

（2）程控

程控单元由程序选择开关（Program Select）、8/4CH 程序选择开关和程控速率旋钮（Speed）组成。程序选择可选 4 组程序：顺向走灯、闪动以及扫描与闪动混合。通过 8/4CH 选择回路，当开关置于 L 时，两开关组的左边 4 路受控；当开关置于 L+R 时，两开关组 8 路都可受控；若开关置于 R 时，两开关组的右边 4 路受控。程序速率可调，范围为 0.2～5Hz。此外，还附设有两个开关，一个是 Auto/Step 开关，开关放在 Auto 位置时，机器按内编程序自动执行；放在 Step 位置时，则只按分挡的程序执行。另一个是 Invert/Normal 开关，此开关放在 Normal 位置时，程控按正常顺序；如果放在 Invert 位置时，程控则按反顺序执行。

（3）声控

声音信号可来自调音台或其他声频设备，通过面板上的插孔可输入声控信号。调节声控灵敏度（Sensitivity）可以适当控制声控电平，应注意指示灯不要长时间点亮。按下声控分组按钮，相应的指示灯发亮，表示声音只控制该组的几个回路，共有 4 个组：1-4、5-8、9-12、13-16。若所有声控组件的按钮都按下，则声音可控制 16 路发光。

附录 A　声频技术常用英语词汇

AFL（After Fader Listen）：推拉衰减之后监听

AMP（Amplifier）：放大器

AUDIO：声频，声频

AUDIO RANGE：音域

AUTO：自动

AUX：辅助

BALANCE：平衡

BYPASS：旁路

CABLE：电缆

CANNON：卡侬

CARDIOID：心形

CLIPPING：削波

CLIPPING DISTORTION：削波失真

CONTROL：控制

COMPRESSOR：压缩器

CONNECTOR：连接器

CHANNEL：通道

COMB FILTER：梳状滤波器

CONDENSER MICROPHONE：电容传声器

CONSOLE：调音台

CROSSTALK：串音

CROSSOVER：分频器

LOUDSPEAKER：扬声器

LOW CUT：低频切除

LOW PASS FILTER（LPF）：低通滤波器

MICROPHONE：传声器，传声器

MIDI（Musical Instrument Digital Interface）：乐器数字接口，迷迪

MIXER：混音

MONITOR：监听

MONO：单声道

MUTE：哑音，静音

NOISE：噪声

OVERLOAD：过载

OSCILLATOR：振荡器

PAN：声像电位器

CROSSOVER FREQUENCY：分频频率

CROSS FADE：交叉衰减

DIRECT SOUND：直达声

DYNAMIC：动态

DYNAMIC MICROPHONE：动圈传声器

DYNAMIC RANGE：动态范围

ECHO：回声

EFFECT：效果

EQUALIZER（EQ）：均衡器

FADER：衰减器，推子

FEEDBACK：回授，反馈

FOLDBACK：返送

FREQUENCY：频率

FREQUENCY RESPONSE：频率响应

GAIN：增益

HEADPHONE：耳机

HIGH CUT：高频切除

HEADROOM：峰值储备

HPF（High Pass Filter）：高通滤波器

INPUT：输入

INSERT：插入

LEVEL：电平

PFL（Pre-Fader Listen）：衰减器前监听

PHANTOM POWER：幻像供电

POST FADE：衰减器之后

PROCESSOR：处理器

RECORDING（REC）：录音

REVERBERATION：混响

SPEAKER SYSTEM：扬声器系统

SWEEP EQ：扫频均衡

STEREO：立体声

SIGNAL TO NOISE RATIO：信噪比

PEAK：峰值

PHASE：相位

PINK NOISE：粉红噪声

PPM（Peak Program Meter）：峰值表

TAPE RETURN：磁带返回

TAPE：磁带

TREBLE：高音

TALKBACK：对讲

UNBALANCE：不平衡

VOCAL：人声

WHITE NOISE：白噪声

WOOFER：低音扬声器

附录 B　音响调音员职业技能标准

劳动部文件

劳部发〔1996〕8 号

中华人民共和国职业技能标准

音响调音员
（试行）

职业定义：根据建筑声学特点、声源特色和听音要求，运用音响设备和扩声、调音技术，对声源的音量、音调、音色进行合理的调整，以及设备的操作和维护。

适用范围：卡拉 OK 歌厅、歌舞厅、迪斯科舞厅、会议厅、广场、体育场馆、剧场、广播电视节目制作间、电影录音棚、音乐厅及文艺演出等场所从事音响调音的人员。

等级线：初级、中级、高级。

学徒期：二年（其中培训期一年，见习期一年）。

初级音响调音员

知识要求：

（1）了解电声技术的基本知识和人声，常用乐器的发声特点及声学特性的一般知识。

（2）懂得常用音响技术术语、名词的基本概念和常用英文缩写、符号标记的含义。

（3）掌握常用音响设备（声源设备：传声器、盒式录音座、模拟电唱盘、激光唱机；声频处理设备：调音台、均衡器、混响器；功率放大器；扬声器系统）的性能、用途、使用方法及维护知识，并了解简单工作原理。

（4）掌握各种常用声频线缆、接插件的性能、用途及基本的连接规则、标准。

（5）掌握安全操作要求、规程；熟悉相关的消防、用电常识。

（6）了解有关的法律、法规。

技能要求：

（1）能熟练地按照程序完成音响系统中各设备的开、关机操作。

（2）能正确使用、维护声源设备和传声器。

（3）能正确使用、调整、维护声频处理设备。

（4）能正确使用、调整、维护功率放大器和扬声器系统。

（5）能熟练地焊接各种常见声频线缆及接插件，并能用其进行正确的音响设备间的相互连接。

（6）在使用过程中，能及时发现音响设备所出现的问题。

中级音响调音员

知识要求：

（1）掌握电声技术方面必需的基础知识，了解一般性的音乐乐理知识。

（2）掌握一般音响系统的工作原理，了解建筑声学的基本知识和所在场所的建筑声学特点及对声音的影响。

（3）了解常用乐器的发声特点、声学特性，以及人耳的听音特性。

（4）掌握音响设备（声源设备及传声器；声频处理设备：激励器、压限器、效果器、噪声门、延时器、电子分频器等；功率放大器；扬声器系统）的性能、用途、使用方法、维护常识，以及基本工作原理。

（5）了解常用的声频测量仪器及使用方法。

（6）了解相关的视频、灯光设备的基本使用方法。

（7）了解本职业设备、技术的发展状况和趋势。

技能要求：

（1）能运用所掌握的综合知识，合理地选择、配置传声器，完成一般性现场扩音工作。

（2）能根据公共场所建声环境的特点，合理地布置扬声器系统。

（3）能有效地综合运用和操作音响设备。

（4）能以常用的声频测量仪器对音响设备及系统进行简单的测试和调校。

（5）能够排除音响设备及系统在使用过程中所出现的简单故障。

（6）能看懂音响设备主要部分的电原理图。

高级音响调音员

知识要求：

（1）掌握较系统的电声技术基础知识和必要的建筑声学基础知识。了解音乐乐理及音乐美学知识。

（2）了解现代歌舞厅等娱乐场所及演出场所灯光器材的有关知识。

（3）了解录音技术、视频技术、MIDI 技术。

（4）掌握一般音响系统的设计、安装、调试的方法。

（5）掌握音响设备的工作原理。

（6）掌握基本的音质评价知识。

（7）了解有关的国家及行业的技术标准。

（8）了解本职业国内、外设备、技术的发展状况和趋势。

技能要求：

（1）能够根据建声环境特点及使用的要求，合理地设计配置一般规模的音响系统，并有效地组织设备的安装与调试工作。

（2）能够主持及完成大型规模的语言及中、小型规模的音乐节目的调音工作。能正确地协调音响与灯光的相互关系。

（3）能对音响设备及系统进行音质评价。

初级音响师速成实用教程（第3版）

（4）能够应用声频测试仪器按技术标准，对音响设备和系统进行测试和调校。

（5）能及时发现隐患和处理现场出现的技术问题。

（6）能够排除音响设备及系统的一般性故障。

（7）能够看懂音响设备的英文技术说明书。

（8）能够指导初、中级音响调音员的工作。